Hormonelle Erkrankungen

Peter Igaz

Hormonelle Erkrankungen

Ein Leitfaden

Peter Igaz
Lehrstuhl für Endokrinologie, Klinik der Inneren Medizin und Onkologie
Semmelweis Universität
Budapest, Ungarn

ISBN 978-3-031-92955-7   ISBN 978-3-031-92956-4 (eBook)
https://doi.org/10.1007/978-3-031-92956-4

Die Deutsche Nationalbibliothek verzeichnet diese Publikation in der Deutschen Nationalbibliografie; detaillierte bibliografische Daten sind im Internet über https://portal.dnb.de abrufbar.

Dieses Buch ist eine Übersetzung des Originals in Englisch „Hormonal Diseases" von Peter Igaz, publiziert durch Springer Nature Switzerland AG im Jahr 2024. Die Übersetzung erfolgte mit Hilfe von künstlicher Intelligenz (maschinelle Übersetzung). Eine anschließende Überarbeitung im Satzbetrieb erfolgte vor allem in inhaltlicher Hinsicht, so dass sich das Buch stilistisch anders lesen wird als eine herkömmliche Übersetzung. Springer Nature arbeitet kontinuierlich an der Weiterentwicklung von Werkzeugen für die Produktion von Büchern und an den damit verbundenen Technologien zur Unterstützung der Autoren.

Übersetzung der englischen Ausgabe: „Hormonal Diseases" von Peter Igaz, © The Editor(s) (if applicable) and The Author(s), under exclusive license to Springer Nature Switzerland AG 2024. Veröffentlicht durch Springer International Publishing. Alle Rechte vorbehalten.

© Der/die Herausgeber bzw. der/die Autor(en), exklusiv lizenziert an Springer Nature Switzerland AG 2025

Das Werk einschließlich aller seiner Teile ist urheberrechtlich geschützt. Jede Verwertung, die nicht ausdrücklich vom Urheberrechtsgesetz zugelassen ist, bedarf der vorherigen Zustimmung des Verlags. Das gilt insbesondere für Vervielfältigungen, Bearbeitungen, Übersetzungen, Mikroverfilmungen und die Einspeicherung und Verarbeitung in elektronischen Systemen.
Die Wiedergabe von allgemein beschreibenden Bezeichnungen, Marken, Unternehmensnamen etc. in diesem Werk bedeutet nicht, dass diese frei durch jede Person benutzt werden dürfen. Die Berechtigung zur Benutzung unterliegt, auch ohne gesonderten Hinweis hierzu, den Regeln des Markenrechts. Die Rechte des/der jeweiligen Zeicheninhaber*in sind zu beachten.
Der Verlag, die Autor*innen und die Herausgeber*innen gehen davon aus, dass die Angaben und Informationen in diesem Werk zum Zeitpunkt der Veröffentlichung vollständig und korrekt sind. Weder der Verlag noch die Autor*innen oder die Herausgeber*innen übernehmen, ausdrücklich oder implizit, Gewähr für den Inhalt des Werkes, etwaige Fehler oder Äußerungen. Der Verlag bleibt im Hinblick auf geografische Zuordnungen und Gebietsbezeichnungen in veröffentlichten Karten und Institutionsadressen neutral.

Springer ist ein Imprint der eingetragenen Gesellschaft Springer Nature Switzerland AG und ist ein Teil von Springer Nature.
Die Anschrift der Gesellschaft ist: Gewerbestrasse 11, 6330 Cham, Switzerland

Wenn Sie dieses Produkt entsorgen, geben Sie das Papier bitte zum Recycling.

Vorwort

Das Hormonsystem (auch als endokrines System bezeichnet) ist eines der komplexesten Regulierungssysteme des Körpers. Aufgrund seiner ausgefeilten Funktion können Störungen auftreten, die zu Krankheiten führen. Hormonelle Erkrankungen sind vielschichtig und betreffen viele Menschen. Als seit vielen Jahren praktizierender Endokrinologe werde ich oft mit Fragen meiner Patienten zu ihrer Krankheit konfrontiert, aber leider gibt es nicht genug Zeit, um ihre Krankheit, ihre Prognose und den Hintergrund für die Behandlung im Detail zu besprechen. Andererseits zirkuliert im Web und in den Gemeindemedien eine große Menge an ungenauen Informationen. Ich hoffe daher, dass dieses Buch dem Leser als anerkannte Quelle nützlich sein wird und viele Fragen der Leserschaft ebenfalls beantwortet werden.

Der Band ist daher in einem Frage- und Antwortformat zusammengestellt, und ich hoffe, dass diese Struktur und die zahlreichen erklärenden Boxen das Verständnis erleichtern. Ich habe versucht, die gut regulierte und logische Funktion des Hormonsystems auf klare Weise darzustellen. Die gestörte Funktion des Hormonsystems, Symptome und Fragen der Diagnose und Therapie werden diskutiert und Themen hervorgehoben, die aus praktischer Sicht wichtig sind. Neben dem Schreiben eines populärwissenschaftlichen Buches habe ich versucht, auch interessante Fakten zu erwähnen.

Sowohl häufige als auch seltene hormonelle Erkrankungen werden diskutiert, aber als Experte für Erwachsenenkrankheiten stelle ich hauptsächlich diese vor. Einige hormonelle Störungen im Kindesalter werden ebenfalls erwähnt. Diabetes mellitus wird nur am Rande behandelt (im Kapitel über Insulinresistenz), da seine Diskussion ein separates Buch erfordern würde. Glücklicherweise gibt es bereits viele Bücher über Diabetes.

Dieses Buch zielt sicherlich nicht darauf ab, die Meinung von Expertenspezialisten zu ersetzen oder die Selbstdiagnose von Patienten zu fördern. Es ist mir wichtig zu betonen, dass die Diagnose und Behandlung von hormonellen Erkrankungen eine medizinische Aufgabe ist, die nur durch viele Jahre Praxis erlernt werden kann. Diese Erfahrung kann nicht in einem populärwissenschaftlichen Buch zusammengefasst werden und kann auch nicht ihr Ziel sein.

Wem empfehle ich dieses Buch? In erster Linie habe ich es für Patienten geschrieben, die an hormonellen Erkrankungen leiden, aber es lohnt sich für jeden, der sich für die faszinierende Welt der Hormone interessiert, es zu lesen. Auch Gesundheitspersonal und Medizinstudenten könnten es nützlich finden, da der Hintergrund von Krankheiten und ihre Behandlung auf leicht verständliche Weise dargestellt werden.

Die grafischen Figuren wurden von der Künstlerin Ágnes Tünde Széphelyi nach meinen Anweisungen erstellt.

Budapest, Ungarn   Peter Igaz

Competing Interests

Der/die Autor*in hat keine für den Inhalt dieses Manuskripts relevanten Interessenkonflikte.

Inhaltsverzeichnis

1 Einführung in die Biologie der Hormone und hormonellen Erkrankungen . . . 1
   1.1 Allgemeine Konzepte . . . 1
   1.2 Genetik in der Endokrinologie . . . 12
   1.3 Hauptfragen in der Diagnose von Hormonerkrankungen . . . 16
   1.4 Behandlung von hormonellen Erkrankungen . . . 18

2 Erkrankungen der Hirnanhangdrüse (Hypophyse) . . . 23
   2.1 Struktur und Funktion der Hirnanhangdrüse (Hypophyse) . . . 23
   2.2 Erkrankungen der Hypophyse . . . 26
   2.3 Prolaktinom . . . 32
   2.4 Krankheiten, die mit Wachstumshormon in Verbindung stehen . . . 36
      2.4.1 Überproduktion von Wachstumshormon: Akromegalie und Gigantismus . . . 36
      2.4.2 Wachstumshormonmangel . . . 42
   2.5 Hypophyseninsuffizienz (Hypophysenunterfunktion) . . . 45
   2.6 Diabetes insipidus (Vasopressinmangel und Vasopressinresistenz) . . . 52

3 Erkrankungen der Schilddrüse . . . 57
   3.1 Lage und Funktionen der Schilddrüse . . . 57
   3.2 Schilddrüsenüberfunktion (Hyperthyreose, Thyreotoxikose) . . . 60
   3.3 Schilddrüsenunterfunktion (Hypothyreose) . . . 68
   3.4 Entzündungen der Schilddrüse (Formen der Thyreoiditis) . . . 74
   3.5 Schilddrüsenknoten und Schilddrüsenkrebs . . . 75

4 Nebenschilddrüse, Vitamin D, Kalziumstoffwechsel und Knochen — 81
4.1 Hormonelle Regulation des Kalziumstoffwechsels — 81
4.2 Krankheiten der Nebenschilddrüsen — 85
4.2.1 Überfunktion der Nebenschilddrüsen (Hyperparathyreoidismus) — 85
4.2.2 Unterfunktion der Nebenschilddrüsen (Hypoparathyreoidismus) — 90
4.3 Stoffwechselbedingte Knochenerkrankungen — 93
4.3.1 Osteoporose — 94
4.3.2 Osteomalazie — 98

5 Erkrankungen der Nebenniere — 101
5.1 Allgemeine Merkmale der Nebenniere — 101
5.2 Die Nebennierenrinde — 102
5.2.1 Hormone der Nebennierenrinde — 102
5.2.2 Cushing-Syndrom — 105
5.2.3 Medikamenteninduziertes Cushing-Syndrom — 113
5.2.4 Primäre Aldosteron-Überproduktion (Hyperaldosteronismus) — 114
5.2.5 Primäre Nebenniereninsuffizienz (Addison-Krankheit) — 118
5.2.6 Kongenitale (angeborene) Nebennierenhyperplasie — 125
5.3 Krankheiten des Nebennierenmarks — 127
5.4 Andere Tumoren in der Nebenniere — 130

6 Erkrankungen der Keimdrüsen (Gonaden) — 131
6.1 Hormonelle Regulation der Fortpflanzungsfunktion — 131
6.2 Die Unterfunktion der Keimdrüsen — 140
6.3 Erhöhte Produktion von Sexualhormonen — 146
6.4 Störungen der Geschlechtsdifferenzierung — 155

7 Über Insulinresistenz — 157

8 Fettleibigkeit — 165
8.1 Regulation des Appetits. Das Fettgewebe als hormonproduzierendes Organ — 165
8.2 Fettleibigkeit — 166

9	Neuroendokrine Tumoren und assoziierte Syndrome	173
10	Multiple endokrine Neoplasie-Syndrome	185
11	Hormone in Lebensmitteln; Hormone und Ernährung	191

Stichwortverzeichnis 197

Über den Autor

Dr. Peter Igaz ist ordentlicher Professor für Endokrinologie und Innere Medizin und Leiter der Abteilung für Endokrinologie an der Abteilung für Innere Medizin und Onkologie, Medizinische Fakultät, Semmelweis-Universität, Budapest, Ungarn. Er beendete sein Medizinstudium 1997 und begann an der 2. Abteilung für Innere Medizin zu arbeiten, wo er 2016 Abteilungsleiter wurde. Die Abteilung für Endokrinologie wurde 2020 nach der Umstrukturierung der Abteilungen für Innere Medizin gegründet. Dr. Igaz hat Facharztprüfungen in Innerer Medizin, Endokrinologie, klinischer Genetik und klinischer Onkologie. Er hat auch Abschlüsse in Biologie und Recht. Dr. Igaz ist in der Forschung aktiv und hat sowohl einen PhD als auch den Titel „Doctor of Sciences" (DSc) der Ungarischen Akademie der Wissenschaften. Sein Hauptforschungsgebiet umfasst Nebennierenerkrankungen und neuroendokrine Tumoren. Er war an mehreren internationalen Zusammenarbeiten beteiligt. Sieben PhD Doktoranden haben ihre Studien unter seiner Aufsicht abgeschlossen. Dr. Igaz hat mehr als 180 wissenschaftliche Arbeiten verfasst und drei Bücher zu den Themen Endokrinologie und Genetik herausgegeben (**Abbildung des Autors**). Er spricht fließend Englisch, Deutsch und Französisch. Die deutsche Übersetzung wurde von Prof. Igaz selbst überprüft.

Liste der häufigsten Abkürzungen

ACTH	adrenocorticotropes Hormon, Adrenocorticotropin (Hormon das die Nebennierenrinde stimuliert)
ADH	antidiuretisches Hormon
BMI	body mass index (Körpermasseindex)
CRH	Corticotropin freisetzendes Hormon
CT	Computertomographie
FSH	Follikel-stimulierendes Hormon
GH	Wachstumshormon
GLP-1	Glukagon-ähnliches Peptid 1 (glucagon like peptide 1)
GnRH	Gonadotropin freisetzendes Hormon (gonadotropin releasing hormone)
IGF-1	insulinähnlicher Wachstumsfaktor 1 (insulin like growth factor 1)
LH	luteinisierendes Hormon
MRI	Magnetresonanztomographie
PCOS	polyzystisches Ovarialsyndrom
TRH	TSH freisetzendes Hormon (TSH releasing hormone)
T3	3,5,3'-Triiodthyronin (Schilddrüsenhormon)
T4	L-Thyroxine, Levothyroxin (Schilddrüsenhormon)
TSH	Thyreoidea-stimulierendes Hormon

1

Einführung in die Biologie der Hormone und hormonellen Erkrankungen

1.1 Allgemeine Konzepte

Was ist ein Hormon?
Hormone sind Signalstoffe, die sowohl in Pflanzen als auch in Tieren vorkommen und auf Organe und Gewebe wirken, die weit von ihren Produktionsstätten entfernt sein können. Dieses Kapitel diskutiert ihre Produktion, Funktionen und Relevanz im menschlichen Körper und die Krankheiten, die mit ihnen verbunden sind. Bei Tieren und Menschen transportiert der Blutkreislauf die Hormone. Das von dem hormonproduzierenden Organ oder der Zelle produzierte Hormon gelangt in das Blut und reist zu seinen Zielzellen und Geweben, wo es ihre Funktionen beeinflusst (z. B. Wachstum, Vermehrung, Stoffwechsel).

Was ist das endokrine System?
Das Hormonsystem, auch bekannt als endokrines System, ist eines der komplexesten Systeme des Körpers. Es besteht aus endokrinen Drüsen und auch einzelnen Zellen, die alle Hormone ausscheiden, die viele verschiedene Zellen und Gewebe (Box 1.1) im Körper beeinflussen. Der Begriff „endokrin" bezieht sich auf die Tatsache, dass die Drüse ihre Produkte in den Blutkreislauf abgibt und diese somit im Körper verbleiben, im Gegensatz zu den „exokrinen" Drüsen, die ihre Produkte an Körperoberflächen abgeben. In diesem Zusammenhang ist eine Körperoberfläche nicht nur die Haut, sondern auch die inneren Körperoberflächen, die die Höhlen bedecken, wie die Schleimhaut des Verdauungstrakts. Exokrine Drüsen umfassen die Schweißdrüsen und mehrere Drüsen des Verdauungstrakts wie die Speicheldrüsen und die

exokrine Bauchspeicheldrüse. Die Bauchspeicheldrüse ist ein außergewöhnliches Organ, das sowohl exokrine als auch endokrine Teile enthält (Abb. 1.1). Die größere exokrine Bauchspeicheldrüse sondert die für die Verdauung benötigten Enzyme ab, während die endokrine Bauchspeicheldrüse Hormone produziert, die an der Regulation des Stoffwechsels beteiligt sind, insbesondere Insulin. Der exokrine Teil besteht aus den „Azini", die die Langerhans-Inseln umgeben, die den endokrinen Teil der Drüse darstellen. Die Nebenniere besteht ebenfalls aus zwei Teilen, der Nebennierenrinde und dem Nebennierenmark, beide sind Teile des endokrinen Systems.

> **Box 1.1: Der Begriff Gewebe**
>
> bezieht sich auf eine organisatorische Ebene in einer Kategorie zwischen der Zelle und dem Organ. Es besteht aus einer Gruppe von funktionell und strukturell ähnlichen Zellen und einem Material (genannt extrazelluläre Matrix) zwischen diesen. Beispiele für Gewebe sind das Bindegewebe, Knochengewebe usw.

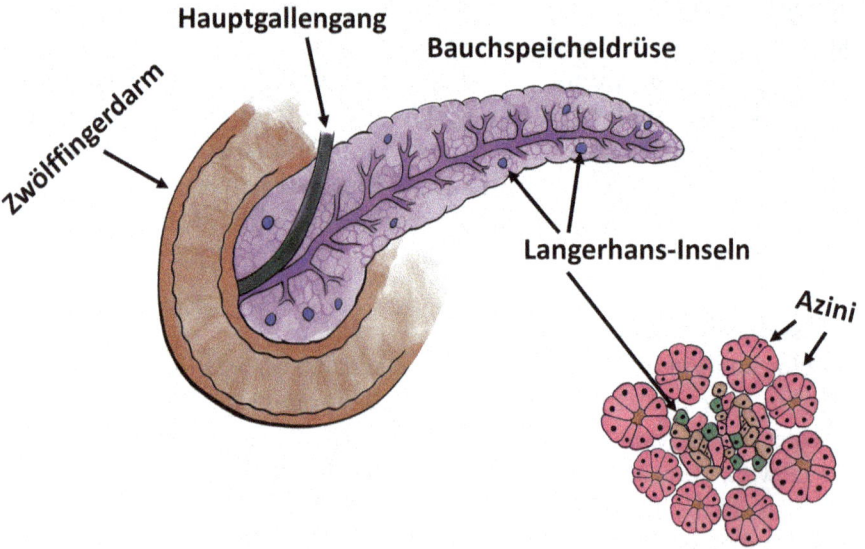

Abb. 1.1 Struktur der Bauchspeicheldrüse. Der exokrine Teil produziert die für die Verdauung notwendigen Enzyme, während der viel kleinere endokrine Teil aus den Langerhans-Inseln (Pankreasinseln) besteht. Die Zellen die Insulin und andere Hormone (wie Glucagon) produzieren, befinden sich in den Inseln. Der untere rechte Teil der Abbildung zeigt eine schematische histologische Ansicht einer Langerhans-insel. Die sogenannten Azini bilden den exokrinen Teil, der die hormonproduzierenden Zellen der Inseln umgibt

1 Einführung in die Biologie der Hormone und hormonellen ...

Wie viele verschiedene Hormone sind bekannt?
Hunderte von verschiedenen Hormonen werden im Menschen produziert. Mehrere davon regulieren viele verschiedene Prozesse, aber es gibt auch einige, die mit einer einzigen oder nur wenigen Funktionen verbunden sind. Die Überproduktion oder der Mangel an relativ wenigen Hormonen sind mit Krankheiten verbunden. Es gibt viele Hormone, die noch nicht mit Krankheiten in Verbindung gebracht wurden.

Welche Arten von Prozessen werden durch Hormone reguliert?
Hormone regulieren vielfältige Körperfunktionen wie Wachstum, Stoffwechsel (Box 1.2), Herzfrequenz, Temperaturregulation, Knochengesundheit, Stressreaktionen usw. Hormone sind sehr wichtig für die Anpassung des Körpers an wechselnde äußere (Umwelt-) und innere Bedingungen. Hormone sind entscheidend für die Aufrechterhaltung des inneren Körpergleichgewichts, der sogenannten Homöostase.

> **Box 1.2: Stoffwechsel**
> ist ein komplexes Netzwerk von biochemischen Prozessen im Körper, das die Freisetzung von Energie aus Nahrung, den Aufbau von großen Molekülen aus einfachen zusammen mit ihrem Abbau, die Beseitigung von Abfallprodukten usw. beinhaltet.

Woraus bestehen Hormone?
Chemisch gesehen können Hormone kleine Moleküle sein, die von Aminosäuren abgeleitet sind (wie Schilddrüsenhormone oder Hormone des Nebennierenmarks), Steroide (z. B. Hormone der Nebennierenrinde, Geschlechtshormone und Vitamin D) und Proteine, die aus Aminosäuren aufgebaut sind. Einige Hormonproteine sind groß, bestehen aus Hunderten oder Tausenden von Aminosäuren, sogar aus verschiedenen Untereinheiten (wie das Schilddrüsen-stimulierende Hormon (TSH: Thyreoidea-stimulierendes Hormon)). Moleküle, die nur aus wenigen Aminosäuren bestehen (wie das TSH-freisetzende Hormon (TRH: TSH releasing hormone auf Englisch), das nur aus drei Aminosäuren besteht), werden als Peptide bezeichnet.

Welche Arten von endokrinen Drüsen sind bekannt?
Das endokrine System umfasst mehrere Drüsen, in denen hormonproduzierende Zellen in großer Zahl zusammengefunden werden, wie die Hirnanhangdrüse (Hypophyse), Schilddrüse, Nebenschilddrüsen, endokrine Bauchspeicheldrüse, Keimdrüsen (auch Geschlechtsdrüsen oder Gonaden ge-

nannt: Eierstöcke und Hoden) und Nebennieren. Die Hypophyse ist ein Hauptregulator dieses Systems, der in engem Kontakt mit dem Hypothalamus (einem Teil des Gehirns) steht und die Funktionen der Schilddrüse, Nebennierenrinde und der Keimdrüsen reguliert. Nebenschilddrüsen, die endokrine Bauchspeicheldrüse und das Nebennierenmark hingegen werden nicht durch das hypothalamisch-hypophysäre System reguliert. Abb. 1.2 gibt einen Überblick über die endokrinen Drüsen.

Wie funktioniert das Hypothalamus-Hypophysen-System?
Der Hypothalamus und die Hypophyse (Hirnanhangdrüse) bilden zusammen eine Einheit, das Hypothalamus-Hypophysen-System. Gruppen von Nervenzellen im Hypothalamus (auch hypothalamische Kerne genannt) produzieren Hormone, die die Freisetzung anderer Hormone im Vorderlappen der Hypophyse beeinflussen. Daher werden die vom Hypothalamus produzierten Hormone als freisetzende Hormone („releasing hormone" auf Englisch) bezeichnet. Freisetzende Hormone stimulieren in der Regel die Sekretion der meisten Hormone aus dem Vorderlappen der Hypophyse. Zum Beispiel stimuliert hypothalamisches TRH hypophysäres TSH, sodass je mehr TRH vorhanden ist, desto mehr TSH wird freigesetzt (detailliert dargestellt in Abschn. 3.1 über die Schilddrüse).

Die Hypophyse kann nicht eigenständig Hormone produzieren, sie benötigt die Hilfe des Hypothalamus. Im Gegensatz zum Vorderlappen speichert und gibt der Hinterlappen der Hypophyse nur die vom Hypothalamus produzierten Hormone ab.

Das Hypothalamus-Hypophysen-System beinhaltet eine Rückkopplungsregulation, die meist negativ ist, was bedeutet, dass das von der endokrinen Drüse (Schilddrüse, Nebennierenrinde und Keimdrüsen) produzierte Hormon die Freisetzung des hypothalamischen Freisetzungshormons und des hypophysären Hormons hemmt. Dieses System gewährleistet die Feinabstimmung des Systems und verhindert eine Überproduktion des Hormons (Abb. 1.3).

Die biologische Aktivität von Hormonen und ihre Regulation werden in den entsprechenden Kapiteln detailliert dargestellt.

Gibt es hormonproduzierende Zellen außerhalb der hormonproduzierenden endokrinen Drüsen?
Zusätzlich zu diesen Drüsen gibt es mehrere andere hormonproduzierende Zellen im Körper, die keine einzelnen Drüsen bilden, sondern in verschiedenen Geweben verteilt sind. Neuroendokrine Zellen, die Eigenschaften sowohl

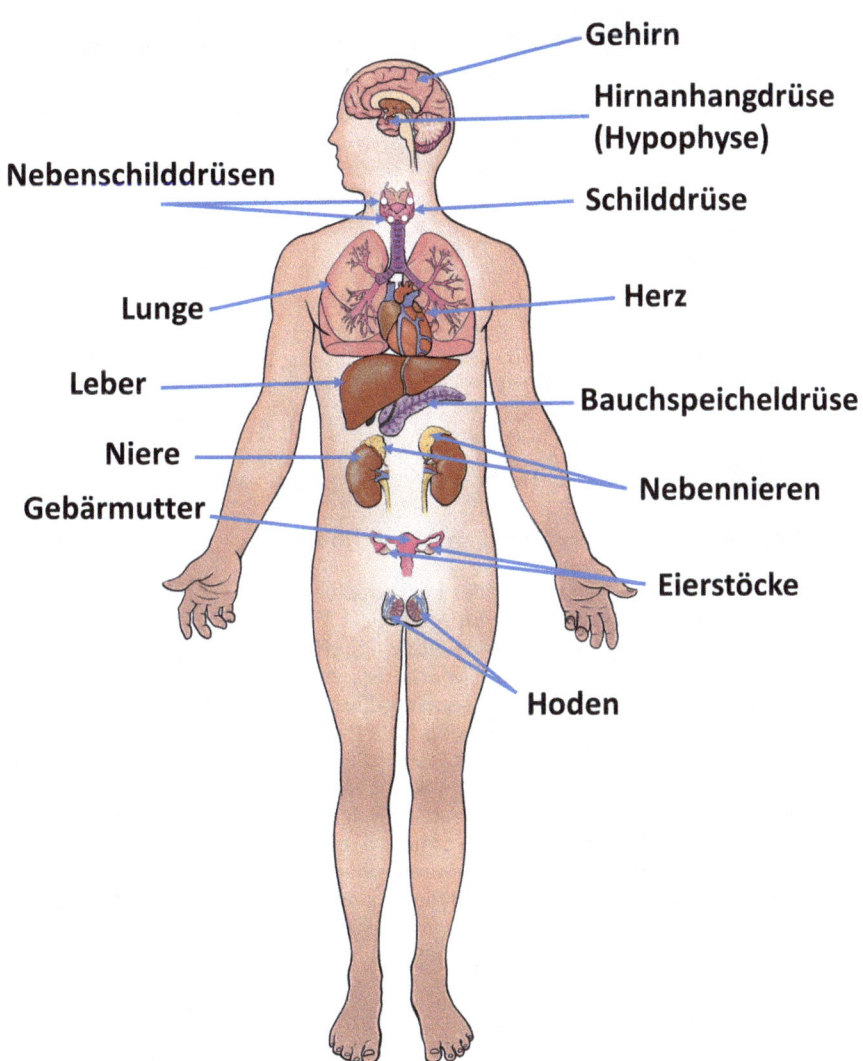

Abb. 1.2 Schematische Lokalisierung (Anatomie) der endokrinen Drüsen. Von oben nach unten: Die Hypophyse (Hirnanhangdrüse) befindet sich an der Basis des Gehirns, unter dem Hypothalamus. Die Schilddrüse ist am Hals, und die normalerweise vier Nebenschilddrüsen befinden sich hinter der Schilddrüse. Die Bauchspeicheldrüse befindet sich unter dem Magen. Die beiden Nebennieren sitzen auf den oberen Polen der Nieren, sind aber nicht Teil dieser Organe. Die Abbildung zeigt die Keimdrüsen (Gonaden: Eierstöcke bei Frauen und Hoden bei Männern), die für die Produktion von Sexualsteroiden und auch für die Keimzellen, die für die Fortpflanzung benötigt sind

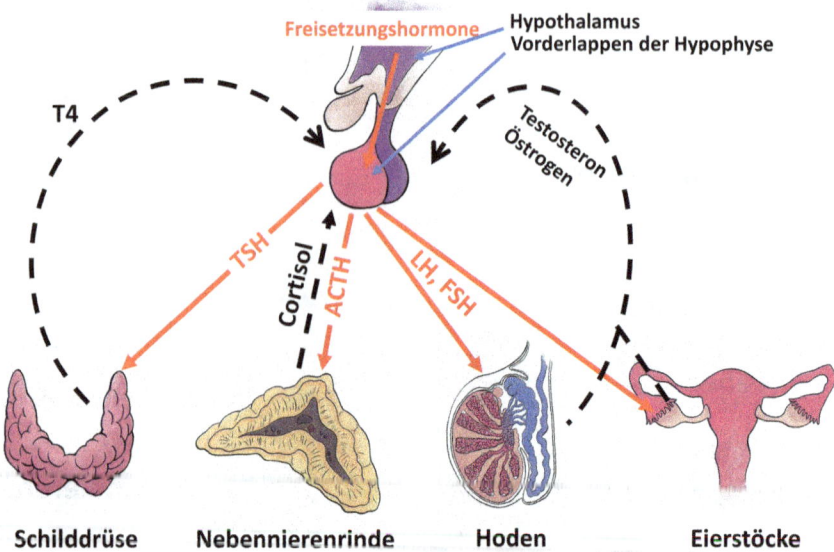

Abb. 1.3 Schematische Darstellung der Rückkopplungsregulation im Hypothalamus-Hypophysen-System. Der Hypothalamus produziert freisetzende Hormone, die die Sekretion von Hormonen in dem vorderen Lappen der Hypophyse stimulieren. Die Hypophysenhormone stimulieren die Hormonproduktion und das Wachstum der Drüsen, die vom Hypothalamus-Hypophysen-System reguliert werden, einschließlich der Schilddrüse, Nebennieren, Eierstöcke und Hoden (rote Pfeile). Die von diesen Organen produzierten Hormone hemmen ihrerseits meist die Sekretion sowohl der hypothalamischen als auch der hypophysären stimulierenden Hormone über die negative Rückkopplungsregulation (gestrichelte schwarze Pfeile). Diese Rückkopplungsregulation ermöglicht eine Feinabstimmung des Hormonsystems. Wenn die Hormonproduktion der Schilddrüse, Nebennieren, Eierstöcke und Hoden reduziert ist, wird die Produktion der stimulierenden Hormone aus dem Hypothalamus und der Hypophyse erhöht und so versucht das System, den Rückgang zu kompensieren

von Nervenzellen als auch von hormonproduzierenden Zellen haben, sind im ganzen Körper verbreitet, z. B. in der Lunge oder im Verdauungstrakt. Diese Zellen sind sehr wichtig, wie zum Beispiel die neuroendokrinen Zellen in der Schleimhaut des Verdauungstrakts, die Hormone produzieren, die den Hunger, die Sättigung, die Insulinproduktion und mehrere andere wichtige Prozesse beeinflussen.

Wie werden Hormone produziert?
Die Hormonproduktion ist in der Regel ein mehrstufiger Prozess. Das endgültige Hormon mit biologischer Aktivität wird aus der Ausgangssubstanz durch mehrere biochemischen Reaktionen über verschiedene Vorläufermole-

küle gebildet. Zum Beispiel beginnt die Biosynthese von Steroidhormonen mit Cholesterin. Die Steroidhormone, die biologische Funktionen ausüben können, werden durch die Hilfe von mehreren verschiedenen Enzymen (Box 1.3) gebildet.

> **Box 1.3: Ein Enzym**
> ist ein Protein das hilft, eine bestimmte biochemische Reaktion zu beschleunigen und zu erleichtern. Ein **Vorläufer** ist ein Molekül, der einen anderen in der Produktion (Biosynthese) vorausgeht.

Einige Proteinhormone werden durch die Spaltung eines größeren Proteins gebildet, wie zum Beispiel einige Hormone der Hypophyse. Einige Hormonvorläufer können auch biologische Aktivität haben, und diese können auch bei der Diagnose von hormonellen Erkrankungen verwendet werden.

Was ist das aktive Hormon?
Das aktive Hormon ist die Form des Hormons, die in der Lage ist, biologische Aktivität auszuüben. Einige der von den hormonproduzierenden Drüsen freigesetzten Hormonmoleküle sind noch nicht aktiv, und weitere biochemische Schritte sind für ihre Aktivierung erforderlich. Zum Beispiel gibt die Schilddrüse hauptsächlich L-Thyroxin (T4) und weniger 3,5,3′-Triiodthyronin (T3) ab, nur T3 hat biologische Aktivität. T4 wird in den Geweben zu T3 umgewandelt. Viele Schritte in der Produktion von aktiven Hormonen sind fein reguliert, um die beste Anpassung des Organismus an wechselnde Umstände zu ermöglichen.

Wie wirken Hormone?
Hormone wirken im Prinzip durch Bindung an spezifische Rezeptoren auf oder innerhalb von Zielzellen. Rezeptoren sind in der Regel große Proteine, die die Hormone an ihre Bindungstaschen binden können. Das klassische Modell der Hormon-Rezeptor-Bindung ähnelte dem eines Schlüssels und eines Schlosses. Rezeptoren können auf der Zellmembran exprimiert werden, was typisch für Protein-Hormone (Membranrezeptoren) ist, oder innerhalb der Zelle für Steroidhormone (intrazelluläre Rezeptoren) (Abb. 1.4). Dies ist jedoch nicht absolut, da zum Beispiel der Rezeptor für das kleine molekulare Schilddrüsenhormon (T3) kein Membranrezeptor ist, sondern ist intrazellulär.

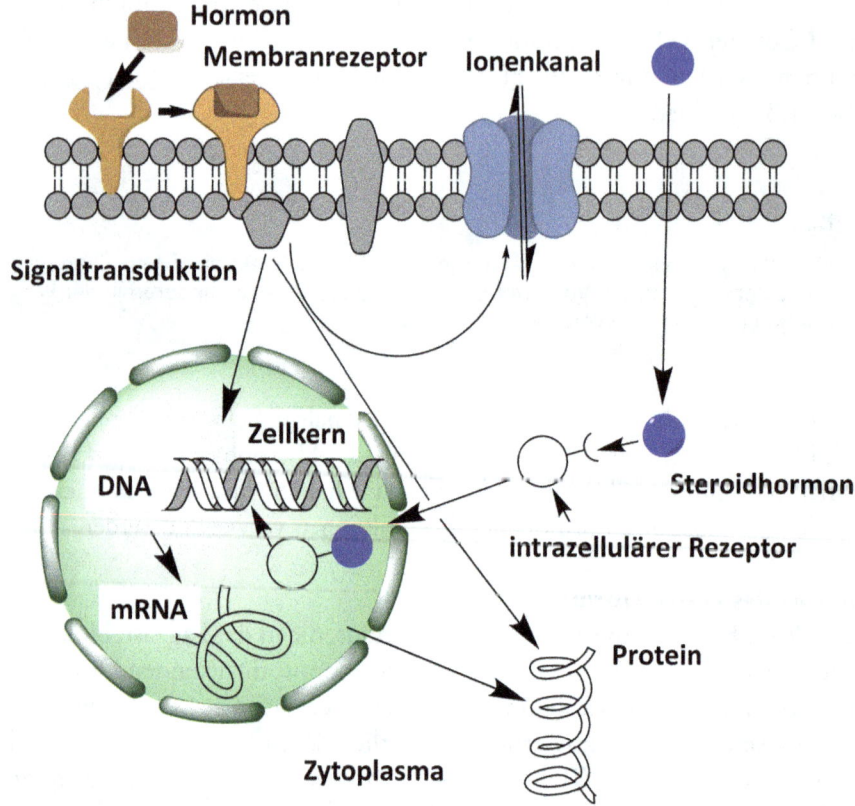

Abb. 1.4 Schematische Darstellung der Hormonwirkungen. Das Peptid (Protein) Hormon bindet den Zelloberflächenrezeptor, der eine Signaltransduktion auslöst, die zu Veränderungen in der Genexpression aus der DNA und somit zu Veränderungen in der Proteinexpression führt. Veränderungen im Ionenfluss über Ionenkanäle können verschiedene Folgen haben, wie die Freisetzung verschiedener Substanzen aus der Zelle (einschließlich auch Hormone). Ionen können entweder von außen in die Zelle eindringen oder von innen aus ihr austreten und so die Ionenkonzentrationen innerhalb der Zelle verändern. Steroidhormone hingegen binden intrazelluläre Rezeptoren, die in den Zellkern eindringen und die Genexpression beeinflussen

Die Bindung von Hormonen löst spezifische Signalwege (Signaltransduktion) (Box 1.4) aus, die die Expression von Genen im Zellkern verändern oder andere Veränderungen induzieren können, wie das Öffnen oder Schließen von Membrankanälen und damit die Veränderung der Ionenkonzentrationen. Die Veränderungen in der Genexpression können die Zellproliferation, die Proteinsynthese und viele andere verschiedene zelluläre Funktionen beeinflussen. Veränderungen im Ionenfluss (wie Kalzium, Natrium oder Kalium) sind an mehreren zellulären Funktionen beteiligt, zum Beispiel bei der Freisetzung von Hormonen und Membranvesikeln, die sich von der Zellmembran ablösen.

> **Box 1.4: Signaltransduktion**
> ist der Prozess, bei dem die Bindung des Hormons durch den Rezeptor Veränderungen innerhalb der Zelle hervorruft, die zu Veränderungen der Zellfunktion wie Genexpression führen.

Ein Hormon kann verschiedene Arten von Rezeptoren und damit verschiedene Wirkungen haben. Zum Beispiel stimuliert das antidiuretische Hormon (ADH, auch Vasopressin genannt), das aus dem hinteren Lappen der Hypophyse freigesetzt wird, über seinen Rezeptor in der Niere die Wasserresorption, während es auf einen anderen Rezeptor auf den Gefäßen wirkt und deren Zusammenziehung induziert. Diese Beobachtungen demonstrieren die weitreichenden Wirkungen von Hormonen.

Welche Arten von Hormonstörungen sind bekannt?
Als das endokrine System so komplex und fein reguliert ist, trotz seiner feinen Regulierungsmechanismen können mehrere Krankheiten auftreten. In Bezug auf die Hormonproduktion können hormonelle Störungen sehr einfach als mit der Überproduktion oder dem Mangel an Hormonen verbunden klassifiziert werden. Einige Krankheiten des Hormonsystems betreffen jedoch nicht die Hormonproduktion, z. B. einige Tumoren, die von den endokrinen Drüsen ausgehen und daher hormonell inaktiv genannt werden.

Was kann eine Hormonüberproduktion verursachen?
Eine Hormonüberproduktion ist meist auf endokrine Tumoren (Box 1.5) zurückzuführen, bei denen das Organ beginnt, die Hormone ohne Kontrolle (auf autonome Weise) abzusondern. Der Tumor reagiert meist nicht auf negative Feedback-Regulation.

> **Box 1.5: Wie kann ein Tumor definiert werden?**
> Ein Tumor oder anders genannt Neoplasma ist ein abnormales Gewebewachstum. Das ursprüngliche Wort, Tumor kommt aus dem Lateinischen und bedeutet Schwellung. Der Tumor wächst unabhängig von den umgebenden normalen Ge-

weben und dem Körper. Das Wachstum von gutartigen Tumoren ist eher langsam, und diese bleiben innerhalb des ursprünglichen Organs. Dennoch kann ein gutartiger Tumor auch an einem gefährdeten Ort wachsen mit schwerwiegenden Folgen (wie Hypophysentumoren). Bösartige Tumoren wachsen schnell, dringen in umgebende Strukturen ein und die Zellen, die sich vom Primärtumor lösen, können zu **Metastasen** in anderen Organen führen. **Krebs** (medizinisch Karzinom genannt) stellt eine große Gruppe von bösartigen Tumoren dar. Bösartige Tumoren sind oft ohne Behandlung tödlich.

Es ist auch möglich, dass das Hormon von einem Organ produziert wird, das es normalerweise nicht produziert, aber bei einigen bösartigen Tumoren können solche Veränderungen auftreten. So können Lungenkrebszellen Hormone produzieren, z. B. das Parathormon-ähnliche PTHrP (Parathormon-related peptide auf Englisch), was zu hohen Serumkalziumspiegeln führt, oder neuroendokrine Tumoren in der Lunge oder Bauchspeicheldrüse können sogar das oben erwähnte ACTH (adrenocorticotropes Hormon, Adrenocorticotropin) produzieren, das unter normalen Bedingungen nur von der Hypophyse freigesetzt wird (Box 1.6, Box 1.7).

Box 1.6: Was ist ein Syndrom?

Ein Syndrom ist ein bestimmter Satz von Anzeichen und Symptomen, die eine charakteristische Assoziation darstellen. Ein Syndrom kann typisch für eine oder wenige Krankheiten oder Krankheitsgruppen sein, kann aber unterschiedliche Ursachen haben. Zum Beispiel kann das Cushing-Syndrom, das durch eine Überproduktion des Hormons Cortisol gekennzeichnet ist, durch einen ACTH (adrenocorticotropes Hormon)-produzierenden Tumor der Hypophyse oder eines anderen Organs verursacht werden, was zu einer ACTH-getriebenen Überaktivität der Nebennieren führt, oder durch einen Cortisol-produzierenden Tumor der Nebenniere selbst. Die Chromosomenanomalie Turner-Syndrom kann durch verschiedene Veränderungen des X-Chromosoms verursacht werden.

Box 1.7: Paraneoplastisches Syndrom

ist mit einem Tumor verbunden, wird aber nicht durch seine Größe, metastatisches Verhalten oder Wachstum verursacht, sondern entsteht durch die Produktion von Substanzen oder die Induktion einer Immunreaktion durch den Tumor. Die produzierte Substanz kann zum Beispiel ein Hormon, oder ein Faktor sein, der die Blutgerinnung beeinflusst, oder ein Zytokin, das das Immunsystem beeinflusst, oder ein Wachstumsfaktor u.s.w., Die Hormone, die im paraneoplastischen Syndrom produziert werden, werden normalerweise nicht von dem Organ pro-

> duziert, aus dem der Tumor stammt. Darüber hinaus kann das produzierte Hormon auch atypisch sein. Paraneoplastische Syndrome sind oft mit ungewöhnlichen Symptomen wie Haut-, Nervensystem- oder hämatopoetischen (Hämatopoese ist der Prozess der Blutzellbildung) Veränderungen verbunden. Eines der häufigsten paraneoplastischen Syndrome ist die Thrombose, die mit erhöhter Blutgerinnung verbunden ist. Paraneoplastische Syndrome treten bei etwa 8 % der bösartigen Tumoren auf, hauptsächlich in fortgeschrittenen Stadien von Lungen-, Brust-, gynäkologischen und hämatopoetischen Tumoren. Selten können auch gutartige Tumoren zu paraneoplastischen Syndromen führen. Manchmal sind paraneoplastische Syndrome die ersten Anzeichen der Tumorerkrankung, die zur richtigen Diagnose führen.

Die Überproduktion von Hormonen kann auch durch andere Mechanismen erfolgen, zum Beispiel bei einer häufigen Form von überaktiver Schilddrüse, der Basedow-Krankheit, bei der ein Autoantikörper, der den TSH-Rezeptor stimuliert, die Wirkungen von TSH nachahmt und sowohl das Wachstum als auch die Hormonproduktion der Schilddrüse stimuliert.

Ein Autoantikörper ist ein Antikörper (Box 1.8), der gegen die eigenen Zellen und Gewebe des Individuums gerichtet ist und aufgrund eines Autoimmunprozesses produziert wird.

> **Box 1.8: Ein Antikörper**
> ist ein Protein, das von den B-Zellen des Immunsystems produziert wird und dessen Hauptfunktion darin besteht, Infektionserreger wie Bakterien und Viren zu erkennen und zu ihrer Zerstörung beizutragen. Wenn der Antikörper gegen die eigenen Gewebe des Individuums produziert wird, wird er als **Autoantikörper** bezeichnet.

Was ist die Autoimmunität?
Eine vereinfachte Definition von Autoimmunität könnte sein, dass das Immunsystem die körpereigenen Proteine als fremd erkannt und richtet eine Immunantwort gegen diese.

Unter normalen Umständen lernt das Immunsystem, welche die körpereigenen Eiweiße (Proteine) sind und eine zerstörerische Immunantwort wird nur gegen fremde Proteine gestartet. Die Proteine (oder andere Moleküle), die vom Immunsystem erkannt werden, werden als Antigene bezeichnet. Nicht nur infektiöse Erreger, sondern auch Tumorzellen werden vom normal funktionierenden Immunsystem eliminiert.

Autoimmunität spielt eine große Rolle bei der Entwicklung mehrerer Krankheiten verschiedener Organe. Die autoimmune Reaktion kann zur Zerstörung von endokrinen Drüsen führen, wie bei der Hashimoto-Thyreoiditis, die zu einer Unterfunktion der Schilddrüse, oder bei der Addison-Krankheit, die zu einer

Nebenniereninsuffizienz führt. Im sehr speziellen Fall der Basedow-Krankheit (Abschn. 3.2), sind die gegen den TSH-Rezeptor produzierten Autoantikörper nicht zerstörerisch, sondern können den TSH-Rezeptor auf ähnliche Weise wie TSH binden und den Rezeptor wie TSH aktivieren. Daher führt die autoimmune Reaktion bei der Basedow-Krankheit nicht zur Zerstörung der Schilddrüse, im Gegenteil, sie aktiviert die Drüse zur Produktion mehr Hormone.

Was kann im Hintergrund von Hormonmangel stehen?
Hormonmangel kann durch die autoimmune Zerstörung der hormonproduzierenden Drüse entstehen, aber auch wenn die Drüse durch andere Prozesse zerstört wird. Tumoren, Blutungen und infiltrative Prozesse (chronische entzündungsähnliche Prozesse, die das Organ „infiltrieren") können ebenfalls endokrine Drüsen zerstören. Der Mangel an Komponenten, die für die Hormonproduktion benötigt werden, kann ebenfalls zu Hormonmangel führen, wie beispielsweise der Mangel an Schilddrüsenhormonen bei Personen mit unzureichender Jodaufnahme.

1.2 Genetik in der Endokrinologie

Genetische Ursachen können zu einer Überproduktion von Hormonen führen, aber noch häufiger zum Hormonmangel. Genetische (Box 1.9) Veränderungen, die die Funktion der Hormone und ihrer entsprechenden Rezeptoren stören, können zu endokrinen Störungen führen.

> **Box 1.9: Was ist Genetik?**
> Genetik war ursprünglich die Wissenschaft der Vererbung, aber heutzutage hat sie sich stark erweitert und sie befasst sich nicht nur mit vererbten Eigenschaften. Genetische Faktoren sind für viele Merkmale verantwortlich, aber nicht alle von diesen werden an die Nachkommen weitergegeben.

Die genetische Information ist in der **DNA** (Desoxyribonukleinsäure) gespeichert, die sich im Zellkern befindet. DNA besteht aus vier verschiedenen „Bausteinen", den sogenannten Nukleotiden. Die DNA enthält die **Gene**, die die Einheiten der Vererbung sind und ein Genprodukt kodieren. Das Genprodukt kann ein Protein (Eiweiß) sein, aber es gibt auch Gene ohne Protein-kodierende Funktion, die meist RNA (Ribonukleinsäure) Moleküle kodieren. Bei Protein-kodierenden Genen bestimmen Gruppen von drei Nukleotiden eine von zwanzig Aminosäuren. Die Proteine bestehen aus Aminosäuren in einer bestimmten Reihenfolge.

Peptid- und Protein-Hormone, Rezeptoren und die Proteine, die am Stoffwechsel der Hormone beteiligt sind, werden von den Genen kodiert. Die

Nukleotidsequenz des Gens bestimmt die produzierte Proteinsequenz, und Veränderungen der Nukleotidsequenz können zu Veränderungen in der Proteinfunktion führen (zum Beispiel weniger aktive Hormone oder Hormonrezeptoren) oder nicht-funktionale Proteine.

Veränderungen in der Nukleotidsequenz können häufig oder selten sein. Veränderungen, die in der Bevölkerung häufig sind und verursachen keine größeren Veränderungen in der Proteinfunktion werden als genetische Polymorphismen (Varianten) bezeichnet. Mutationen sind genetische Veränderungen, die mit größeren funktionellen Folgen verbunden sind und selten sind (normalerweise in weniger als 1 % der Bevölkerung). Mutationen werden auch als krankheitsverursachende Varianten bezeichnet. Mutationen können vererbt werden, wenn sie in den Keimzellen (Spermien bei Männern und Eizellen bei Frauen) vorhanden sind, können aber auch nur im betroffenen Gewebe auftreten. Mutationen in Keimzellen werden auf alle Zellen des Nachwuchses übertragen, da diese alle aus der befruchteten Eizelle entstehen. Diese werden als Keimzellmutationen bezeichnet. Auf der anderen Seite werden Mutationen, die nicht vererbt werden und nur im betroffenen Gewebe vorhanden sind, als somatische Mutationen bezeichnet.

Normalerweise gibt es zwei Kopien eines Gens in der DNA, eine vom Vater und eine von der Mutter. Die beiden Genvarianten werden als **Allele** bezeichnet. Es gibt Mutationen, die stark genug sind, um Krankheiten auszulösen, auch wenn nur ein Allel betroffen ist. Wenn ein Allel mit Mutation ausreicht, um eine Krankheit zu verursachen, wird dies als dominant bezeichnet, da es über dem anderen, rezessiven Allel „dominiert". Ein Merkmal ist rezessiv, wenn Defekte in beiden Allelen für die Krankheit benötigt werden. Im Falle einer dominanten Vererbung kann der Nachwuchs betroffen sein, wenn ein mutiertes Allel von einem Elternteil kommt, aber ein rezessives Merkmal wird nur entwickelt, wenn das Kind mutierte Allele von beiden Eltern bekommt. Eltern von Patienten mit **dominant vererbten Krankheiten** sind normalerweise auch betroffen, während bei **rezessiver Vererbung** die Eltern nur Träger sind.

Einige endokrine Krankheiten werden durch Chromosomenanomalien verursacht. Chromosomen sind die verpackten Transportformen der DNA, die die Teilung der DNA in die Tochterzellen während der Zellproliferation ermöglichen. Es gibt 23 Paare von menschlichen Chromosomen. 22 Paare sind sogenannte somatische Chromosomen und diese sind bei Männern und Frauen identisch. Ein Paar ist jedoch unterschiedlich bei den beiden Geschlechtern, da bei Frauen zwei X-Chromosomen, aber bei Männern ein X- und ein viel kleineres Y-Chromosom gefunden wird. Die Zusammensetzung der Chromosomen bei einem Individuum wird als Karyotyp bezeichnet, und somit ist ein normaler weiblicher Karyotyp 46,XX, während er bei Männern 46,XY ist (Abb. 1.5). Teile der Chromosomen können verloren gehen, oder es können überschüssige Chromosomenteile vorhanden sein, außerdem kann

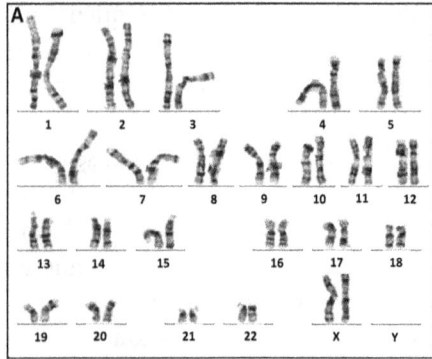 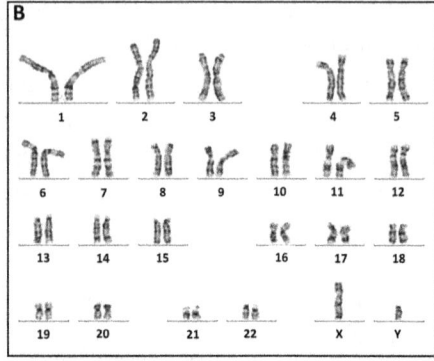

Abb. 1.5 Ein repräsentatives normales weibliches (A, linkes Panel) und männliches (B, rechtes Panel) Karyotyp (Chromosomenzusammensetzung). Beide Geschlechter haben 46 Chromosomen. Bei Frauen gibt es zwei X-Chromosomen, während bei Männern ein X- und ein Y-Chromosom vorhanden ist. Mit freundlicher Genehmigung von Dr. Iren Haltrich, Abteilung für Kinderheilkunde, Semmelweis-Universität, Budapest, Ungarn. Die Abbildungen wurden ursprünglich in „Genetics of Endocrine Diseases and Syndromes, Eds: Igaz P. & Patócs A., Springer, 2019", mit Genehmigung reproduziert

auch die Anzahl der Chromosomen variieren, die an einer Vielzahl von Krankheiten beteiligt sind und in einigen mit endokriner Relevanz auch.

Kürzlich stellte sich heraus, dass nicht nur die Nukleotidsequenz der Gene, sondern auch andere Faktoren wichtig sind für die Regulation der normalen Zellfunktion und der Krankheitsentwicklung. Es wurde festgestellt, dass Proteinkodierende Gene eine Minderheit der DNA darstellen, während der weitaus größere Teil der DNA keine Proteine kodiert. Dieser Teil wurde ursprünglich mit der sogenannten „dunklen Materie" des Universums verglichen, die auch vermutet wird, den größten Teil der Masse im Universum auszumachen, aber niemand konnte sie jemals untersuchen. Es wurde sogar als „Junk DNA" (Müll-DNA) bezeichnet, die keine Funktionen hat. In jüngster Zeit wurde jedoch deutlich, dass der nicht-kodierende Teil der DNA von entscheidender Bedeutung ist, und er kodiert für viele RNA-Moleküle, die für die Regulation der Zellfunktion wichtig sind. Weitere regulatorische Mechanismen beinhalten die chemische Modifikation (z. B. Methylierung) von DNA-verpackenden Proteinen (Histonen) und der Nukleotide. Überraschenderweise können diese Modifikationsmuster auch vererbt werden. All dies gehört zum Bereich der **Epigenetik** (Box 1.10) Epigenetische Veränderungen wurden bereits in vielen Krankheiten identifiziert.

Box 1.10: Epigenetik

Das Wissenschaftsfeld, das sich mit den Mechanismen befasst, die an der Genregulation beteiligt sind, ohne die Nukleotidsequenz zu beeinflussen. Einige epigenetische Veränderungen können vererbt werden.

Wie werden Proteine aus der genetischen Information hergestellt, die von der DNA kodiert wird?

Die Nukleotidsequenz der Gene bestimmt die Aminosäuresequenz der Proteine. Zuerst wird Ribonukleinsäure (RNA) von der DNA im Zellkern transkribiert. Diese RNA wird als Boten-RNA (mRNA) bezeichnet. Die mRNA wandert vom Kern zum äußeren Teil der Zelle, dem sogenannten Zytoplasma, wo das Protein von den Ribosomen „Proteinfabriken" aus der Information, die von der mRNA getragen wird, produziert wird (Abb. 1.6). Aminosäureketten, sogenannte Polypeptide, durchlaufen weitere Modifikationen, bis das reife Protein gebildet ist. Einige Proteine, wie Hormonrezeptoren bestehen aus verschiedenen Polypeptiden (Untereinheiten). Ihre dreidimensionale Struktur ist wichtig für ihre biologische Aktivität, da sie das Einpassen des Hormons in die Bindungstasche des Rezeptors ermöglicht.

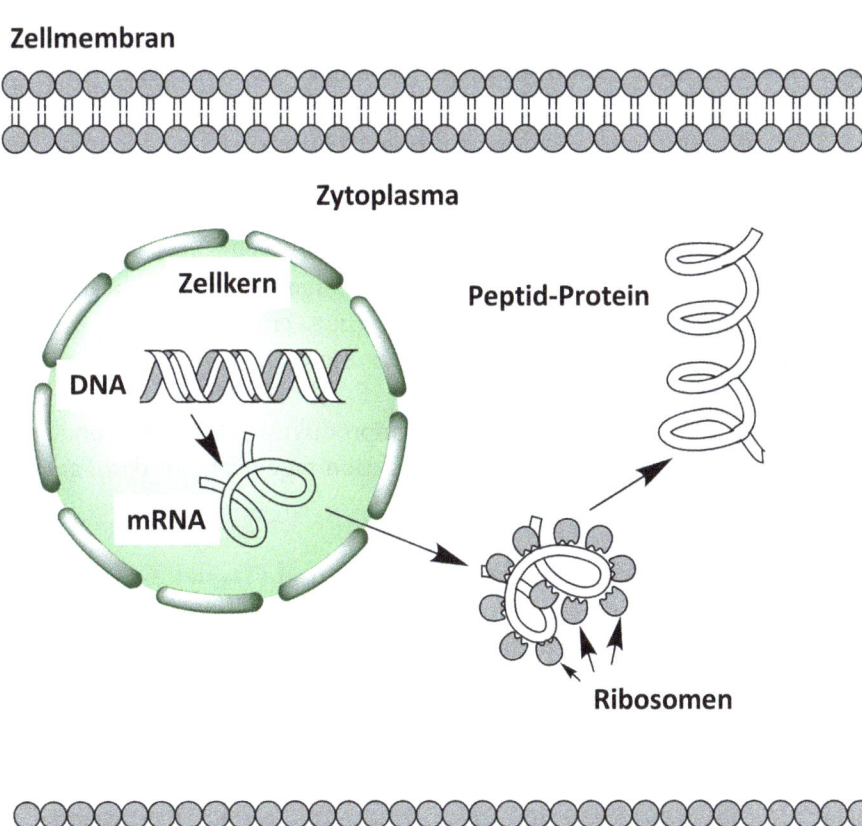

Abb. 1.6 Schematische Darstellung der Proteinbildung. Die in der DNA enthaltene genetische Information wird zur Boten-RNA (mRNA) transkribiert, die den Zellkern verlässt. Im Zytoplasma wird mit Hilfe von Ribosomen Protein synthetisiert

1.3 Hauptfragen in der Diagnose von Hormonerkrankungen

Wie sollten wir bei der Untersuchung von hormonellen Krankheiten vorgehen?
Zuerst sollten Hormonmessungen durchgeführt werden, und nur wenn hormonelle Veränderungen festgestellt werden, sollten wir mit bildgebenden Untersuchungen fortfahren, um den organischen Hintergrund von hormonellen Krankheiten aufzudecken. Bildgebung beinhaltet alle Methoden, die die Visualisierung der Lage und morphologischen Variationen der inneren Organe ermöglichen (wie Computertomografie – CT, Magnetresonanztomografie – MRT, Untersuchungen mit Radioisotopen usw.). Es wird empfohlen, diese Reihenfolge im Kopf zu behalten, da die Bildgebung so gezielt eingesetzt werden kann und wir genau wissen, was wir suchen.

Wie können wir die Produktion von Hormonen untersuchen?
Wir können Informationen über die Hormonproduktion gewinnen, indem wir die Hormonspiegel von Körperflüssigkeiten analysieren. Meistens wird Blut verwendet, aber auch Urin und in einigen Fällen Speichel können analysiert werden.

Die meisten Hormonuntersuchungen erfordern keine spezielle Vorbereitung, und Blutproben werden in der Regel morgens entnommen, um ihren Spiegel zu messen. Bestimmte Hormonmessungen erfordern, dass Blutproben gekühlt gelagert werden, und diese werden unmittelbar nach der Entnahme in gekühlte Aufbewahrungsgefäße gegeben. Es gibt auch spezielle, sogenannte dynamische Tests, bei denen die Hormonproduktion durch Verabreichung anderer Hormone, die die Hormonproduktion regulieren, an den Patienten angeregt oder unterdrückt wird.

Was ist der Unterschied zwischen Blutserum und Plasma?
Blut gerinnt nach einigen Minuten aufgrund der Aktivierung des Blutgerinnungssystems. Dadurch wird das Blut in der Röhre in zwei Teile getrennt: Der obere ist der flüssige Teil, das sogenannte Serum, während der untere Teil die zellulären Bestandteile (rote Blutkörperchen, weiße Blutkörperchen, Blutplättchen) enthält. Die Trennung von Serum und Blutzellen kann durch Zentrifugation (in einem Instrument namens Zentrifuge bei hoher Drehzahl) effektiver gemacht werden. Blutplasma hingegen wird durch Zentrifugation einer Blutprobe mit einem Antikoagulans (Gerinnungshemmer) hergestellt. Wie das Serum befindet sich das Plasma im oberen Teil der Röhre. Die Zu-

sammensetzung von Blutserum und Plasma ist nicht identisch. Einige Hormone werden aus dem Blutserum bestimmt, andere aus dem Plasma.

Wie werden Urin und Speichel für Hormonmessungen verwendet?
Hormonmengen werden hauptsächlich aus einer gesammelten Urinprobe bestimmt (Box 1.11). Speichel kann zur Messung des Nebennierenhormons Cortisol entnommen werden. Im Gegensatz zu Blut können Speichel und Urin vom Patienten zu Hause gesammelt werden.

> **Box 1.11: Wie wird Urin gesammelt?**
> Der erste Urin am Morgen sollte in die Toilette abgegeben werden, da er zum vorigen Tag gehört. Dann sollte über die nächsten 24 h der gesamte Urin in einem sauberen Aufbewahrungsgefäß gesammelt werden, so daß auch der erste Morgenurin des nächsten Tages entnommen wird. Zur Diagnose von Phäochromozytom (Abschn. 5.3) und Karzinoidsyndrom (Kap. 9), wird eine dunkle Flasche und saures Milieu benötigt (eine kleine Menge Salzsäure wird in das Aufbewahrungsgefäß gegeben, bevor mit der Urinsammlung begonnen wird). Der Patient sollte nicht die gesamte Menge des gesammelten Urins ins Labor bringen, 100–200 Milliliter sind ausreichend nach Messung des gesamten Volumens.

Welche sind die wichtigsten bildgebenden Verfahren in der Endokrinologie?
Bildgebende Verfahren werden verwendet, um morphologische Veränderungen in den inneren Organen zu erkennen. Zur Untersuchung der endokrinen Drüsen werden am häufigsten Ultraschall, CT und MRT verwendet. CT verwendet Röntgenstrahlen und kann daher während der Schwangerschaft nicht eingesetzt werden, während der Einsatz von MRT bei Patienten, die ein Implantat mit Metall enthalten (wie Herzschrittmacher), eingeschränkt sein kann. Die Schilddrüse wird meist mit Ultraschall untersucht. Die Hirnanhangdrüse (Hypophyse) wird am besten durch MRT visualisiert. Sowohl CT als auch MRT sind nützlich für die Nebennierenbildgebung. Transvaginaler Ultraschall ist sehr hilfreich bei der Untersuchung der Eierstöcke. Es stehen auch Techniken zur Verfügung, die radioisotopenmarkierte Substanzen verwenden. Diese werden von den Zellen aufgenommen und die von dem Isotop emittierte Strahlung wird verwendet, um ein „funktionelles Bild" des Organs zu erhalten. Der Begriff „funktionell" bedeutet, dass die Bildgebung auf einem aktiven Prozess basiert, d. h. Isotopenaufnahme durch die Zellen. Techniken, die Radioisotope verwenden, werden klassischerweise als Szintigrafie bezeichnet.

1.4 Behandlung von hormonellen Erkrankungen

Wie behandeln wir den Mangel an Hormonen (Hormonmangel)?
Störungen, die durch den Mangel an Hormonen verursacht werden, werden behandelt, indem die fehlenden Hormone ersetzt (substituiert) werden (Box 1.12). Kleine molekulare Hormone wie Schilddrüsenhormone und Steroide können in Tabletten verabreicht werden, die effizient vom Verdauungstrakt aufgenommen werden. Im Gegensatz dazu werden Peptidhormone durch die Verdauungsenzyme abgebaut, daher können diese nur in Injektionen verabreicht werden, meist unter die Haut (subkutan). Einige Hormonpräparate werden in tiefe Injektionen in den Muskel (meist in den Gesäßmuskel) gegeben, die langsam freigesetzt werden und so eine stabile Hormonzufuhr für mehrere Wochen oder Monate gewährleisten (einige Steroidhormone und Peptide werden auf diese Weise verabreicht). Sexualsteroide (Östrogene und Testosteron) können auch durch die Haut in Form von Gelen und Pflastern verabreicht werden.

> **Box 1.12: Es ist wichtig zu betonen**,
> dass wir durch Hormonersatz, das gesunde Zustand wiederherstellen wollen, indem wir die fehlenden Hormone bereitstellen. Die Krankheit wird tatsächlich durch die geringen Mengen an Hormonen im Körper verursacht, und durch den Ersatz der Hormone kann die normale Situation wiederhergestellt werden. Wenn sie auf eine angepasste Weise verabreicht werden, sind wenige Nebenwirkungen zu erwarten, und Hormonersatztherapien werden gut vertragen.

Wie werden Mängel der Hypophysenvorderlappenhormone behandelt?
Bei Mangel der Hypophysenvorderlappenhormone sollte beachtet werden, dass, wenn das Hypophysenhormon, das ein peripheres endokrines Organ reguliert, fehlt (z. B. TSH, das die Schilddrüse reguliert, oder ACTH, das die Nebennierenrinde reguliert), wir meist das Produkt des peripheren endokrinen Organs und nicht das der Hypophyse ersetzen. In diesem Zusammenhang bedeutet peripher ein Organ außerhalb des Hypothalamus-Hypophysen-Systems, das von ihm reguliert wird (Schilddrüse, Nebennieren, Keimdrüsen [Gonaden]). Das bedeutet, dass wir, auch wenn TSH oder ACTH fehlen, Levothyroxin und Cortisol geben und nicht TSH oder ACTH. Da Hypophysenhormone Proteine sind, können diese nicht in Tabletten gegeben werden, nur in Injektionen, die nicht nur unangenehm, sondern auch teuer wären, und es hätte keinen Vorteil gegenüber den peripheren Hormonen, die in Tabletten gegeben werden. Proteinhormone sind in der Regel weniger sta-

bil als kleine molekulare Hormone. Das bedeutet jedoch nicht, dass diese Proteinhormone nicht in der endokrinen Therapie verwendet werden, aber in den meisten Fällen der Hormonsubstitution werden die peripheren Hormone in Tabletten gegeben.

Proteinhormone der Hypophyse werden als Injektionen bei Wachstumshormonmangel gegeben, und TSH wird zur Vorbereitung der Radiojodbehandlung der Schilddrüse verwendet, um die Aufnahme des Isotops zu erhöhen (detailliert in Kap. 3 über die Schilddrüse). Ein weiterer Fall, in dem Hypophysenhormone benötigt werden, ist die Wiederherstellung der Fruchtbarkeit (d. h. der Patient möchte Kinder haben), da dies nicht allein durch die Gabe der peripheren Geschlechtssteroide erreicht werden kann (Kap. 6 über Gonaden).

Können wir tierische Hormone zur Behandlung von Hormonmängeln beim Menschen verwenden?
Hormone sind eher konservative Moleküle. Das bedeutet, dass sie sich während der Evolution wenig verändert haben und daher Hormone anderer Tierarten beim Menschen wirken können. Säugetierhormone wurden in mehreren Fällen beim Menschen verwendet, wie Insulin von Schweinen und Rindern und Hormone, die aus dem Urin trächtiger Pferde isoliert wurden, die die Keimdrüsen regulieren. Darüber hinaus können Hormone von Arten, die dem Menschen noch ferner sind, verwendet werden, wie Lachskalzitonin (siehe Abschn. 4.1 und Box 4.1). Es gibt jedoch Unterschiede in den Strukturen von tierischen und menschlichen Hormonen, so gibt es zwei Aminosäuren im Rind, und eine im Schweineinsulin, die sich von ihrem menschlichen Gegenstück unterscheiden. Diese geringfügigen Unterschiede können bei Langzeitbehandlungen immunologische Prozesse auslösen, da das Immunsystem die strukturellen Veränderungen erkennt und eine Immunantwort gegen ein fremdes Molekül auslösen kann. Die überwiegende Mehrheit der Substanzen, die in der aktuellen Hormonersatztherapie verwendet werden, sind synthetisch hergestellte vollständig menschliche Hormone, und daher wird keine Immunantwort ausgelöst.

in den aktuellen Hormonersatztherapien werden synthetisch hergestellte vollständig menschliche Hormone verwendet, und somit wird keine Immunreaktion ausgelöst.

Wie behandeln wir die Überproduktion von Hormonen?
Die Überproduktion von Hormonen kann durch Medikamente oder durch die Entfernung oder Zerstörung des hormonproduzierenden Gewebes behandelt werden. Spezifische Medikamente sind für verschiedene endokrine

Zustände verfügbar, bei denen diese Medikamente die Hormonsynthese hemmen, wie die Synthese von Schilddrüsen- oder Steroidhormonen. Es gibt auch Medikamente, die die Bindung des Hormons an seinen Rezeptor blockieren, wie im Fall eines Medikaments, das bei der Behandlung von Wachstumshormonüberproduktion verwendet wird.

Es ist auch möglich, Patienten, die an einer Hormonüberproduktion leiden, mit Medikamenten zu behandeln, die nicht direkt in den Prozess eingreifen, sondern andere hormonvermittelte Funktionen beeinflussen. Diese sind symptomatische Behandlungen, die nicht die zugrunde liegende Ursache der Krankheit beeinflussen, sondern die hormonellen Folgen (Box 1.13). Zum Beispiel ist eine überaktive Schilddrüse mit einer häufigen Herzfrequenz verbunden, die durch Beta-Blocker-Medikamente, die am Herzen wirken, um die Pulsfrequenz zu reduzieren, oder Schlaflosigkeit durch angstlösende (anxiolytische) Medikamente behandelt werden kann. Sicherlich können die zugrunde liegenden Krankheiten nicht durch symptomatische Behandlung geheilt werden, dies dient nur zur Linderung von Symptomen und hilft die Krankheit zu kontrollieren.

> **Box 1.13: Was ist der Unterschied zwischen einer symptomatischen Behandlung und der Behandlung von zugrunde liegenden Ursachen?**
>
> Bei der Behandlung der zugrunde liegenden Ursachen wird die Quelle der Krankheit angegriffen, und wir bemühen uns, die Krankheit zu heilen (oder das Wachstum eines fortgeschrittenen Tumors zu hemmen).
>
> Bei der Verwendung einer symptomatischen Behandlung sind wir zufrieden mit der Kontrolle der Krankheitssymptome. Der Patient kann symptomfrei gemacht werden, aber die Krankheit ist nicht geheilt und ihre Aktivität wird auch nicht reduziert. Wann immer möglich, ist die Behandlung der zugrunde liegenden Ursachen gerechtfertigt, aber symptomatische Behandlung könnte in einigen Fällen notwendig sein. Zum Beispiel, gibt es keine Behandlung der zugrunde liegenden Ursache für überaktive Schilddrüse in Schilddrüsenentzündungen, da die unkontrollierte Hormonfreisetzung auf die Zerstörung des Schilddrüsengewebes zurückzuführen ist. Symptomatische Behandlung kann gegeben werden, um den erhöhten Herzschlag und die Angst zu lindern.

Die chirurgische Entfernung der überaktiven Drüse oder des überaktiven Teils kann die Krankheit heilen. In einigen Fällen kann die überaktive Drüse durch andere Mittel behandelt werden, zum Beispiel durch Radioisotope, die zerstörerische Strahlung an das Gewebe liefern. Auf diese Weise kann Radioiod, das von der überaktiven Schilddrüse aufgenommen wird, diese zerstören und die Krankheit heilen. Es gibt auch kombinierte Behandlungsprotokolle, bei denen zum Beispiel Radioisotope durch Moleküle, die Rezeptoren des Zielgewebes binden, zu den Zielgeweben gebracht werden. Dies ist der Fall bei der Peptidrezeptor-Radionuklid- Behandlung von neuroendokrinen Tumoren, bei denen radioisotopenmarkierte Somatostatin-Analog-Moleküle die Somatostatin-Rezeptoren des Zielgewebes binden und lokale Strahlenschäden am Tumor verursachen.

Welche Arten von Hormonbehandlungen sind bekannt? Ist die Behandlung mit Hormonen gefährlich?
Hormonersatz wurde oben diskutiert, wenn fehlende Hormone dem Körper zugeführt werden. Dies ist also ein Ersatz, bei dem der normale Zustand wiederhergestellt wird. Dies ist absolut nicht gefährlich, im Gegenteil, es kann gefährlich sein, nicht genügend Hormone im Körper zu haben.

Die in der Umgangssprache als Hormonbehandlung bezeichnete Therapie ist anders: Hormone werden insbesondere zu Behandlungszwecken und nicht zur Behandlung von hormonellen Krankheiten verwendet. Die häufigste Form ist die Hormonbehandlung mit künstlich hergestellten synthetischen Steroiden, die eine Glukokortikoid-Aktivität haben. Wenn Glukokortikoide in hohen Dosen verabreicht werden, hemmen sie die Funktion des Immunsystems und können daher effizient in Krankheiten eingesetzt werden, bei denen Autoimmunphänomene vorhanden sind. Die für dies benötigten Dosen sind jedoch mit schweren Nebenwirkungen verbunden, die zu Cushing-Syndrom führen können (Abschn. 5.2.2) diskutiert unter den Krankheiten der Nebenniere. Symptome sind bauchbetonte Fettleibigkeit, Diabetes mellitus (Zuckerkrankheit), hoher Blutdruck, Osteoporose, beeinträchtigte Wundheilung. Hormonbehandlungen beinhalten auch Behandlungen in der „negativen" Richtung, bei denen ein Hormonmangelzustand induziert wird. Die Behandlung von Prostatakrebs beinhaltet die Einstellung der männlichen Sexualhormonproduktion, und dies zusammen mit der Behandlung von hormonempfindlichem Brustkrebs gehört zur gleichen Kategorie. Bei diesen Tumoren kann die Beseitigung der Hormonwirkung das Tumorwachstum stoppen (Abschn. 6.2). Alle diese Behandlungen sind mit Nebenwirkungen verbunden, die während der Behandlung beurteilt werden sollten.

Insgesamt überwiegen die Vorteile dieser Hormonbehandlungen bei weitem die Risiken von Nebenwirkungen, da sie die Behandlung und Heilung von schweren, manchmal lebensbedrohlichen Krankheiten ermöglichen, die ohne angemessene Therapie tödlich sind.

Können Hormone für nicht-medizinische Zwecke verwendet werden?
Hormone, die zur Leistungssteigerung von Sportlern verwendet werden, werden als **Doping** bezeichnet. Derivate von männlichen Sexualhormonen, Wachstumshormonen und auch **Erythropoietin,** das Nierenhormon das die Bildung roter Blutkörperchen stimuliert, werden am häufigsten verwendet. Männliche Sexualhormone und Wachstumshormone erhöhen die Muskelmasse, während Erythropoietin die Anzahl der roten Blutkörperchen erhöht. Eine Überdosierung dieser Substanzen kann zu schweren Folgen führen, die bei einigen Sportlerinnen aus der ehemaligen Deutschen Demokratischen Republik (DDR), die sich dem Leichtathletik widmeten, beobachtet werden konnten: männliches Aussehen, tiefe Stimme, männliches Haarwachstumsmuster. Die Überdosis von männlichen Sexualhormonen verursacht auch bei Männern Probleme, da ihre eigene Hormonproduktion unterdrückt wird und eine Atrophie der Hoden entwickeln kann.

Gibt es Substanzen, die die Funktion des Hormonsystems stören können?
Ja, diese werden als endokrine Disruptoren bezeichnet. Immer mehr Substanzen sind bekannt, die solche Eigenschaften haben. Viele davon sind künstlich, durch chemische Methoden hergestellt, aber es gibt auch natürliche wie die Phytoöstrogene, die zum Beispiel in Soja gefunden werden und Pflanzenmoleküle sind, die den Östrogenen ähnlich sind. Endokrine Disruptoren können an der in Hochlohnländern beobachteten reduzierten Fruchtbarkeit von Männern beteiligt sein. Andere Pflanzenabkömmlinge, wie „pflanzliche Produkte" unbekannter Zusammensetzung oder aus nicht kontrollierten Quellen können zu ungewöhnlichen Hormonstörungen führen, bei denen endokrine Disruptoren ebenfalls beteiligt sein könnten.

2

Erkrankungen der Hirnanhangdrüse (Hypophyse)

2.1 Struktur und Funktion der Hirnanhangdrüse (Hypophyse)

Die Hirnanhangdrüse ist so klein wie eine Erbse, aber trotz ihrer geringen Größe ist sie der Hauptregulator des endokrinen Systems. In der medizinischen Sprache, benutzt man das Fachwort Hypophyse für die Hirnanhangdrüse, und als dieses in den meisten Krankheiten benutzt wird, werde ich auch meistens das Wort Hypophyse verwenden. Sie befindet sich an der Basis des Gehirns, mit dem sie durch einen dünnen Stiel verbunden ist. Die Hypophyse liegt in einer Knochenhöhle namens „Sella turcica" nach ihrem lateinischen Namen (Türkischer Sattel auf Englisch). Der Knochen, über dem die Hypophyse liegt, wird als Keilbein bezeichnet. Die Hypophyse kann nicht alleine funktionieren, und ihr Stiel bindet sie an einen sehr wichtigen Teil des Gehirns, den Hypothalamus, der kritische regulatorische Zentren des Körpers beherbergt (Abb. 2.1). Im Hypothalamus gibt es mehrere sogenannte Kerne, in denen Nervenzellen (Neuronen) zusammenkommen, und diese regulieren wichtige Körperfunktionen wie Körpertemperatur und Appetit. Ihre andere Hauptfunktion ist die Produktion und Speicherung verschiedener Hormone, die die Hypophyse beeinflussen.

Die Hypophyse gehört zur Gruppe der neuroendokrinen Organe, die sowohl hormonelle als auch neuronale Eigenschaften haben.

Sie besteht aus zwei Lappen: dem vorderen (anterior) und dem hinteren (posterior) Lappen. Der vordere Lappen produziert selbst Hormone, aber nicht alleine, da hierfür der Hypothalamus benötigt wird. Sogenannte **freisetzende Hormone** (releasing Hormone) aus dem Hypothalamus gelangen

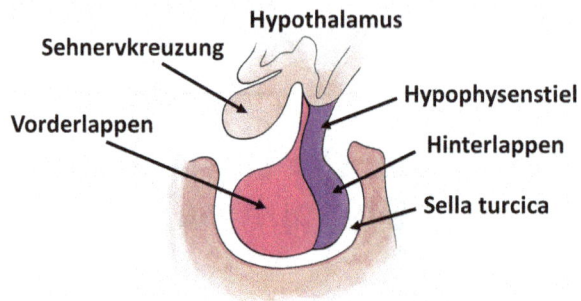

Abb. 2.1 Die Hypophyse in der Sella turcica, einer Höhle des Keilbeins, die nach oben öffnet. Die Hypophyse besteht aus zwei Lappen, dem vorderen und hinteren, und ist durch einen Stiel mit dem Hypothalamus verbunden

über den Hypophysenstiel zum vorderen Lappen, und diese sind für die Produktion der meisten Hormone aus dem vorderen Hypophysenlappen notwendig. Die mit Hilfe von hypothalamischen freisetzenden Hormonen produzierten Hormone sind die folgende: **Wachstumshormon** (GH: growth hormone auf Englisch), **ACTH** (Adrenocorticotropin, adrenocorticotropes Hormon) stimuliert die Nebennierenrinde, **TSH** (Thyreoidea-stimulierendes Hormon) stimuliert die Schilddrüse, **FSH** (Follikel-stimulierendes Hormon) und **LH** (luteinisierendes Hormon) (Abb. 2.2), diese beiden letzten stimulieren die Keimdrüsen (medizinisch als Gonaden bezeichnet). GH wird durch GHRH (growth hormone releasing hormone auf Englisch: Wachstumshormon freisetzendes Hormon), ACTH durch **CRH (corticotropin releasing hormone = ACTH freisetzendes Hormon)** und TSH durch **TRH (TSH freisetzendes Hormon)** stimuliert. Die Produktion von LH und FSH wird beide durch **GnRH** sonst genannt **LHRH (Gonadotropin oder LH freisetzendes Hormon)** stimuliert. Unter den Hormonen des vorderen Hypophysenlappens ist Prolaktin die einzige Ausnahme, da dieses auch ohne hypothalamische Stimulation von der Hypophyse selbst produziert werden kann, und tatsächlich wird seine Produktion durch Dopamin aus dem Hypothalamus gehemmt.

Die Hormone des vorderen Hypophysenlappens wirken nicht direkt auf die Gewebe, mit Ausnahme von Prolaktin und Wachstumshormon, sondern durch die Stimulierung der Hormonproduktion in den peripheren hormonproduzierenden Organen. So stimuliert ACTH die Nebennierenrinde, TSH die Schilddrüse und LH und FSH die Gonaden. Wachstumshormon und Prolaktin wirken direkt auf ihre Zielorgane. Einige Effekte des Wachstumshormons werden jedoch durch den **insulinähnlichen Wachstumsfaktor 1 (IGF-1: insulin like growth factor 1)** vermittelt, der in verschiedenen Organen, hauptsächlich in der Leber, produziert wird.

Andererseits fungiert der hintere Lappen der Hypophyse nur als Speicher, in dem zwei im Hypothalamus produzierte Hormone: das **antidiuretische**

2 Erkrankungen der Hirnanhangdrüse (Hypophyse)

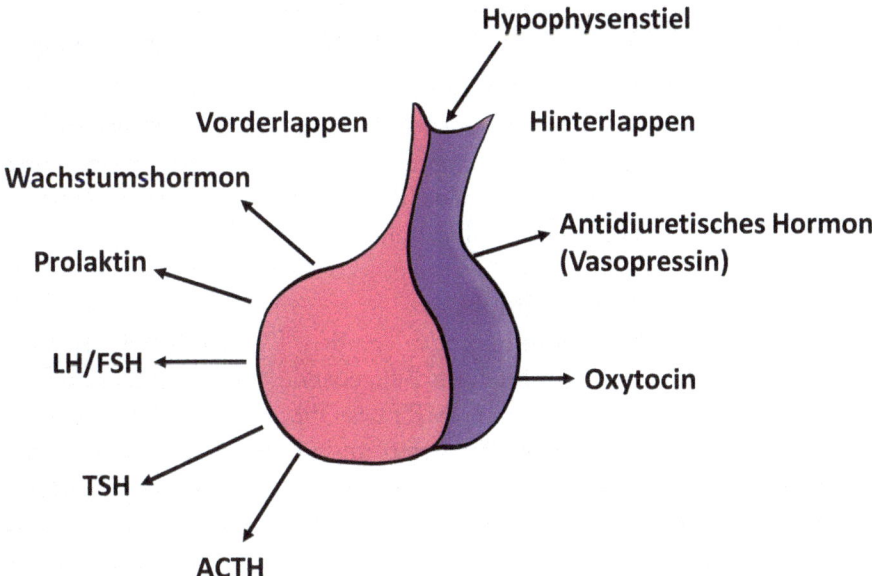

Abb. 2.2 Hormonproduktion durch die Hypophyse. Die Funktion der Hypophyse wird durch den Hypothalamus reguliert. Die Produktion von Hormonen des vorderen Lappens wird durch hypothalamische Hormone reguliert, und diese sind meist stimulierend. Der hintere Lappen speichert zwei Hormone des Hypothalamus. Die Hormone des vorderen Lappens sind das Wachstumshormon, Prolaktin, LH und FSH, die die Keimdrüsen (Gonade) regulieren, TSH, das die Schilddrüse reguliert, und ACTH, das die Nebennierenrinde stimuliert. Die beiden Hormone des hinteren Lappens sind das antidiuretische Hormon (ADH oder auch Vasopressin genannt) und Oxytocin

Hormon (auch genannt **Vasopressin**), das die Wasserhomöostase reguliert, und auch **Oxytocin** Andererseits fungiert der hintere Lappen der Hypophyse nur alsgespeichert und freigesetzt werden. Die Hauptwirkung des antidiuretischen Hormons (**ADH**) ist die Stimulierung der Wasserresorption in der Niere. Sein anderer Name, Vasopressin, bezieht sich auf seine Aktivität als stärkstes gefäßverengendes (vasokonstriktorisches) Molekül im Körper, aber diese Wirkung wird über einen anderen Rezeptor vermittelt. Oxytocin ist vor allem bei Frauen wichtig, da es die Kontraktion der Gebärmutter während der Geburt erhöht und daher auch als Medikament in der Gynäkologie genutzt wird. Es hilft auch beim Stillen. Die Bedeutung von Oxytocin bei Männern war lange Zeit nicht bekannt, aber neuere Daten zeigen, dass es zur Regulierung von Stimmung, sozialen Beziehungen und Libido beiträgt. Oxytocin ist sehr wichtig für die Entwicklung sozialer Bindungen, z. B. zwischen Mutter und Kind. Es ist keine Krankheit bekannt, die mit einer Überproduktion von Oxytocin zusammenhängt, aber bei einigen Krankheiten wurden niedrige Oxytocinspiegel nachgewiesen.

2.2 Erkrankungen der Hypophyse

Die häufigste Erkrankung der Hypophyse ist ein gutartiger Tumor, der als Adenom bekannt ist. Hypophysenadenome machen etwa 10 % aller Tumore innerhalb des Schädels aus. Zwei Hauptformen werden aufgrund ihrer Größe unterschieden: **Mikroadenome** haben einen Durchmesser von unter 10 mm, während **Makroadenome** größer als 10 mm sind.

Wie untersuchen wir die Hypophyse?
Wie bei allen anderen hormonproduzierenden Drüsen sollten zunächst Hormonuntersuchungen, und danach Bildgebende Verfahren gemacht werden. Magnetresonanztomographie (MRT) ist die primäre Untersuchungsmethode, da sie ein detailliertes Bild liefert und ideal für die Erkennung von Mikroadenomen ist. Wenn bei dem Patienten keine MRT durchgeführt werden kann (zum Beispiel aufgrund eines älteren Typs von Herzschrittmacher, der nicht angepasst werden kann, um Störungen mit dem Magnetfeld der MRT zu verhindern), **kann die Computertomographie (CT)** verwendet werden, aber diese ist nicht sensibel genug für die Erkennung kleiner Mikroadenome.

Abb. 2.3 zeigt das MRT-Bild von einer normalen Hypophyse, während in Abb. 2.4 die MRT-Erscheinungen eines Mikroadenoms und eines Makroadenoms dargestellt sind.

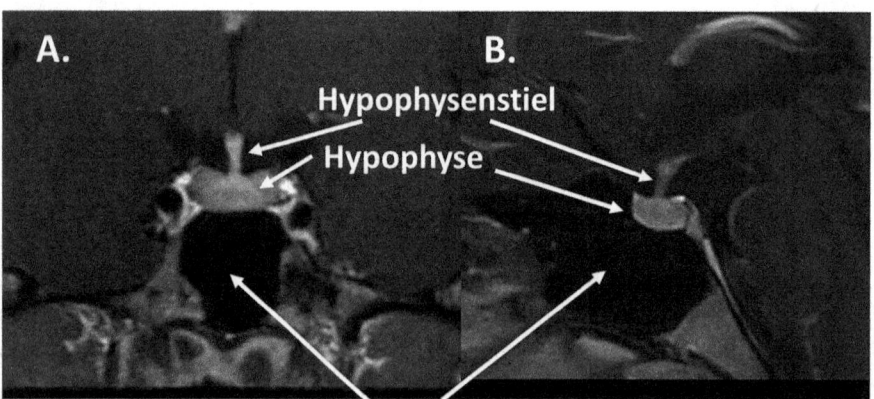

Abb. 2.3 MRT-Bild der normalen Hypophyse. Das linke Panel (**A**) zeigt die Hypophyse von der Vorderansicht, und die vertikale Position des Stiels kann gesehen werden. Das rechte Panel (**B**) zeigt die Hypophyse von der Seitenansicht. Der Keilbeinsinus ist eine Höhle innerhalb des Keilbeins, die sich unter der Sella turcica befindet

2 Erkrankungen der Hirnanhangdrüse (Hypophyse)

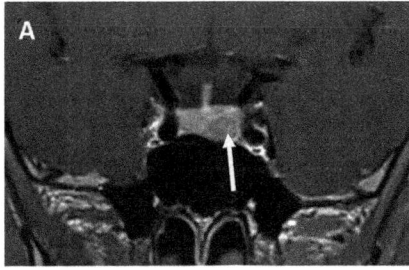 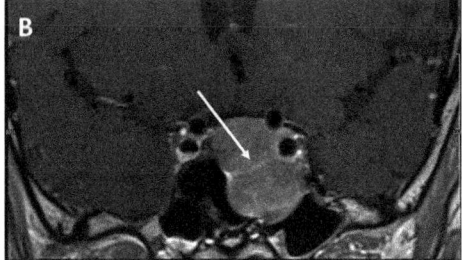

Abb. 2.4 MRT-Bild eines Mikroadenoms (**A**, linkes Panel) und eines Makroadenoms (**B**, rechtes Panel). Das Mikroadenom befindet sich auf der rechten Seite der Hypophyse, gekennzeichnet durch den Pfeil. Das Makroadenom ist viel größer und infiltriert nahegelegene Gehirnstrukturen. Beide Panels zeigen die Hypophyse von der Vorderansicht

Welche können die Folgen von Mikroadenomen sein?
Ein Mikroadenom hat klinische Relevanz nur, wenn es Hormone produziert. Die Fragen der Hormonproduktion werden in den nächsten Kapiteln diskutiert, mit Ausnahme der ACTH-Überproduktion, die bei Nebennierentumoren (Abschn. 5.2.2) vorgestellt wird. Wenn ein Mikroadenom keine Hormone produziert, dann hat es keine klinische Relevanz und es besteht kein Bedarf, sich weiter damit zu befassen.

Wie häufig wird der Verdacht auf ein Mikroadenom durch MRT-Bildgebung erhoben?
Sehr häufig, da einige Untersuchungen zeigen, dass bis zu 10 % der Bevölkerung MRT-Merkmale aufweisen könnten, die auf Mikroadenome hinweisen. Die große Mehrheit dieser sind jedoch lediglich Varianten ohne Hormonproduktion und daher von keiner klinischen Relevanz.

Welche ist die häufigste Form des Hypophysenadenoms?
Prolaktinproduzierende Adenome sind am häufigsten. Die zweithäufigsten sind Adenome ohne Hormonproduktion (sogenannte hormonell inaktive) und somit ohne hormonbedingte klinische Symptome. Es ist von Interesse zu bemerken, dass LH- und FSH-Produktion normalerweise nicht zu klinischen Symptomen führt, und daher gehören Hypophysenadenome, die diese ausscheiden, auch zur Kategorie der hormonell inaktiven Adenome. Adenome, die Wachstumshormon produzieren, sind selten, und noch seltener sind ACTH-produzierende Adenome. Das seltenste Hypophysenadenom ist TSH-produzierend.

Was sind die klinischen Folgen von Makroadenomen?
Im Gegensatz zu Mikroadenomen haben Makroadenome immer eine klinische Relevanz. Selbst wenn ein Makroadenom keine Hormone produziert, kann es aufgrund seiner Größe wichtige umliegende Strukturen (wie Nerven)

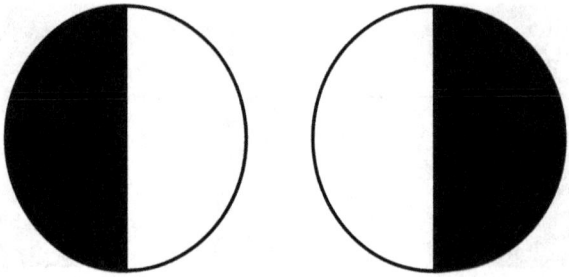

Abb. 2.5 Schematische Darstellung eines typischen Gesichtsfelddefekts, verursacht von einem Makroadenom. Die schwarze Farbe zeigt einen Verlust des Gesichtsfelds an. Der Patient sieht die Seiten aufgrund des Gesichtsfeldsverlusts nicht

komprimieren, oder sogar die normale Hypophyse komprimieren, was möglicherweise deren Hormonproduktion stört. All dies kann zu schweren Gesundheitsproblemen führen, trotz des langsamen Wachstums von Makroadenomen und ihrem überwiegend gutartigen Verhalten.

Unter den mechanischen Folgen kann die Kompression des Sehnervs (Sehnervkreuzung, Chiasma opticum) auftreten, was zu **Gesichtsfeldverlust** führen kann. Gesichtsfeldverlust bedeutet, dass der Patient einige Teile des Gesichtsfelds nicht sieht, typischerweise die Peripherie. Dieser Verlust des Sehfelds kann dazu führen, dass der Patient sich darüber beschwert, dass er nicht sieht was sich an den Seiten befindet, wenn er ein Auto fährt und nach vorne schaut (Abb. 2.5). Eine augenärztliche Untersuchung ist daher von entscheidender Bedeutung bei Patienten mit Makroadenomen.

Wie können Hypophysenadenome behandelt werden?
Mikroadenome ohne hormonelle Aktivität sollten nicht behandelt werden. Es gibt drei Hauptmethoden zur Behandlung von hormonproduzierenden Mikroadenomen und Makroadenomen: i. chirurgisch, ii. mit Medikamenten, iii. durch Bestrahlung. Mit Ausnahme von Adenomen, die Prolaktin produzieren (Prolaktinom), wo in den meisten Fällen Medikamente als Erstlinientherapie eingesetzt werden (siehe Abschn. 2.3), ist die chirurgische Intervention normalerweise die erste Wahl in der Behandlung von Hypophysenadenomen.

Merkmale der chirurgischen Intervention
Das Ziel von Hypophysenoperationen ist es, die Adenome so vollständig wie möglich mit dem geringsten Schaden zu entfernen. Heutzutage werden chirurgische Eingriffe normalerweise über die Nase durchgeführt, wobei der Schädel und die „Dura mater" (eine dicke Membran aus Bindegewebe) um das Gehirn nicht geöffnet werden. Durch die Nase ist es möglich, auf die innere Höhle des

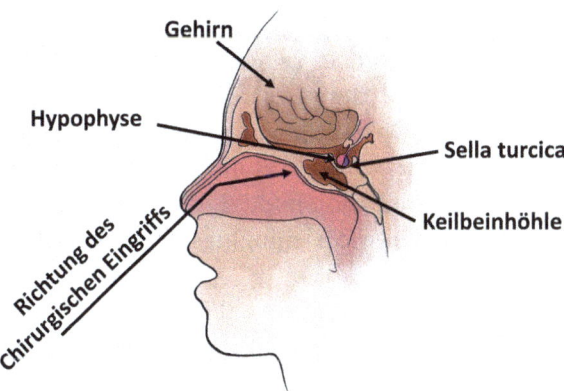

Abb. 2.6 Chirurgischer Zugang zur Hypophyse durch die Nase. Der Chirurg gelangt zur Höhle (Sinus) des Keilbeins über die Nase, über der sich die Hypophyse befindet. Bei diesem Ansatz wird die Dura mater, die das Gehirn schützt, nicht geöffnet, und das Gehirn wird nicht beschädigt

Keilbeins (den Keilbeinsinus) zuzugreifen, über dem die Hypophyse liegt (Abb. 2.6). Dieser Ansatz reduziert das Risiko von Komplikationen erheblich, da das Gehirngewebe nicht beschädigt wird. (Die ersten Hypophysenoperationen wurden durchgeführt, indem der Schädel geöffnet wurde, die Hypophyse durch das Gehirngewebe erreicht wurde. Dieser Weg war oft mit irreversiblen Schäden verbunden.) Bei größeren Adenomen, kann eine Öffnung des Schädels über der Augenbraue notwendig sein. Auf diesem Weg greifen Neurochirurgen auf die Hypophyse unter der Schädelbasis zu, wobei auch keine Gehirnschäden auftreten. Präzisionsmikroskope oder Endoskope (Box 2.1) werden verwendet. Es ist wichtig zu betonen, dass Hypophysenoperationen von Neurochirurgen mit umfangreicher Expertise auf dem Gebiet durchgeführt werden sollten, da das Risiko von Komplikationen nachweislich niedriger ist.

> **Box 2.1: Endoskop**
> Ein rohrförmiges Instrument, das in Körperhöhlen eingeführt werden kann. Es überträgt ein Bild der inneren Welt an den Untersucher und ist auch für die Durchführung von Interventionen anwendbar. Endoskope werden in mehreren medizinischen Bereichen eingesetzt, wie zum Beispiel in den Verdauungs- und Atmungssystemen, der Harnblase usw.

Wann ist es dringend, eine Operation durchzuführen?
Drohender Sehverlust ist die wichtigste Indikation für dringende Hypophysenoperationen. Es ist auch möglich, dass eine spontane Blutung

(Hämorrhagie) in einem Makroadenom auftritt, die ebenfalls eine dringende chirurgische Intervention erfordert. Eine Hypophysenblutung kann vermutet werden, wenn intensive Kopfschmerzen, Übelkeit, Erbrechen und Schwindel beobachtet werden. Eine Operation ist auch dringend, wenn ein Leck von Gehirnflüssigkeit festgestellt wird, da es mit Infektionsgefahr verbunden ist: Bakterien können durch die Läsion in der Dura mater auf das Gehirn zugreifen und schwere Infektionen wie Meningitis oder Gehirnabszess verursachen die häufig fatal sind.

Welche möglichen Komplikationen können bei einer Hypophysenoperation auftreten?
Neben allgemeinen chirurgischen Komplikationen (wie Infektionen, Blutungen), können Hormonmängel aufgrund von Schäden am normalen Hypophysengewebe entstehen. Heutzutage sind chirurgische Eingriffe, die von erfahrenen Neurochirurgen durchgeführt werden, sehr sicher und Komplikationen sind selten. Wie bei allen anderen chirurgischen Eingriffen ist das Risiko einer Blutgerinnung (Thrombose) aufgrund der reduzierten Beweglichkeit des Patienten erhöht, und die mögliche Freisetzung eines Blutgerinnsels kann zu einer Lungenembolie führen. Es wird daher vorgeschlagen, nach dem Eingriff Antikoagulanzien (Heparinderivate) in subkutanen Injektionen zu verwenden.

Wann kann eine medikamentöse Behandlung eingesetzt werden?
Medikamente sind die erste Behandlungsoption bei prolaktinproduzierenden Adenomen und die zweite Option bei Adenomen, die Wachstumshormon oder ACTH produzieren.

Was ist mit Bestrahlung?
Bestrahlungstechniken, auch Strahlenchirurgie genannt, haben sich in den letzten Jahren stark weiterentwickelt und sind sehr präzise geworden. Ihr Hauptproblem liegt in ihrer sehr langsamen Wirkungsweise, da es sogar 5–10 Jahre Bestrahlungstherapie dauern kann, um den vollständigen Effekt zu erzielen.

Können in der Hypophyse bösartige Tumoren auftreten?
Sehr selten (in weniger als 1 % der Fälle) sind Hypophysentumoren bösartig. Für die Diagnose von Hypophysenkrebs ist der Nachweis einer Metastase erforderlich. Metastasen treten meist im zentralen Nervensystem (Gehirn und Rückenmark) auf. Allerdings finden sich auch unter den gutartigen Adenomen aggressiv wachsende Tumoren, die Rezidivneigung haben und umliegende Gehirnstrukturen infiltrieren können. Die vollständige Entfernung solcher aggressiven Tumoren ist oft nicht machbar.

2 Erkrankungen der Hirnanhangdrüse (Hypophyse)

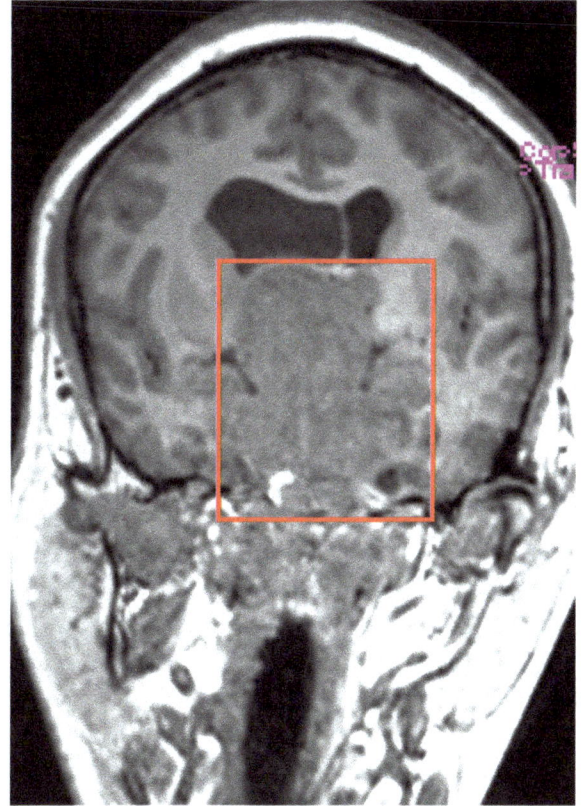

Abb. 2.7 MRT-Bild eines extrem großen Hypophysentumors aus der Frontansicht. Der Tumor ist durch den roten Rahmen markiert

Abb. 2.7 zeigt das MRT-Bild eines extrem großen, aggressiv wachsenden Makroadenoms.

Können wir Hypophysentumoren durch Lebensstiländerungen vorbeugen oder behandeln?
Leider ist es nicht möglich, Hypophysentumoren weder durch Ernährung noch durch einen gesunden Lebensstil zu beeinflussen.

Wie oft ist bei Hypophysenadenomen eine medizinische Kontrolle mit MRT erforderlich?
Makroadenome sollten einmal im Jahr per MRT überprüft werden, um ihr Wachstum im Laufe der Zeit zu überwachen. In der Regel ist dies im ersten Jahr nach der Diagnose nicht erforderlich, da die meisten dieser Tumoren gutartig sind und langsam wachsen. Eine jährliche MRT ist bei Mikroadenomen

nicht erforderlich, da diese sehr langsam oder gar nicht wachsen und fast nie mit mechanischen Komplikationen durch Kompression umliegender Strukturen verbunden sind.

2.3 Prolaktinom

Unter den Hypophysentumoren ist das prolaktinproduzierende – Prolaktinom – das häufigste. Es führt zu typischen Symptomen bei fruchtbaren Frauen und Männern, während es bei älteren Menschen oft symptomlos ist. Die Hauptaufgabe von Prolaktin ist die Anregung der Milchproduktion bei Frauen und daher spielt es eine wichtige Rolle in der Zeit nach der Geburt, während des Stillens. Dennoch hat es mehrere andere Effekte, zum Beispiel ist es an der Regulation des Immunsystems beteiligt. Die Überproduktion von Prolaktin hemmt die Produktion von LH und FSH durch die Hypophyse. Da LH und FSH die Produktion von Hormonen und Keimzellen in den Keimdrüsen (Gonaden: Eierstöcke und Hoden) steuern, werden bei verminderter LH- und FSH-Produktion sowohl die Hormonproduktion der Gonaden als auch die Keimzellbildung gestört. Aufgrund der verminderten Spiegel der Geschlechtshormone (Östrogene bei Frauen und Testosteron bei Männern) können bei Frauen die Menstruationszyklen ausbleiben, während Männer Impotenz und verminderte Libido erleben können.

Was ist das charakteristischste Merkmal eines Prolaktinoms bei Frauen?
Die Produktion von Muttermilch unabhängig vom Stillen kann hauptsächlich bei fruchtbaren Frauen beobachtet werden. Dies kann von geringem Grad sein, wenn es nur durch Drücken der Brustwarzen beobachtet wird, oder sonst ein großer spontaner Fluss. Die Flüssigkeit ist weiß, ähnlich wie Muttermilch. Menstruationszyklen können aufhören oder seltener werden.

Kann die Brustflüssigkeit bei einem Prolaktinom blutig sein?
Nein, eine blutige Flüssigkeit ist charakteristisch für andere Krankheiten, wie Brusttumoren. In solchen Fällen ist eine umfassende Brustuntersuchung dringend erforderlich.

Was ist das Hauptsymptom eines Prolaktinoms bei Männern?
Impotenz und verminderte Libido sind die Hauptsymptome bei Männern. Der Patient konsultiert oft zuerst einen Urologen, und der niedrige Testosteronspiegel in Verbindung mit erhöhtem Prolaktin führt zur Diagnose. Bei älteren, sexuell inaktiven Männern wird ein Prolaktinom jedoch oft spät erkannt, aufgrund der mechanischen Auswirkungen eines großen Makroadenoms.

Sind andere Symptome möglich?

Osteoporose kann bei beiden Geschlechtern auftreten, da hohe Prolaktinspiegel zu Geschlechtshormonmangel führen, der zu Osteoporose führt. Geschlechtshormone sind wichtig für die Erhaltung der Knochenmasse (Kap. 4). Prolaktinproduzierende Makroadenome können zu Masseneffekten führen, die mit der Tumorgröße zusammenhängen, wie Kopfschmerzen, Sehfeldverlust, Hirnnervenlähmungen usw., ähnlich wie andere Makroadenome.

Können Prolaktinspiegel hoch sein ohne einen Hypophysentumor?

Ja, tatsächlich sind die meisten Fälle von erhöhtem Prolaktin nicht auf prolaktinproduzierende Hypophysenadenome zurückzuführen. Die häufigste Ursache für eine Prolaktinerhöhung ist die Nebenwirkung verschiedener Medikamente. Die Prolaktinproduktion wird normalerweise durch hypothalamisches Dopamin gehemmt, und Medikamente, die Dopamin hemmen, können zu einem erhöhten Prolaktinspiegel führen. Mehrere Medikamente, die hauptsächlich in der Psychiatrie verwendet werden, zielen darauf ab, Dopamin zu reduzieren, und ihre Anwendung kann zu erhöhtem Prolaktin und damit verbundenen Symptomen (wie Milchproduktion und Menstruationsstörungen) führen. Der Prolaktinspiegel kann auch ansteigen, wenn der Hypophysenstiel verletzt ist (zum Beispiel durch Operationen, Kopfverletzungen oder Tumoren) und hypothalamisches Dopamin nicht zur Hypophyse gelangen kann.

Ein leichter Anstieg des Prolaktins kann auch bei anderen endokrinen Erkrankungen auftreten, wie bei einer Unterfunktion der Schilddrüse (Abschn. 3.3) oder beim polyzystischen Ovarialsyndrom (PCOS, Abschn. 6.3).

In welchen Fällen sollte ein erhöhter Prolaktinspiegel weiter untersucht werden?

Ein Anstieg des Prolaktins nur leicht über den oberen Normalwert bedeutet in der Regel keine Krankheit, und es besteht keine Notwendigkeit, ihn weiter zu untersuchen.

Was ist ein leicht erhöhtes Prolaktinwert?

Der normale Prolaktinspiegel bei Männern liegt generell unter 10 ng/mL (in einer anderen Einheit 200 mIU/L – Milli-Internationale Einheit/Liter) und bei Frauen unter 20 ng/mL (Nanogramm/Milliliter) (400 mIU/L). Prolaktinerhöhungen aufgrund von Medikamenten liegen normalerweise unter 100 ng/mL. Bei Mikroadenomen über 100 ng/mL, aber typischerweise noch unter 250 ng/mL, während Prolaktinspiegel von mehreren tausend in Makroadenomen gefunden werden können (normalerweise über 500 ng/mL).

Mäßige Erhöhungen des Prolaktinspiegels, die ohne Symptome und unter 30–40 ng/mL (600–1000 mIU/L) liegen, sind recht häufig und meist nicht krankheitsbedingt, daher besteht kein Grund zur Sorge. Es kann sogar vorkommen, dass Prolaktin aufgrund einer durch Venenpunktion ausgelösten Stressreaktion erhöht ist, da Prolaktin auch als Stresshormon wirkt (Kap. 5, Box 5.2).

Gibt es eine Form von Prolaktin, deren erhöhter Spiegel nicht mit einer Krankheit in Verbindung steht?

Es kann vorkommen, dass Prolaktinmoleküle aneinander haften und ein riesiges Molekül namens Makroprolaktin entsteht, das nicht zur biologischen Aktion fähig ist. Routinemäßige Laboruntersuchungen zeigen diese Form normalerweise nicht auf. Die Messung von Makroprolaktin wird in allen Fällen von Prolaktinerhöhung vorgeschlagen. Wenn hauptsächlich Makroprolaktin und keine Symptome vorliegen, sollte es nicht behandelt werden.

Wie wird ein Prolaktinom behandelt?

Prolaktinome sind unter den Hypophysentumoren eine Ausnahme, da ihre Erstlinientherapie mit Medikamenten und nicht chirurgisch durchgeführt wird. Es werden Medikamente verwendet, die wie Dopamin aus dem Hypothalamus wirken und die Prolaktinproduktion hemmen. Diese Medikamente werden Dopaminagonisten genannt (Box 2.2). Drei Medikamente werden verwendet: Bromocriptin, Quinagolid und Cabergolin. Cabergolin ist das wirksamste. Während Bromocriptin und Quinagolid täglich eingenommen werden sollten, ist die Anfangsdosis von Cabergolin zweimal wöchentlich. Diese Medikamente reduzieren nicht nur die Prolaktinproduktion, sondern können auch effektiv die Größe des Prolaktin produzierenden Tumors reduzieren. In den meisten Fällen kann das Prolaktinom durch die Verwendung dieser Medikamente vollständig geheilt werden.

> **Box 2.2: Was ist ein Agonist?**
>
> Ein Agonist ist ein Molekül, das den Rezeptor aktiviert, an den es gebunden ist. Dopamin-Agonisten aktivieren den Dopamin-Rezeptor und üben eine Wirkung aus, die dem Dopamin selbst entspricht. Im Gegensatz dazu hemmt ein **Antagonist** den Rezeptor und behindert dadurch die Bindung eines Hormons (oder eines anderen Moleküls), das sonst in der Lage wäre, den Rezeptor zu aktivieren. Ein Antagonist hemmt daher die hormonelle Wirkung.

Was ist die wichtigste Nebenwirkung von Dopaminagonisten?

Ein abgesenkter Blutdruck nach plötzlichem Aufstehen ist die am häufigsten beobachtete Nebenwirkung. Es wird empfohlen, diese Agonisten schrittweise einzuführen und ihre Dosis allmählich zu erhöhen. Die Medikamente sollten zunächst abends eingenommen werden und werden normalerweise gut vertragen.

Wie lange sollte die Behandlung mit Dopaminagonisten fortgesetzt werden?
Diese Medikamente müssen über Jahre hinweg eingenommen werden. Es ist in der Literatur nicht klar, wann ihre Verabreichung beendet werden kann. Die meisten Patienten nehmen diese Medikamente mit regelmäßigen Kontrollen für mindestens fünf Jahre ein und Behandlungszeiträume von mehr als zehn Jahren sind ebenfalls möglich.

Wie oft sollten Patienten konsultiert werden?
Die Prolaktinspiegel werden in der Regel alle 3 Monate nach Beginn der Behandlung überprüft. Von da an ist nach Dosisanpassung alle 6 Monate ausreichend. Eine MRT-Untersuchung von Makroadenomen ist jährlich erforderlich. Es ist normalerweise nicht notwendig, das MRT häufiger zu wiederholen, da Größenänderungen eher langsam auftreten. Im Falle von Mikroadenomen ist nicht jedes Jahr ein MRT erforderlich.

Wann ist ein chirurgischer Eingriff erforderlich?
Prolaktinome reagieren meist gut auf eine medikamentöse Behandlung, aber selten können auch medikamentenresistente Adenome beobachtet werden. Ein dringender chirurgischer Eingriff ist erforderlich, wenn die Gefahr eines drohenden Sehverlusts oder einer Blutung des Makroadenoms besteht.

Wie steht es um die Schwangerschaft? Können Frauen, die wegen eines Prolaktinoms behandelt werden, schwanger werden?
Eine verminderte Fruchtbarkeit ist ein Hauptmerkmal des Prolaktinoms. Durch die Behandlung des Prolaktinoms normalisieren sich die Menstruationszyklen und die Fruchtbarkeit kehrt zurück. Im Falle eines medizinisch behandelten Mikroadenoms ist eine Schwangerschaft in der Regel sicher, aber es wird empfohlen, die Dosis zu reduzieren und Dopaminagonisten nach Bestätigung der Schwangerschaft abzusetzen. Die Größe der Hypophyse nimmt normalerweise während einer normalen Schwangerschaft zu, und das gilt auch für Prolaktinome. Ein kleines Mikroadenom nimmt nicht so stark an Größe zu, dass es zu einem Sehfeldverlust oder anderen Masseneffekten führen würde.

Im Falle von prolaktinproduzierenden Makroadenomen besteht jedoch die Gefahr eines Tumorwachstums, das zu einem Gesichtsfeldverlust oder anderen Masseneffekten (wie Hirnnervenlähmung) führen kann. Es ist daher vorteilhaft, mit dem Versuch einer Schwangerschaft zu warten, bis die Tumorgröße durch medikamentöse Behandlung erheblich reduziert ist. Wenn die Patientin nicht auf diesen Zeitraum warten möchte, kann ein chirurgischer Eingriff durchgeführt werden. Eine ophthalmologische Untersuchung des Gesichtsfeldes ist bei Patienten mit Makroadenom alle 3 Monate erforderlich. Eine MRT wird während der Schwangerschaft vorzugsweise vermieden, ist aber nicht vollständig kontraindiziert, wie es bei einer CT mit Röntgenstrahlen der Fall wäre. Wenn der Prolaktin hemmende Dopaminagonist nicht abgesetzt werden kann, wird meist Bromocriptin bevorzugt, da es keine Daten über schädliche Auswirkungen auf den Fötus gibt.

2.4 Krankheiten, die mit Wachstumshormon in Verbindung stehen

Der vordere Lappen der Hypophyse produziert **Wachstumshormon (GH: growth hormone auf Englisch)**. Wachstumshormon stimuliert die Zellproliferation sowohl direkt als auch indirekt über die Induktion von **Insulin-ähnlichem Wachstumsfaktor 1 (IGF-1)** Produktion. GH stimuliert das Wachstum der Gewebe und des Körpers (lineares Wachstum). GH fördert auch das Wachstum von Muskeln, erhöht die Herzleistung, reduziert die Menge an Fett und wirkt gegen Insulin. Sowohl seine Überproduktion als auch sein Mangel sind mit menschlichen Krankheiten verbunden.

2.4.1 Überproduktion von Wachstumshormon: Akromegalie und Gigantismus

Die Überproduktion von Wachstumshormon ist eine seltene Krankheit, die durch einen fast immer gutartigen Tumor (Adenom) des vorderen Lappens der Hypophyse verursacht wird.

Wenn die GH-Überproduktion vor der Pubertät beginnt, wächst der gesamte Körper proportional und das Ergebnis ist Gigantismus. Gigantische Patienten sind proportionale Riesen, das bedeutet, daß ihre Körperteile in den gleichen Proportionen wie bei normalen Menschen sind. Der größte dokumentierte Patient mit Gigantismus war der verstorbene Amerikaner Robert Wadlow mit einer Größe von 272 cm (Abb. 2.8).

Nach der Pubertät schließen sich jedoch die Wachstumsplatten der Knochen (werden ossifiziert) und ein Längenwachstum der Knochen ist nicht mehr möglich, so daß die Größe nicht mehr zunehmen kann. GH-Überproduktion nach der Pubertät führt zur Krankheit Akromegalie, bei der die peripheren Teile des Körpers wachsen, einschließlich der Verbreiterung der Finger (Wurstfinger), und Teile des Kopfes prominent werden (Stirn,

2 Erkrankungen der Hirnanhangdrüse (Hypophyse)

Abb. 2.8 Foto von einer Postkarte, die Robert Wadlow, den größten jemals dokumentierten Menschen, zusammen mit seinem Vater zeigt. (Quelle: Wikimedia, Public Domain, https://de.wikipedia.org/wiki/Robert_Wadlow#/media/File:Robert_Wadlow_postcard.jpg)

Augenbrauen, Kinn, Ohr, Nase, Lippen) (Abb. 2.9). Die Zwischenräume zwischen den Zähnen können breiter werden da die Kiefer wachsen, aber die Zähne nicht. Innere Organe wie die Zunge, Herz und Bauchorgane können ebenfalls größer werden. Herzversagen kann entwickeln. Mit dem Wachstum des Kehlkopfes kann die Stimme tiefer werden. Atembeschwerden können auftreten, einschließlich Schlafapnoe (siehe Kap. 8, Box 8.2 für weitere Details) aufgrund der Verengung der oberen Atemwege während des Schlafens.

Akromegalie und Gigantismus sind somit zwei Formen derselben Krankheit, der einzige Unterschied besteht darin, ob die Überproduktion von GH vor oder nach der Pubertät beginnt. Gigantismus ist heutzutage in entwickelten Ländern sehr selten, da diagnostizierte Fälle behandelt werden, um unkontrolliertes Wachstum zu verhindern.

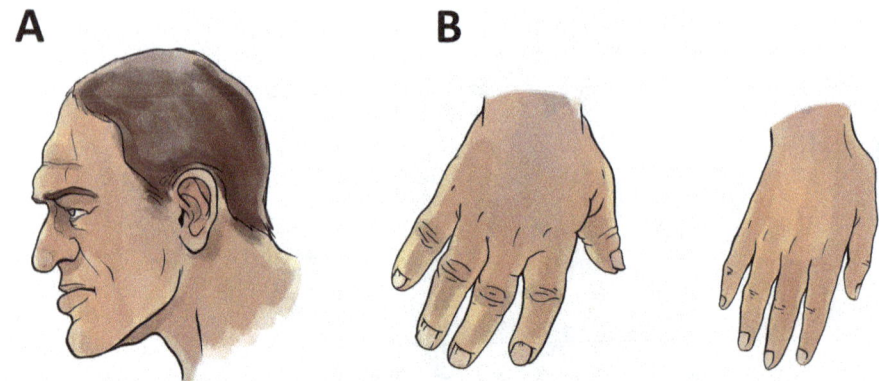

Abb. 2.9 Typische Veränderungen bei Akromegalie. **(A)**: große Nase, hervorstehende Augenbraue und Kinn, großes Ohr; **(B)**: Vergrößerung der Hand und Wurstfinger, im Vergleich zu einer normalen Hand

Abb. 2.10 Bild des römischen Kaisers Maximinus Thrax auf einer Silbermünze. Das hervorstehende Kinn ist auffällig. Historische Quellen beschreiben, dass der Kaiser sehr groß war und daher wahrscheinlich an Gigantismus litt. (Foto vom Autor aufgenommen)

Einige historische Personen sollen Gigantismus gehabt haben, wie der Biblische Goliath (auch diskutiert in Kap. 10 über Multiple Endokrine Neoplasie). Akromegalie/Gigantismus wird vermutet bei dem ägyptischen Pharao Ehnaton und beim römischen Kaiser Maximinus Thrax (Abb. 2.10) basierend

2 Erkrankungen der Hirnanhangdrüse (Hypophyse)

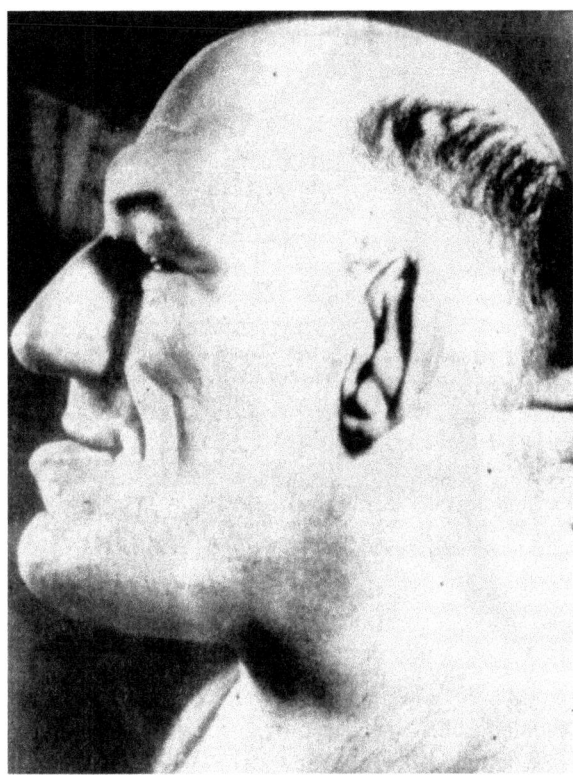

Abb. 2.11 Porträt von Maurice Tillet, einem französischen Ringer. Ein hervorstehendes Kinn und eine große Nase sind zu beobachten. Eine Ohrdeformität, könnte jedoch eher die Folge des Ringens sein. (Quelle: Wikimedia, Public Domain, https://commons.wikimedia.org/wiki/File:Maurice_Tillet.png)

auf ihrem Aussehen und der Beschreibung in verbleibenden Artefakten. Experten sind sich jedoch nicht einig, was Ehnaton betrifft. Mehrere Riesen wurden in der Unterhaltungsindustrie wie im Wrestling eingesetzt, zum Beispiel die Riesen André und Gonzalez. Es ist auch wahrscheinlich, dass das Gesicht der Zeichentrickfigur Shrek auf dem Aussehen eines akromegalischen französischen Wrestlers, Maurice Tillet (Abb. 2.11), basiert, der in den 1940er- und 1950er-Jahren aktiv war.

Ich denke, dass das Bild von Hexen in Märchen und der Populärkultur auch dem von Akromegalie ähnelt mit einer großen Nase, Zunge, hervorstehendem Kinn, und Hautwarzen (Abb. 2.12). Es könnte sogar vermutet werden dass einige unglückliche akromegalische Patienten, die für Hexen gehalten wurden, im Mittelalter verbrannt wurden.

Abb. 2.12 Erscheinungsbild einer Hexe in Geschichten: große Nase, lange Zunge, Warzen auf der Haut – Ähnlichkeit mit dem Aussehen von Patienten mit Akromegalie

Trotz dieser typischen Merkmale ist die Diagnose von Akromegalie nicht leicht zu stellen und es können mehrere Jahre, sogar Jahrzehnte vergehen, bis die Diagnose festgestellt wird. Es ist schwierig für Familienmitglieder oder den behandelnden Arzt, die sehr langsame Veränderung im Aussehen des Patienten zu erkennen, und die Diagnose wird daher oft von einer neuen Bekanntschaft gestellt.

Was fragt der Arzt den Patienten, wenn Akromegalie vermutet wird?
Um die Veränderung im körperlichen Erscheinungsbild so objektiv wie möglich zu machen, kann der Arzt fragen, ob die Schuh- oder Handschuhgröße des Patienten zugenommen hat oder ein Ring vom Finger abgezogen werden kann (falls getragen). Wenn der Ring nicht abgezogen werden kann, kann dies ein Zeichen für Fingerwachstum/-verbreiterung sein.

Wie wird die hormonelle Diagnose gestellt?
Für das Screening wird **Insulin-ähnlicher Wachstumsfaktor 1 (IGF-1)** gemessen, da er ein durch GH regulierter Mediator ist und sein Serumspiegel ist stabil. Die Konzentration von GH im Blut hingegen ist sehr variabel: sie kann

zum Zeitpunkt der Blutabnahme bei akromegalischen Individuen normal oder bei einem Alltagsmenschen aufgrund von Stress erhöht sein. Bei akromegalischen Patienten ist IGF-1 erheblich erhöht und ist ein zuverlässiges Screening für die Krankheit. Zur Bestätigung der Krankheit wird ein oraler Glukosetoleranztest durchgeführt (mit 75 g Glukose und GH Messungen alle 30 min). Normalerweise unterdrückt die Glukoseverabreichung GH-Produktion, aber das passiert nicht bei Patienten mit Akromegalie/Gigantismus. (Der orale Glukosetoleranztest mit 75 g Glukose wird auch für die Diagnose von Diabetes mellitus (Zuckerkrankheit) durchgeführt, aber in diesem Fall ist der wichtigste Glukosewert 2 h nach der Glukose Verabreichung und es wird nur der Blutzucker gemessen).

Wie finden wir die Quelle der GH-Überproduktion?
Die Quelle der GH-Überproduktion liegt fast immer in der Hypophyse, daher wird in der Regel eine Bildgebung mit MRT durchgeführt. Wenn MRT nicht durchgeführt werden kann (z. B. wenn der Patient einen alten Herzschrittmacher hat, der nicht für das Verfahren geeignet ist), kann auch eine CT durchgeführt werden, aber das kann nur große Adenome (Makroadenom mit einem Durchmesser über 10 mm) zeigen. GH-Überproduktion kann sowohl durch Mikro- als auch Makroadenome der Hypophyse verursacht werden.

Wie wird Akromegalie/Gigantismus behandelt?
Die chirurgische Entfernung des Adenoms ist die Erstlinientherapie. Die Intervention wird in der Regel über die Nase durchgeführt, wobei das Gehirn nicht beschädigt wird. Die Heilungsrate beträgt 70–90 % für Adenome unter 10 mm Durchmesser (Mikroadenom), aber insgesamt weniger für Makroadenome.

Als Zweitlinientherapie können **Somatostatin-Analoga** (Octreotid, Lanreotid oder das zuletzt entwickelte Pasireotid) verwendet werden, die die Sekretion von GH hemmen.

Ein Molekül, das den Rezeptor für GH bindet und dadurch seine Wirkung hemmt (Pegvisomant), ist ebenfalls verfügbar und kann sogar in Kombination mit Somatostatin-Analoga verwendet werden.

Eine Bestrahlung des Adenoms kann durchgeführt werden, aber wie zuvor diskutiert ist dies die langsamste Behandlungsmodalität, da es mehrere Jahre dauern kann, bis die volle Wirkung erzielt wird.

Was sind die größten Komplikationen von Akromegalie/Gigantismus?
Neben ästhetischen Merkmalen ist Akromegalie/Gigantismus auch eine ernsthafte Krankheit. Wenn sie unbehandelt bleibt, sterben Patienten meist an

Herz-Kreislauf-Erkrankungen (Herzversagen), Atemproblemen und Krebs (meist Dickdarm). Das Krebsrisiko ist etwas erhöht aufgrund der stimulierenden Wirkung von GH auf Zellproliferation.

2.4.2 Wachstumshormonmangel

GH-Mangel bei Kindern führt zu proportionaler Kleinwüchsigkeit und wird daher bei regelmäßigen Untersuchungen zur Beurteilung des Wachstums entdeckt. Proportionale Kleinwüchsigkeit bedeutet, dass die verschiedenen Teile des Körpers proportional zueinander bleiben, und somit sieht der betroffene Patient aus wie ein normaler Erwachsener von geringer Statur. Andererseits ist auch disproportionaler Kleinwuchs bekannt, zum Beispiel wenn der Kopf im Vergleich zum Körper zu groß ist und die Gliedmaßen sind kurz, wie im Fall von Achondroplasie, die auf Entwicklungsprobleme des Knorpels zurückzuführen ist (Abb. 2.13).

GH-Mangel kann angeboren sein, meist aufgrund genetischer Hintergründe, oder kann auch erworben werden (z. B. aufgrund von Tumoren der Hypophysenregion oder deren Behandlung). GH-Mangel kann isoliert sein, wenn es das einzige fehlende Hormon aus der Hypophyse ist, oder kann mit anderen Hormonmängeln kombiniert sein. Die Diagnose eines kombinierten Mangels wird früher gestellt, da der Mangel an anderen wichtigen Hormonen (wie Schilddrüsen- stimulierendes Hormon (TSH) oder Adrenocorticotropin (ACTH), die die Schilddrüse und die Nebennierenrinde regulieren) früher zu Symptomen führt.

Wie wird die Diagnose von GH-Mangel bei Kindern gestellt?
Die Blutkonzentration von IGF-1 und einem seiner Bindungsproteine (IGFBP3) werden normalerweise zusammen mit dem Knochenalter und der Wachstumsgeschwindigkeit bestimmt. IGF-1 und IGFBP3 sind bei betroffenen Kindern normalerweise sehr niedrig. Das Knochenalter ist mit der

---

Abb. 2.13 Detail aus dem Gemälde „Las Meninas" vom spanischen Meister Diego Velazquez (Museo del Prado, Madrid, Spanien). Die mittlere Figur (Mari Barbosa) ist von kleiner Statur, hat aber unverhältnismäßig kurze Gliedmaßen und eine hervorstehende Stirn. Diese Anzeichen deuten auf eine genetisch bedingte Erbkrankheit der Knorpelentwicklung hin, die als Achondroplasie bezeichnet wird. Der Junge auf der rechten Seite, Nicolasito Pertusato, war tatsächlich auch ein Erwachsener mit proportional kleiner Statur und hatte höchstwahrscheinlich an einem GH-Mangel gelitten. (Quelle: Wikimedia Commons, Public Domain. https://commons.wikimedia.org/wiki/File:Las_Meninas,_by_Diego_Vel%C3%A1zquez,_from_Prado_in_Google_Earth-x1-y1.jpg#filelinks)

2 Erkrankungen der Hirnanhangdrüse (Hypophyse)

(*Fortsetzung*)

Reife der Knochen verbunden und kann durch Röntgenuntersuchungen bewertet werden. Es gibt auch GH-Stimulationstests verfügbar (z. B. durch Verwendung von Clonidin, Arginin oder Glucagon, die bekanntermaßen die GH- Freisetzung aus der Hypophyse stimulieren). Es sollte auch eine Hypophysen-MRT durchgeführt werden, um mögliche morphologische Veränderungen zu betrachten.

Wie wird GH-Mangel behandelt?
Da GH ein Protein ist, muss es als Injektion verabreicht werden. Heutzutage, wird rekombinantes GH verwendet, das durch molekularbiologische Methoden hergestellt wird. GH wird meist als einmal tägliche Injektion mit einem Stift ähnlich wie diejenigen, die für die Insulinverabreichung verwendet werden, geliefert, aber es gibt auch Präparate mit längeren Perioden verfügbar (z. B. einmal pro Woche). Die Behandlung von GH-Mangel ist sehr effizient, da bei den meisten Patienten die gewünschte Größe erreicht werden kann. Nach dem Verschluss der Knochenwachstumsplatten, Körperhöhe nimmt nicht weiter zu. Dennoch kann die GH-Behandlung bei Erwachsenen fortgesetzt werden, wenn ein Mangel bei Erwachsenen (siehe später) nachgewiesen werden kann. Die Übergangszeit erfordert die Zusammenarbeit von Kinder- und Erwachsenenendokrinologen.

Wie überwachen wir die Wirksamkeit der GH-Behandlung bei Kindern?
IGF-1-Spiegel im Blut, zusammen mit Wachstumsgeschwindigkeit und Körpergewicht sollten regelmäßig bewertet werden.

Was ist mit Erwachsenen?
Da Erwachsene aufgrund des Verschlusses ihrer Wachstumsplatten nicht mehr wachsen können, führt der Mangel an GH nicht zu einer Veränderung der Größe. Im Gegensatz zu TSH oder ACTH, die die kritisch wichtigen endokrinen Drüsen (Schilddrüse und Nebenniere) regulieren, ist GH bei Erwachsenen kein zentrales Hormon. Jedoch kann aufgrund der weit verbreiteten Wirkungen von GH ein Mangel auch Erwachsene betreffen. Erwachsene mit GH-Mangel haben eine erhöhte Menge an Fett, reduzierte Muskelkraft, verschlechterten Kohlenhydratstoffwechsel und das Herz ist ebenfalls betroffen. Insgesamt klagen erwachsene Patienten mit GH-Mangel über einen beeinträchtigten allgemeinen Gesundheitszustand. GH-Ersatz für GH-defiziente Erwachsene verbessert ihr Wohlbefinden und den Kohlenhydratstoffwechsel, erhöht die Muskelkraft und reduziert die Menge an Fett. Es hilft dem Wohlbefinden und verbessert die Stimmung.

Wie wird die Diagnose von GH-Mangel bei Erwachsenen festgestellt?
IGF-1 sollte gemessen werden, aber auch Stimulationstests werden normalerweise durchgeführt. Der klassische Test ist die Insulin-induzierte Hypoglykämie, bei der intravenöses Insulin niedrigen Serumglukose (genannt Hypoglykämie) und somit Beschwerden provoziert. Niedriger Serumglukose provoziert GH und auch ACTH-Freisetzung, und wenn die gemessenen Spitzen unter bestimmten Schwellenwerten liegen, kann die Diagnose von Hormonmangel festgestellt werden. Da niedriger Serumglukose gefährlich sein kann, sollte dieser Test nur unter ständiger medizinischer Anwesenheit durchgeführt werden. Es gibt auch andere Stimulationstests, wie z. B. Macimorelin, Glucagon, Arginin-GHRH (Wachstumshormon freisetzendes Hormon).

Wie wird GH-Mangel bei Erwachsenen behandelt?
Wie bei Kindern sollte GH in Injektionen verabreicht werden. Die GH-Dosis wird basierend auf IGF-1-Spiegeln angepasst.

Gibt es Nebenwirkungen der GH-Behandlung?
Häufigste Nebenwirkungen sind Gelenkschmerzen, Taubheitsgefühl, beeinträchtigte Glukosetoleranz (ein Zustand, der Diabetes mellitus vorausgeht), Weichteilschwellung (Ödem) und das sogenannte Karpaltunnelsyndrom (Verdickung von einem Band am Handgelenk, das die darunter laufenden Nerven komprimiert und seltsame Empfindungen hervorruft).

Sollte GH älteren Menschen gegeben werden?
Normales Altern ist mit einem Rückgang der GH-Sekretion zusammen mit anderen Hormonen (z. B. Testosteron bei Männern) verbunden. Viele Merkmale von GH-Mangel überschneiden sich mit normalem Altern (z. B. Abnahme der Muskelmasse, Zunahme von Körperfett, beeinträchtigte Lebensqualität), jedoch unterstützt die medizinische Gemeinschaft nicht die Verwendung von GH gegen normales Altern. Es gibt keinen klaren Nutzen. Darüber hinaus kann es Nebenwirkungen geben und es ist auch unklar, wie es die Lebenserwartung beeinflusst (es könnte sie sogar reduzieren).

2.5 Hypophyseninsuffizienz (Hypophysenunterfunktion)

Hypophyseninsuffizienz bezieht sich auf die unzureichende Produktion von Hypophysenvorderlappenhormonen einschließlich TSH, ACTH, LH und FSH (Abschn. 2.1) und GH (Abschn. 2.4.2).

Bezüglich der Hormone des hinteren Lappens ist der Mangel an antidiuretischem Hormon, das die Wasserhomöostase reguliert, eine bekannte Krankheit (vorgestellt im nächsten Teil (2.6)).

Wie häufig ist Hypophyseninsuffizienz?
Hypophyseninsuffizienz ist relativ selten. Sie wird am häufigsten verursacht durch Schädel- und Gehirntraumata, oder beobachtet nach Gehirnoperationen, oder aufgrund von Hypophysenschäden durch Tumoren. Hypophyseninsuffizienz im Zusammenhang mit Schädeltrauma ist ein intensiv untersuchtes Feld, da sich herausgestellt hat, dass mehrere frühere Schädelverletzungen später zu symptomatischer Hypophyseninsuffizienz führen können. Bei Sportlern, die Aktivitäten ausüben, bei denen Schläge auf den Schädel sind üblich wie Kampfsportarten oder American Football, kann Hypophyseninsuffizienz entwickeln. Darüber hinaus wurde dies auch in anderen Wettkampfsportarten beobachtet. Es ist daher ratsam, die Hypophysenhormone nach Schädelverletzungen zu untersuchen. Selten können während der Geburt bei einer Mutter Blutungen und Gewebeschäden an der Hypophyse auftreten.

Was sind die Symptome von Hypophyseninsuffizienz?
Hypophyseninsuffizienz äußert sich als Kombination von Hormonmängeln aufgrund des Mangels an verschiedenen Hormonen. Müdigkeit, Schwäche, Schwindel und niedriger Blutdruck sind häufige Merkmale. Der Blutdruck kann beim Aufstehen erheblich abfallen und Schwindel verursachen. Feine Falten können im Gesicht auftreten (Abb. 2.14). Unzureichende Produktion von Sexualhormonen führt zu verminderter Gesichtsbehaarung bei Männern,

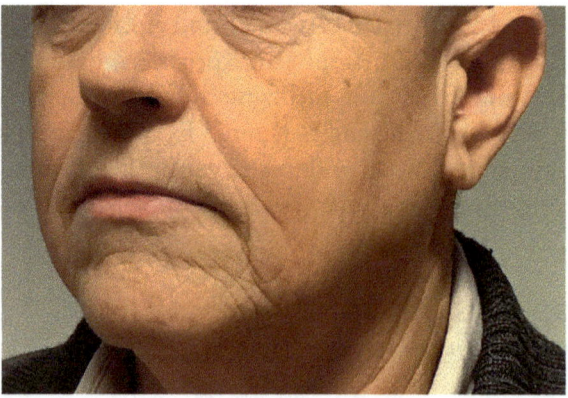

Abb. 2.14 Das Gesicht eines männlichen Patienten, der an Hypophyseninsuffizienz leidet, mit typischen feinen Falten. Der Mangel an Gesichtshaarwuchs ist ebenfalls offensichtlich

und die betroffenen Patienten müssen seltener rasieren. Körperhaar kann auch spärlicher sein. Mangel an Schilddrüsenhormonen kann zu Schläfrigkeit, Langsamkeit, langsamen Herzschlag und Verstopfung (seltene Stuhlgänge oder schwierige Stuhlgang) führen. Die Unfähigkeit zu stillen kann ein anfängliches Zeichen von Hypophyseninsuffizienz sein, die durch die Geburt verursacht wird und später von anderen Symptomen gefolgt werden kann.

Sind alle Hormone mangelhaft oder nur einige?
Wenn ein Verdacht auf Hypophyseninsuffizienz besteht, sind detaillierte hormonelle Untersuchungen notwendig, um zu klären, welche Hormone mangelhaft sind.

In den schwersten Fällen fehlen alle Frontlappen-Hormone, einschließlich ACTH, TSH, LH, FSH, GH und Prolaktin. Während der Mangel an Prolaktin hauptsächlich das Stillen beeinflusst, sind die anderen Hormone an den oben beschriebenen Symptomen beteiligt.

Die Hypophysenzellen, die ACTH und TSH produzieren, sind weniger empfindlich gegenüber Schäden als diejenigen, die für die Produktion von LH/FSH und Wachstumshormon verantwortlich sind, und daher ist es recht häufig, dass die Produktion dieser letzteren aufhört, während ACTH und TSH erhalten bleiben. Dies kann auch so interpretiert werden, dass das Wachstumshormon, das nicht lebenswichtig für das Überleben ist, zusammen mit den Hormonen, die für die Fortpflanzung notwendig sind, zuerst verloren gehen, während der Körper versucht, die Hormone zu retten, die die Nebennierenrinde und die Schilddrüse regulieren und an der Regulierung der grundlegenden Körperfunktionen beteiligt sind.

Es ist jedoch möglich, dass nur ein oder wenige Hormone verloren gehen. Zum Beispiel ist ein isolierter ACTH-Mangel bekannt.

Welche Hormonuntersuchungen sind zur Beurteilung der Hypophyseninsuffizienz erforderlich?
Die verschiedenen vom Hypothalamus und der Hypophyse regulierten Hormonsysteme müssen untersucht werden: **Cortisol-ACTH** zur Untersuchung der Nebennierenrinde, **freies T4 (L-Thyroxin)-TSH** für die Schilddrüse, dann zur Untersuchung der Keimdrüsen, **Testosteron** bei Männern und **Östrogen** bei Frauen zusammen mit Hypophysen-LH/FSH. Die Aktivität des Wachstumshormons sollte ebenfalls untersucht werden, und zu diesem Zweck wird IGF-1 gemessen. Der Prolaktinspiegel sollte ebenfalls ermittelt werden. Neben den Hypophysenhormonen müssen auch die Hormone der peripheren hormonproduzierenden Organe gemessen werden, damit wir **primäre und sekundäre Hormonmängel** unterscheiden können. Im Falle von

primären Hormonmängeln sind periphere hormonproduzierende Organe (Nebennierenrinde, Schilddrüse, Keimdrüsen [Hoden und Eierstöcke]) von Krankheiten betroffen, und daher wird das entsprechende hypophysäre Regulierungshormon eine hohe Blutkonzentration haben. Bei sekundären Hormonmängeln, die durch eine Krankheit der Hypophyse selbst verursacht werden, werden sowohl die Spiegel des hypophysären Regulierungshormons als auch des entsprechenden peripheren Hormons niedrig sein.

In einigen Fällen kann eine Stimulation der Hypophyse oder des peripheren hormonproduzierenden Organs zur Diagnose erforderlich sein.

Wie wird eine Hypophyseninsuffizienz behandelt?
Die Behandlung ist relativ einfach, die fehlenden Hormone müssen bereitgestellt werden. Wie im einleitenden Kapitel dieses Buches dargestellt, werden die Hormone, die von den peripheren Organen produziert werden, zur Substitution verwendet, anstatt die Hormone der regulierenden Hypophyse (Abschn. 1.4). Dies wird zum Teil durch die Stabilität der peripheren Hormone erklärt, da diese (wie Schilddrüsen-, Nebennierenrinden- oder Geschlechtshormone) keine Proteine sind und daher nicht durch proteolytische Enzyme abgebaut werden. Periphere Hormone können oral eingenommen werden und sind in der Regel viel billiger zu synthetisieren als die von der Hypophyse produzierten Protein-Hormone. Daher wird im Falle einer fehlenden ACTH-Produktion aufgrund einer Hypophyseninsuffizienz, **Hydrocortison** entsprechend dem von der Nebennierenrinde produzierten Cortisol dem Patienten verabreicht, und im Falle eines TSH-Mangels, **Levothyroxin** (L-Thyroxin, T4). Wenn ein LH/FSH-Mangel vorliegt, wird die Form der Hormonersatztherapie durch das Ziel der Behandlung bestimmt. Wenn nur eine normale männliche und weibliche sexuelle Funktion, aber nicht die Wiederherstellung der Fruchtbarkeit und Reproduktion erreicht werden soll, sind Testosteron bei Männern und Östrogen bei Frauen ausreichend. Für die Sicherstellung normaler Menstruationszyklen bei erwachsenen Frauen ist auch Progesteron erforderlich, aber für die Entwicklung weiblicher Geschlechtsmerkmale bei Mädchen ist Östrogen ausreichend. Östrogen und Progesteron sind in Verhütungspillen enthalten. Da Testosteron in Tabletten die Leber schädigen kann, wird es meist in Form von Gels verabreicht, die auf die Haut aufgetragen werden können (Box 2.3), oder in Injektionen, die alle paar Wochen oder Monate tief in den Muskel gegeben werden. Bei der Testosteronersatztherapie sollte auch das Blutbild zusammen mit dem Testosteronspiegel überprüft werden, da Testosteron die Bildung roter Blutkörperchen erhöhen kann.

2 Erkrankungen der Hirnanhangdrüse (Hypophyse)

> **Box 2.3: Ratschläge zur Medikamenteneinnahme: Worauf sollte man achten beim Auftragen von Testosterongel auf die Haut?**
>
> Das Gel sollte jeden Tag zur ungefähr gleichen Zeit verwendet werden, meistens morgens. Es sollte auf den Schultern und dem Bauch aufgetragen werden. Das Gel sollte nicht auf der Genitalhaut verwendet werden, da sein Alkoholgehalt die dünne Haut reizen könnte. Es ist wichtig, darauf zu warten, dass das Gel absorbiert wird, und vor seiner vollständigen Absorption sollte der Kontakt mit Frauen vermieden werden, da Testosterongel zu erhöhtem Haarwuchs und männlichen Geschlechtsmerkmalen bei Mädchen und Frauen führen kann. Diese können sicherlich nur nach wiederholten Kontakten auftreten.

Es ist wichtig, zunächst mit der Nebennierenrinden-Hormonersatztherapie zu beginnen (Box 2.4). Die Erklärung dafür liegt in der stoffwechselanregenden Aktivität der Schilddrüsenhormone. Das Schilddrüsenhormon stimuliert den Abbau anderer Hormone, einschließlich des Nebennierenrinden-Cortisols, und wenn es zuerst gegeben wird, kann der niedrige Spiegel der Nebennierenrinden-Hormone weiter abnehmen, was zu einer akuten Nebenniereninsuffizienz führen kann, die sich durch starke Übelkeit, Erbrechen, Schwindel und Fieber äußern kann. (Box 2.5)

> **Box 2.4: Ratschläge zur Medikamenteneinnahme**
>
> Wenn der Patient sowohl Hydrocortison als auch Levothyroxin einnimmt, sollte zuerst Levothyroxin auf nüchternen Magen eingenommen werden, und dann, nach einer halben Stunde, sollte Hydrocortison eingenommen werden, vorzugsweise während einer Mahlzeit.

> **Box 2.5: Wichtig**
>
> Ob die Nebennierenrindeninsuffizienz von der Hypophyse (sekundär) oder von der Nebennierenrinde (primär) Ursprung ist, sollte die Dosis von Hydrocortison (Glukokortikoide) immer im Falle von Infektionen, Operationen oder Unfällen erhöht werden. Dadurch kann kein Schaden verursacht werden, aber schwere Probleme können verhindert werden. Patienten sollten mit einer Notfallkarte ausgestattet werden, die ihre Krankheit und den Bedarf an Hormonersatztherapie zeigt (Abb. 2.15).

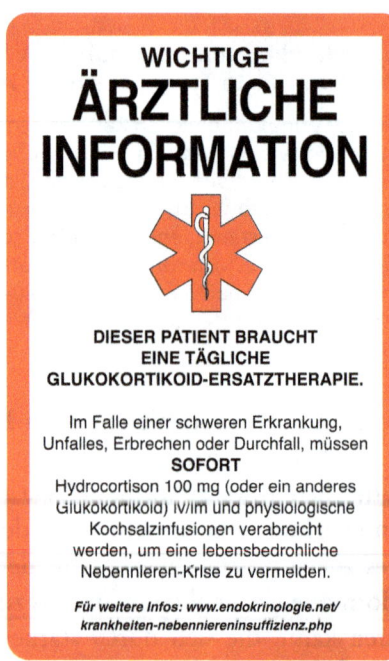

Abb. 2.15 Eine Notfallkarte, die zeigt, dass der Patient an Nebenniereninsuffizienz leidet und Hydrocortison einsetzt, ausgestellt von der Europäischen Gesellschaft für Endokrinologie. Es ist wichtig, dass alle Patienten, die entweder an sekundärer Nebenniereninsuffizienz aufgrund einer Hypophysenerkrankung oder an primärer Nebenniereninsuffizienz aufgrund einer Nebennierenerkrankung leiden, eine solche Karte bei sich tragen. Im Falle eines Gesundheitsproblems kann das medizinische Personal, das kontaktiert wird, so leicht über ihre Krankheit und die erforderliche Behandlung informiert werden. (Urheberrecht Deutsche Gesellschaft der Endokrinologie, mit Genehmigung reproduziert)

Wie kann die Ersatztherapie mit Schilddrüsenhormon überprüft werden?

Im Gegensatz zur viel häufigeren primären Form der Unterfunktion der Schilddrüse (Abschn. 3.3), bei der die Krankheit der Schilddrüse für die Unterfunktion verantwortlich ist, sollte hier der Blutspiegel von freiem T4 (fT4) überwacht werden. TSH, das zur Überprüfung der Ersatztherapie bei der primären Form der Unterfunktion der Schilddrüse verwendet wird, ist nicht geeignet, da bei Hypophyseninsuffizienz TSH niedrig ist.

Sollten die Medikamentendosen bei Operationen, Unfälle oder Infektionen verändert werden?

Das Hormon der Nebennierenrinde, Cortisol, ist eines der wichtigsten Stresshormone, dessen Produktion in Stresssituationen deutlich erhöht ist (Kap. 5, Box 5.2). Bei Hypophysen- und Nebennierenrindeninsuffizienz kann diese

Erhöhung nicht stattfinden, und wir müssen daher die Dosis von Cortisol (Hydrocortison) erhöhen (Box 2.5). Wenn eine leichte Infektion wie eine Erkältung vorliegt, sollte die Tagesdosis zwei- oder dreifach erhöht werden, aber im Falle von schweren Infektionen oder Operationen sollte Cortisol sogar viermal täglich in Infusionen verabreicht werden. Unterschiedliche Dosen sind bei unterschiedlichen Formen von Operationen und Anästhesien erforderlich. Patienten können auch mit Hydrocortison-Injektionen versorgt und darauf trainiert werden, diese intramuskulär zu injizieren, wenn die orale Medikamenteneinnahme aufgrund von intensiver Übelkeit oder Erbrechen nicht möglich ist.

Was sollte getan werden, wenn der Patient Kinder haben möchte?
Sekundäre Geschlechtsmerkmale (wie Körperbehaarung und Brüste bei Frauen Kap. 6, Box 6.3), normale sexuelle Funktion und Libido können durch die Gabe von peripheren Sexualhormonen entwickelt und aufrechterhalten werden, aber für die Bildung von Keimzellen sind auch Hypophysenhormone notwendig. Da es sich um Proteine handelt, können diese nur als Injektionen verabreicht werden. Patienten erhalten subkutane Injektionen mit FSH- und LH-Aktivität einmal oder zweimal pro Woche. Normalerweise wird das hCG-Hormon anstelle von LH verabreicht (Box 2.6).

> **Box 2.6: Was ist hCG?**
> Humanes Choriongonadotropin ist ein Hormon, das von der Plazenta während der Schwangerschaft produziert wird und eine wichtige Rolle in der Regulation der Eierstockfunktion, Östrogen- und Progesteronproduktion hat. hCG ist sowohl in Struktur als auch in seiner Wirkung sehr ähnlich zu LH.

Heutzutage werden synthetische, künstlich hergestellte Hormone verwendet, aber vor einigen Jahrzehnten wurden Hormone verwendet, die aus dem Urin von Frauen in den Wechseljahren und schwangeren Pferden isoliert wurden. Die LH/FSH-Produktion steigt nach den Wechseljahren aufgrund des Stillstands der Eierstockfunktion deutlich an, da es ohne Östrogenproduktion keine Rückkopplung gibt. Diese Hormone werden auch während der Schwangerschaft in großen Mengen produziert; daher war der Urin schwangerer Pferde nützlich.

Die Wiederherstellung der Fruchtbarkeit ist ein langer Prozess und die Injektionen sollten über mehrere Monate fortgesetzt werden, um die normale Fruchtbarkeit wiederherzustellen.

Ist es auch notwendig, Prolaktin zu ersetzen?
Prolaktin wird nicht ersetzt, da sein Mangel nur das Stillen beeinträchtigt, das mit Säuglingsnahrung geregelt werden könnte.

2.6 Diabetes insipidus (Vasopressinmangel und Vasopressinresistenz)

Diabetes ist ein Wort griechischen Ursprungs und bezieht sich auf eine Erhöhung des Urinvolumens. Das Wort Diabetes wird bei zwei Krankheiten verwendet: die häufigste ist Diabetes mellitus. Mellitus bedeutet honigartig auf Latein und dieser Begriff bezieht sich auf den süßen Geschmack des Urins aufgrund der großen Mengen an Zucker in seinen unbehandelten und schweren Formen. Ärzte haben in der Vergangenheit auch den Geschmack zur Diagnose verwendet. Diabetes insipidus ist viel seltener als Diabetes mellitus (Zuckerkrankheit) und in diesem Fall ist der Urin geschmacklos. Diabetes insipidus ist entweder auf den Mangel an antidiuretischem Hormon (ADH oder Vasopressin) zurückzuführen, das im hinteren Lappen der Hypophyse gespeichert und freigesetzt wird, oder auf die gestörte Wirkung dieses Hormons. ADH wird vom Hypothalamus produziert, der hintere Lappen speichert und setzt es nur frei. Eine der Hauptwirkungen von ADH ist die Stimulierung der Wasserresorption in den Kanälen der Niere über einen spezifischen Rezeptor. Es gibt auch andere Wirkungen von ADH, daher ist es eines der stärksten gefäßverengenden (vasokonstriktorischen) Moleküle im Körper und sein alternativer Name, Vasopressin, bezieht sich darauf. Seine Wirkung auf die Gefäße wird über einen anderen Rezeptortyp ausgeübt.

Die Niere filtert das zirkulierende Blut und der größte Teil dieser hohen Menge an durchlaufender Flüssigkeit wird wieder in das Blut resorbiert, gleichzeitig wird der Urin dicker und seine Dichte erhöht sich. Diese Filterfunktion ist entscheidend für die Entfernung toxischer und ausgeschiedener Substanzen. ADH erhöht die Wasserresorption in den Sammelrohren der Niere.

Was sind die Symptome von Diabetes insipidus?
Das Hauptmerkmal ist die große Menge an produziertem Urin und intensiver Durst. Patienten trinken viel, um dies auszugleichen. In den schwersten Fällen kann die tägliche Urinausscheidung 15–20 L erreichen. Dieser ist sehr verdünnt, wasserähnlich und seine Dichte ist niedrig. Zur Ersetzung muss der Patient eine ähnliche Menge an Flüssigkeit trinken.

Was sind die Hauptformen von Diabetes insipidus?

Ein Mangel an ADH-Produktion kann durch Krankheiten des Hypothalamus-Hypophysen-Systems entstehen, zum Beispiel aufgrund eines Tumors, einer Neurochirurgie oder einer Verletzung. Diese Form ist der **zentrale Diabetes insipidus** (oder auch als **Vasopressinmangel** bezeichnet). Die **andere Form entwickelt sich aufgrund von Nierenerkrankungen** (**renale Form**), die häufiger und weniger schwerwiegend ist als die zentrale Form. In dieser Form ist die ADH-Produktion nicht beeinträchtigt, aber das Hormon kann nicht die entsprechenden Wirkungen in der Niere ausüben (daher auch als **Vasopressinresistenz** bezeichnet). Der ADH-Spiegel kann sogar höher als normal sein, da die Hypophyse versucht, die fehlende Reaktion der Niere zu kompensieren.

Wie wird die Diagnose von Diabetes insipidus gestellt?

Der Patient mit Diabetes insipidus kann seinen Urin nicht konzentrieren, mit anderen Worten, er kann keinen dicken Urin produzieren. Eine andere Krankheit, die von Diabetes insipidus unterschieden werden sollte, ist die absichtlich erhöhte Flüssigkeitsaufnahme (mit einem medizinischen Begriff, primäre Polydipsie). Dies ist am häufigsten bei Patienten mit psychiatrischen Störungen zu sehen, kann aber auch gewohnheitsmäßig sein, wenn die Person viel mehr Flüssigkeit als normal trinkt, sogar 8–10 L täglich. Wenn jemand viel Flüssigkeit trinkt, wird es auch viel Urin geben, und dieser wird ähnlich verdünnt sein wie bei Patienten mit Diabetes insipidus. Um Diabetes insipidus von primär erhöhter Flüssigkeitsaufnahme zu unterscheiden, kann klassische **Durstversuch** verwendet werden. Der Patient darf während des Tests 6 h lang nicht trinken. Bei echtem Diabetes insipidus kann die Niere den Urin nicht konzentrieren und daher geht die Urinproduktion während des Tests weiter. Bei Personen ohne Diabetes insipidus, aber nur erhöhter Flüssigkeitsaufnahme, nimmt das Urinvolumen während des Tests ab. Oft ist jedoch die Unterscheidung dieser beiden nicht so einfach. Es ist wichtig zu beachten, dass der Durstversuchstest bei Patienten mit Diabetes insipidus gefährlich sein kann und daher nur unter medizinischer Überwachung durchgeführt werden sollte. Es gibt neuere Methoden zur Diagnose, wie die Messung des Blut-Copeptin-Spiegels, aber diese sind noch nicht weit verbreitet.

Auch die MRT kann bei der Diagnose eines zentralen ADH-Mangels helfen, da der hintere Lappen der Hypophyse oder seine Veränderung oder sein Fehlen visualisiert werden kann.

Können ADH-Konzentrationen gemessen werden?

Leider ist es ziemlich schwierig, ADH genau zu messen, und dies ist nur in spezialisierten Forschungslabors verfügbar. Die ADH-Konzentration wird daher nicht zur Diagnose von Diabetes insipidus verwendet.

Wie kann der hypophysenbedingte zentrale Diabetes insipidus von der nierenbedingten Form unterschieden werden?

Dies ist relativ einfach, da durch die Gabe von ADH an den Patienten, zentraler Diabetes insipidus verbessert, das Urinvolumen abnimmt und seine Konzentration erhöht, während die nierenbedingte Form nicht durch ADH beeinflusst wird.

Wie wird Diabetes insipidus behandelt?

Zentraler Diabetes insipidus kann effizient behandelt werden, indem ADH verabreicht wird. Tatsächlich wird nicht ADH zur Behandlung verwendet, da es sehr leicht abgebaut wird, sondern eine chemisch modifizierte ähnliche Molekül, **Desmopressin**. Desmopressin wird als Nasenspray oder in Tablettenform verabreicht. Es wird sehr gut durch die Nasenschleimhaut aufgenommen. Je nach Schwere der Erkrankung wird das Nasenspray einmal oder zweimal täglich verwendet, während Tabletten normalerweise dreimal täglich eingenommen werden.

Bei nierenbedingtem Diabetes insipidus liegt das Problem in der Wirkung von ADH, da es keine angemessenen Effekte in der Niere ausüben kann. Diese Form des Diabetes insipidus ist normalerweise milder als ihr zentrales Gegenstück, aber sie ist viel schwieriger zu behandeln. Interessanterweise können einige Diuretika und nichtsteroidale entzündungshemmende Medikamente nützlich sein.

Ist eine Überdosierung von Desmopressin möglich?

Ja. Wenn die Patienten zu viel Desmopressin erhalten, wird die Wasseraufnahme der Nieren erheblich erhöht, und wenn die Flüssigkeitsaufnahme nicht reduziert wird, werden die Körperflüssigkeiten (Blut) verdünnt. Das bedeutet nicht, dass ein zusätzliches Nasenspray oder eine überschüssige Tablette Probleme verursachen würde, aber eine erheblich größere Dosis kann gefährlich sein. Die Blutverdünnung ist gekennzeichnet durch eine starke Reduzierung des Serum-Natriumspiegels. Eine Reduzierung des Natriumspiegels kann schwerwiegende Nebenwirkungen verursachen. Dieser Zustand entspricht einer Wasservergiftung, wenn jemand in kurzer Zeit eine große Menge Wasser trinkt.

Was ist eine Wasservergiftung?

Wasser wird sehr gut aus dem Verdauungssystem aufgenommen und gelangt daher durch schnelles Trinken großer Mengen Wasser schnell in den Körper und den Blutkreislauf. Das Trinken von mehreren Litern Wasser innerhalb einer halben Stunde kann bereits gefährlich sein. Dies kann absichtlich oder beim Ertrinken auftreten. Große Mengen an Flüssigkeitsaufnahme während intensiver sportlicher Aktivität, wie Marathonlaufen, können gefährlich sein. Der Organismus ist nicht an große Mengen aufgenommenes Wasser gewöhnt, und das Blut wird verdünnt, sein Natriumspiegel sinkt. Überschüssiges Wasser, das in die Zellen gelangt, ist hauptsächlich im Gehirn problematisch, da es zu Schwellungen, Ödemen führen kann. Eine Wasservergiftung kann neurologische Folgen haben, Übelkeit, Schwindel und in schweren Fällen sogar zum Tod führen.

Kann eine Überproduktion von ADH durch Krankheiten verursacht werden?
Die Überproduktion von ADH kann auch bei verschiedenen Krankheiten auftreten, und dieses Syndrom wird als **SIADH** (Syndrom der inadäquaten ADH-Sekretion) bezeichnet. Dies kann bei Erkrankungen des zentralen Nervensystems (wie Entzündungen, Tumoren, nach neurochirurgischen Eingriffen), anderen Krankheiten oder sogar als Nebenwirkung bestimmter Medikamente auftreten. Eine Überproduktion von ADH führt zu chronischer Wasservergiftung mit geringen Mengen an konzentriertem Urin und einem niedrigen Natriumspiegel im Blut. Eine wichtige Gruppe von SIADH ist tumorassoziiert und wird meist bei Tumoren beobachtet, die in Organen entstehen, die normalerweise kein ADH produzieren, wie bei Lungentumoren (siehe Kap. 1, Box 1.7 zu paraneoplastischen Syndromen).

Wie können wir eine Überproduktion von ADH behandeln?
Die einfachste und oft effektivste Behandlungsmethode besteht darin, die Flüssigkeitsaufnahme zu reduzieren, also eine Flüssigkeitsrestriktion. Angesichts der erhöhten Wasserrückresorption in den Nieren aufgrund der Überproduktion von ADH kann eine viel geringere Flüssigkeitsaufnahme ausreichend sein. Es wird eine tägliche Flüssigkeitsaufnahme von 800–1000 mL angestrebt, einschließlich jeder Form von Flüssigkeit einschließlich Suppen. Aktuelle Leitlinien schlagen keine medikamentöse Behandlung vor, obwohl ein selektiver ADH-Rezeptor-Inhibitor (Tolvaptan) verfügbar ist. Allerdings wird die Langzeitanwendung von Tolvaptan aufgrund seiner schweren Nebenwirkungen (Gefahr von Leberschäden) nicht empfohlen. Auch Harnstoff kann hilfreich sein.

Eine starke Reduzierung des Serum-Natriumspiegels kann auf einen lebensbedrohlichen Zustand hinweisen, und in solchen Fällen sollte Natriumchlorid als stationäre Behandlung verabreicht werden. Es sollte beachtet werden, dass der Natriumspiegel nur langsam und allmählich erhöht werden kann, da eine schnelle Steigerung zu schweren Schäden am zentralen Nervensystem führen kann.

3

Erkrankungen der Schilddrüse

3.1 Lage und Funktionen der Schilddrüse

Die Schilddrüse ist eine wichtige endokrine Drüse, die vor dem Kehlkopf (Larynx) und dem oberen Teil der Luftröhre (Trachea) liegt. Ihr Gewicht beträgt bei gesunden Erwachsenen etwa 10–20 g. Die Schilddrüse besteht aus zwei Lappen, die durch eine schmale Band namens Isthmus verbunden sind (Abb. 3.1).

Die Schilddrüse besteht aus sogenannten Follikeln, die knotenartige Zellansammlungen (Abb. 3.2) um eine zähflüssige Flüssigkeit namens Kolloid sind. Das Kolloid ist wichtig für die Speicherung von Schilddrüsenhormonen.

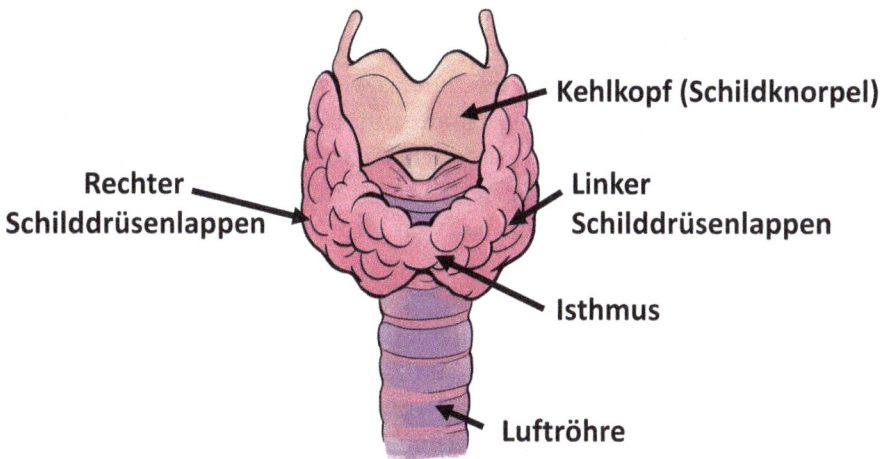

Abb. 3.1 Lage der Schilddrüse und ihrer benachbarten Organe

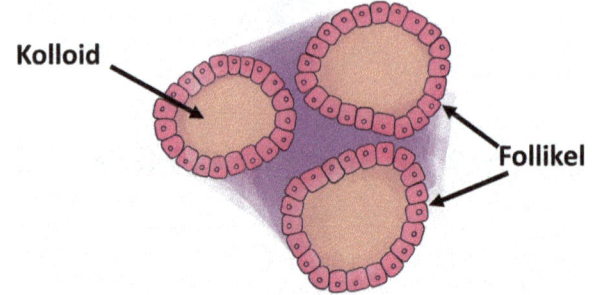

Abb. 3.2 Schematische Darstellung der mikroskopischen Struktur der Schilddrüse mit Follikeln

Die Schilddrüse produziert zwei Hormone: **L-Thyroxin (T4, Levothyroxin)** und **3,5,3′-Triiodthyronin (T3)**. T3 ist das aktive Hormon, das auch aus T4 in verschiedenen Körpergeweben durch die Deiodinase-Enzyme produziert wird. Das ‚aktive Hormon' bedeutet, dass es in der Lage ist, den Schilddrüsenhormonrezeptor zu binden und somit biologische Aktivität auszuüben. Sowohl T4 als auch T3 enthalten Jod und aus diesem Grund beeinflusst ein Jodmangel die Schilddrüsenfunktion. Das Protein **Thyreoglobulin**, das die wichtigste Komponente des Kolloids ist, speichert große Mengen an T3 und T4. rT3 (Reverse T3) ist ein Abbauprodukt ohne biologische Aktivität ohne größere Rolle in der Routine-Diagnostik. T4 und T3 werden heutzutage im Labor als freie Fraktionen (fT4 und fT3) (nicht protein-gebunden) gemessen.

Der tägliche Jodbedarf beträgt 90 µg (Mikrogramm) bis zum Alter von 5 Jahren und 120 µg für Kinder zwischen 6 und 12 Jahren. Für Kinder über 12 Jahre und Erwachsene werden täglich 150 µg Jod empfohlen. In der Schwangerschaft und während des Stillens wird von der Weltgesundheitsorganisation eine viel höhere Aufnahme von täglich 250 µg vorgeschlagen. Fisch und Meeresfrüchte sind besonders reich an Jod, Eier, einige Gemüsesorten (z. B. Sellerie) und Früchte (Zitrone, Ananas, Johannisbeere, Brombeere) relativ so, aber Jod wird auch einigen Nährstoffen (z. B. jodiertem Salz) zugesetzt.

Die Produktion von Schilddrüsenhormonen wird auf zwei Hauptwegen reguliert: durch die Hypophyse und durch die T4→T3-Umwandlung. Wie andere hormonproduzierende Organe des Körpers (z. B. die Nebennieren und die Keimdrüsen (Eierstöcke, Hoden)) produziert die Hypophyse ein Hormon, das TSH (Thyreoidea-stimulierendes Hormon) genannt wird, das die Produktion von Schilddrüsenhormonen und auch die Vermehrung von Schilddrüsenzellen fördert. TSH wird wiederum durch ein anderes Hormon, TRH (TSH-Releasing-Hormon), das vom Hypothalamus produziert wird, reguliert. Wie in Kap. 1 diskutiert, ist dieses System durch negative Rückkopplungsregulation gekennzeichnet, was bedeutet, dass das von der Drüse produzierte Hormon die Produktion der Hormone, die seine Freisetzung stimulieren, hemmt. T4 und T3 hemmen also die Produktion von TSH aus der Hypophyse und TRH aus dem Hypothalamus. Dieses feine Regulationssystem stellt sicher, dass die Produktion von Schilddrüsenhormonen gut unter Kontrolle ist (Abb. 3.3).

Schilddrüsenhormone sind entscheidend für die Entwicklung des Individuums, insbesondere des Gehirns und des Nervensystems, des Skeletts und des Herzens, aber tatsächlich sind alle Organe und Gewebe von Schilddrüsenhormonen betroffen. Neben der Regulierung der Entwicklung sind Schilddrüsenhormone wichtige Akteure in der Regulierung des Stoffwechsels, des Körpergewichts, der Menge an Fettgewebe, der Körpertemperaturregulierung, der Herzfrequenz usw. Schilddrüsenhormone beschleunigen den Stoffwechsel im Allgemeinen, was sich in erhöhten Darmbewegungen, Abbau von Proteinen, Fett und Kohlenhydraten äußert. Schilddrüsenhormone erhöhen die Herzfrequenz und Kontraktionen (Herzausstoß).

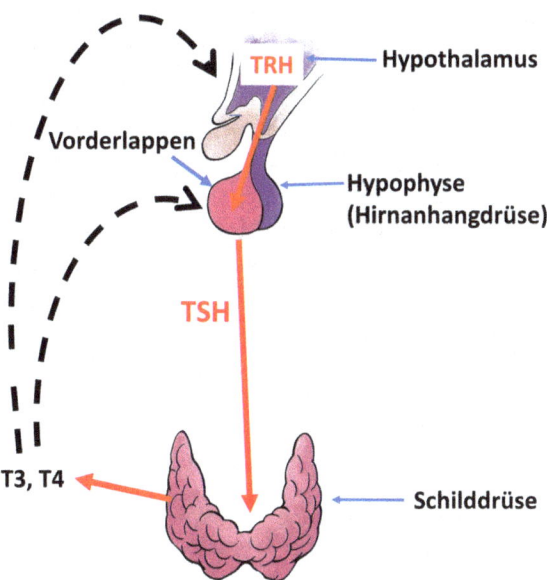

Abb. 3.3 Regulation des Hypothalamus-Hypophysen-Schilddrüsen-Systems. TRH wird vom Hypothalamus produziert und erreicht den vorderen Lappen der Hypophyse über den Hypophysenstiel. TRH stimuliert (gerade rote Pfeile) die TSH-Produktion aus der Hypophyse, die die Schilddrüse über den Blutkreislauf erreicht und die Produktion der Schilddrüsenhormone (T4, T3) anregt. Die Schilddrüsenhormone wiederum hemmen die Produktion (gestrichelte schwarze Pfeile) von sowohl TRH als auch TSH und schließen so den Regelkreis über eine negative Rückkopplung

Es sollte beachtet werden, dass die Schilddrüse auch andere hormonproduzierende Zellen enthält, die sich von den in den Follikeln enthaltenen Schilddrüsenzellen unterscheiden. Dies sind die C-Zellen, die **Kalzitonin** ausscheiden, ein Hormon, das an der Regulation des Kalziumstoffwechsels und der Knochen bei Fischen beteiligt ist, indem es das Serumkalzium reduziert und seine Aufnahme in die Knochen erhöht. Beim Menschen spielt Kalzitonin jedoch keine große Rolle in diesen Prozessen und der Mangel an Kalzitonin (zum Beispiel nach Entfernung der Schilddrüse) ist nicht mit einer Krankheit verbunden.

3.2 Schilddrüsenüberfunktion (Hyperthyreose, Thyreotoxikose)

Die Überproduktion von Schilddrüsenhormonen (mit den medizinischen Begriffen Hyperthyreose oder Thyreotoxikose) ist ziemlich häufig, da etwa 1 % der Bevölkerung betroffen ist. Wie die meisten Schilddrüsenerkrankungen ist sie bei Frauen häufiger und wird oft bei jungen Patienten gefunden.

Aufgrund der metabolischen Effekte von Schilddrüsenhormonen führt ihre Überproduktion typischerweise zu Gewichtsverlust trotz erhöhtem Appetit. Erhöhtes Schwitzen, erhöhte Herzfrequenz (sogar Herzrhythmusstörungen), häufiger Stuhlgang (sogar Durchfall) und auch Schlaflosigkeit und Unruhe werden häufig beobachtet.

Der Blutcholesterinspiegel ist oft niedrig. Das Ausmaß dieser Symptome hängt sicherlich von der Schwere der Hormonüberproduktion ab und typische Symptome treten häufiger bei jüngeren Menschen auf. Insgesamt, betroffene Patienten scheinen hyperaktiv zu sein wie bei Menschen, die Stimulanzien nehmen.

Es gibt drei Hauptursachen für eine Schilddrüsenüberfunktion (Box 3.1).

Box 3.1

- **Morbus-Basedow** der autoimmunen Ursprungs ist (Abschn. 1.1) und ist mit der Vergrößerung der gesamten Schilddrüse (diffuser Kropf) verbunden (Abb. 3.4A)
- **Funktionierende Schilddrüsenknoten** die übermäßig Hormone produzieren (entweder ein einzelner, sogenannter toxischer Knoten oder mehrere Knoten (multinodulärer Kropf)) (Abb. 3.4B)
- **Vorübergehende Überproduktion von Schilddrüsenhormonen** aufgrund der Entzündung der Schilddrüse, bei der das entzündete Gewebe auseinander fällt und die Hormone werden ins Blut freigesetzt.

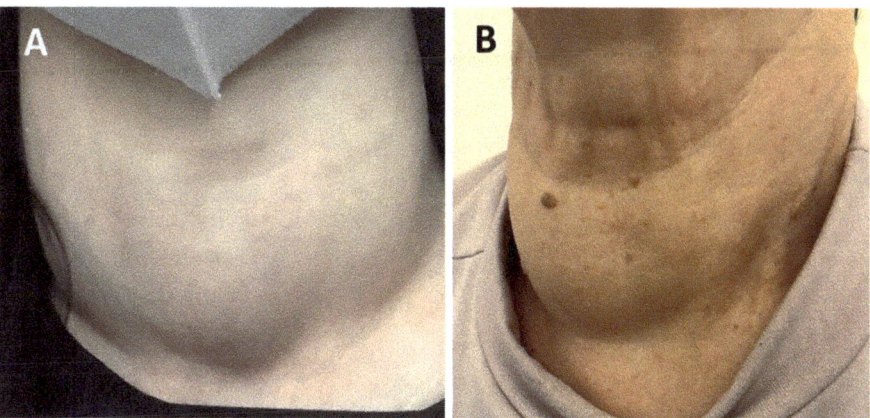

Abb. 3.4 **(A)** ein diffuser Kropf, wie er bei Basedow-Krankheit auftritt, bei dem die gesamte Schilddrüse symmetrisch vergrößert ist. **(B)** Asymmetrischer Kropf aufgrund eines großen Knotens im rechten Lappen der Schilddrüse

Die Basedow-Krankheit (in der englischen Fachliteratur wird es Graves-Krankheit genannt) tritt in der Regel bei jüngeren Menschen auf, während funktionierende Knoten häufiger bei älteren Menschen vorkommen.

Die Symptome dieser drei Formen sind meist ähnlich, aber ein eigenartiges Merkmal der Basedow-Krankheit sollte beachtet werden. Patienten, die von Basedow-Krankheit betroffen sind, zeigen oft Augensymptome in etwa 30 % der Fälle. Dazu gehören eine erhöhte Tränenproduktion oder in schwereren Fällen wird das Auge nach vorne gedrückt, was den Eindruck einer Augenvergrößerung erweckt (Abb. 3.5). Einige Symptome bilden sich spontan mit der Verbesserung der Krankheit zurück, aber in den schwersten Fällen (sogenannte **endokrine Orbitopathie**), kann die Bewegung des Auges gestört sein,, das Auge kann sich röten und der Sehnerv, der die Nervensignale vom Auge zum Gehirn leitet, kann ebenfalls betroffen sein. Daher kann Blindheit die schwerwiegendste Komplikation der Augensymptome sein.

Patienten mit funktionierenden Schilddrüsenknoten zeigen keine Augensymptome.

Wie stellt der Arzt die Diagnose einer Schilddrüsenüberfunktion fest?

Wie bei anderen endokrinen Erkrankungen ist das erste die Hormonmessung. Wenn die Schilddrüse T4 und T3 überproduziert, wird TSH aufgrund der negativen Rückkopplungsregulation niedrig sein. Daher wird die Messung von TSH, fT4 und fT3 ein niedriges TSH und erhöhtes fT4 und/oder fT3 zeigen.

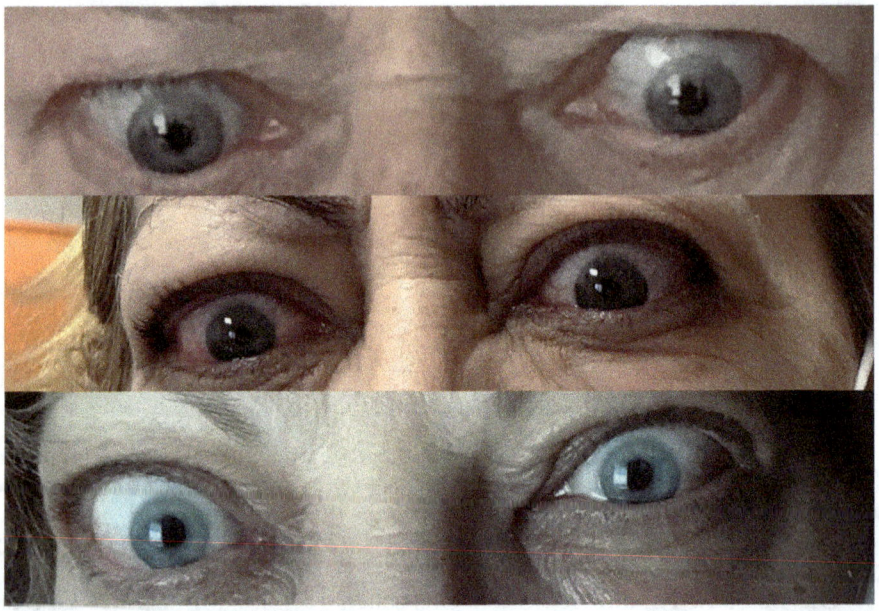

Abb. 3.5 Augensymptome bei Basedow-Krankheit. Das weiße Band über der Iris erweckt den Eindruck, daß das Auge größer erscheint, was auch zu sehen ist, wenn der Patient nach unten starrt. Das unterste Panel zeigt einen schweren Fall, bei dem die Augenbewegung beeinträchtigt ist

Wie können wir die Ursache der Überproduktion von Schilddrüsenhormonen herausfinden?

Es ist wichtig herauszufinden, ob die Überproduktion von Schilddrüsenhormonen mit einem Knoten, der Basedow-Krankheit oder einer Entzündung zusammenhängt, da ihre Behandlung unterschiedlich ist. Ein Schilddrüsenultraschall kann helfen, ist aber nicht die endgültige Untersuchung. Bei der Basedow-Krankheit zeigt der Ultraschall eine diffuse entzündungsähnliche Veränderung in der gesamten Schilddrüse, typischerweise ohne Knoten. Die hormonelle Aktivität eines Knotens kann nicht durch Ultraschall bestimmt werden.

Die Basedow-Krankheit wird durch einen Antikörper verursacht, der den TSH-Rezeptor auf die gleiche Weise stimuliert wie TSH (genannt **TRAK: Thyreotropin-Rezeptor-Antikörper**), und der Nachweis von TRAK bestätigt somit die Krankheit. Der andere Beweis wird durch die Isotopenuntersuchung der Schilddrüse, die Schilddrüsenszintigrafie, geliefert. Während der Schilddrüsenszintigrafie wird ein Radioisotop verabreicht, das von der Schilddrüse aufgenommen wird und dessen funktionelle Aktivität wird durch die Detektion der abgegebenen Strahlung gezeigt. Jodisotope können sicherlich für **Schilddrüsenszintigrafie** verwendet werden, aber heutzutage wird das ^{99m}Technetium- (^{99m}Tc) Isotop bevorzugt, da es eine kürzere Halbwertszeit hat und somit weniger Strahlung abgibt und es wird auch effizient von den Zellen der Schilddrüse aufgenommen. (Halbwertszeit bedeutet die Zeit, die für den Abbau eines Moleküls oder eines Isotops in diesem Fall benötigt wird. Je kürzer die Halbwertszeit, desto geringer ist die Strahlenbelastung für den Körper) Bei der Basedow-Krankheit zeigt die gesamte vergrößerte Schilddrüse eine erhöhte Isotopenaufnahme (Abb. 3.6B), während ein toxischer Knoten typischerweise ein einzelner überaktiver Punkt ist (heißer Knoten und der Rest der Schilddrüse ist fast ohne Aufnahme, als „kalt" bezeichnet) (Abb. 3.6C). Die kalten Gebiete werden durch das niedrige TSH bei Patienten mit Hyperthyreose erklärt. Die normale Schilddrüse benötigt TSH für ihre Funktion, und da der toxische Knoten TSH unterdrückt, werden die normalen Schilddrüsenteile inaktiv, während der autonom funktionierende toxische Knoten leuchtet. Ein multinodulärer Kropf kann mehrere Knoten unterschiedlicher Aktivität enthalten, wie heiße Knoten, warme Knoten (funktionierende Knoten, die TSH nicht unterdrücken und eine normale Aufnahme zeigen) und sogar kalte Knoten ohne Isotopenaufnahme (Abb. 3.6D).

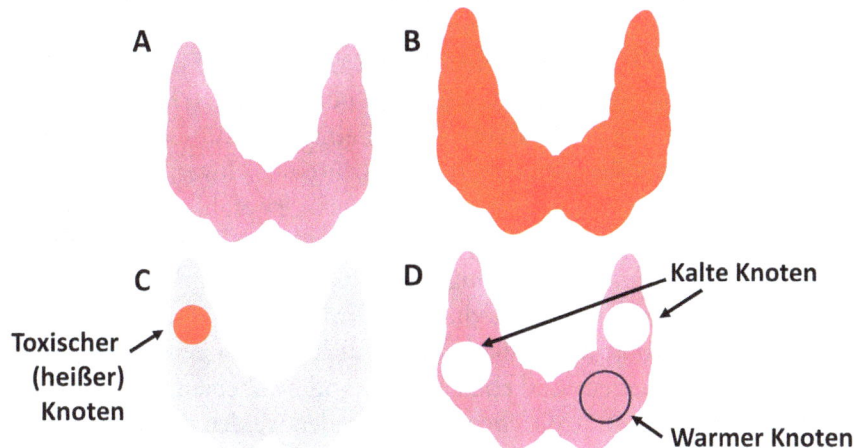

Abb. 3.6 Schematische Darstellungen von Schilddrüsenszintigrafien. (**A**): normale Schilddrüse mit normaler Aufnahme, (**B**): vergrößerte Schilddrüse bei Basedow-Krankheit mit intensiver Aufnahme im gesamten Drüsengewebe (diffuse Hyperaktivität), (**C**): ein toxischer Knoten mit intensiver Aufnahme, der die Aktivität des Restes der Drüse aufgrund von niedrigem TSH unterdrückt, (**D**): multinodulärer Kropf mit verschiedenen Arten von Knoten – kalte Knoten mit reduzierter Isotopenaufnahme, warmer Knoten mit einer Aufnahme ähnlich dem umgebenden Gewebe

Ist die Schilddrüsenszintigrafie gefährlich?

Da das schnell abbaubare ^{99m}Technetium (^{99m}Tc) Isotop weit verbreitet ist, stellt die Untersuchung keine größere Gefahr dar. Es wird jedoch empfohlen, dass Patienten, die eine Schilddrüsenszintigrafie durchlaufen, am Tag der Untersuchung keinen Kontakt zu schwangeren Frauen oder kleinen Kindern haben.

Welche allgemeinen Maßnahmen sollten von Patienten ergriffen werden, die an einer Schilddrüsenüberfunktion leiden?

Patienten, die an aktiver Überproduktion von Schilddrüsenhormonen leiden, sollten auf übermäßige körperliche Aktivität und Sport verzichten. Es gibt einige Daten, die darauf hinweisen, dass langanhaltender Stress Patienten für ein Wiederauftreten der Krankheit prädisponieren könnte.

Als symptomatische Behandlung verschreibt der Arzt oft Betablocker, um die Herzfrequenz zu senken. In einigen schweren Fällen können sogar Herzrhythmusstörungen, wie Vorhofflimmern, auftreten, die eine weitere Therapie erfordern, einschließlich der Hemmung der Blutgerinnung (Antikoagulation). (Vorhofflimmern prädisponiert Patienten zur Bildung von Blutgerinnseln im Herzen) Angstlösende (anxiolytische) Medikamente können auch gegeben werden, um Schlaflosigkeit und Unruhe entgegenzuwirken.

Kann die Ernährung die Schilddrüsenüberfunktion beeinflussen?

Patienten mit Überproduktion von Schilddrüsenhormonen sollten vermeiden, große Mengen an jodreichen Lebensmitteln wie Fisch und Meeresfrüchten oder Lebensmittelprodukten (Brot oder Milch) zu essen, die mit Jod angereichert sind. Ein übermäßiger Verzehr einiger Gemüsesorten wie Knoblauch, Spinat und Sellerie, einiger Früchte (Zitrone, Schwarze Johannisbeere, Ananas, Pflaumen) und Eier wird ebenfalls nicht empfohlen. Nicht-jodiertes Salz sollte verwendet werden. Der Verzehr von jodreichen Lebensmitteln kann auch die Radiojodbehandlung stören, und daher wird Patienten davon abgeraten, diese Lebensmittelprodukte drei Monate vor der Behandlung zu essen. Einige Kontrastmittel, die hauptsächlich in der Computertomografie (CT) verwendet werden, sind ebenfalls eher jodreich, ebenso wie jodbasierte Dekontaminationsmittel, die ebenfalls vermieden werden sollten.

Wie sollte die durch die Basedow-Krankheit verursachte Schilddrüsenüberfunktion behandelt werden?

Die Basedow-Krankheit kann mit Medikamenten, Radioisotopen (radioaktives Jod – Radiojod) und Operationen behandelt werden. Die Behandlung mit Radiojod zerstört, während die Operation das überaktive Schilddrüsengewebe entfernt, und daher werden diese Behandlungsformen als **„ablativ"** bezeichnet.

Was sollte bei der Verwendung von Medikamenten zur Behandlung der Schilddrüsenüberfunktion beachtet werden?

Die sogenannten **Antithyreotika** (wie Methimazol, Carbimazol, Propylthiouracil) hemmen die Schilddrüsenhormonproduktion und können normalerweise nach einigen Jahren die Basedow-Krankheit heilen. Diese Behandlung ist wirksam, aber die Krankheit tritt manchmal wieder auf. Die am meisten gefürchtete, aber glücklicherweise seltene Nebenwirkung dieser Medikamente ist eine Abnahme der weißen Blutkörperchen, die schwerwiegend sein kann. Patienten sollten daher darauf hingewiesen werden, diese Medikamente sofort abzusetzen, wenn sie Halsschmerzen und/oder Fieber haben, da die anfänglichen Symptome eines niedrigen Blutbildes wie eine banale obere Atemwegsinfektion erscheinen können. Wenn sich aufgrund eines dieser Medikamente ein niedriges weißes Blutbild entwickelt, können ähnliche Medikamente nicht verabreicht werden. Wenn also Methimazol oder Carbimazol zu einer solchen Nebenwirkung führt, kann auch kein Propylthiouracil gegeben werden. In solchen Fällen kann Lithium verabreicht werden, das auch die Überproduktion von Schilddrüsenhormonen reduzieren kann. Lithium-Blutspiegel sollten jedoch regelmäßig überwacht werden, da eine Überdosierung auftreten kann. Allergische Reaktionen, wie Hautausschläge, können ebenfalls auftreten, aber in solchen Fällen können andere Medikamente dieser Klasse ausprobiert werden.

Wie wird die Radioisotop-Behandlung durchgeführt?

Die **Radioisotop-Behandlung** wird durchgeführt, indem **Radiojod** (^{131}Jod-Isotop) verabreicht wird, das von der Schilddrüse aufgenommen wird und die Schilddrüsenfollikel durch die Strahlung zerstört werden. Die Dosis wird genau auf Basis eines sogenannten Jodaufnahmescans berechnet. Eine sehr geringe Menge des radioaktiven Isotops wird für diese Kurve verwendet. Die durch den Jodaufnahmescan bestimmte Dosis wird dem Patienten verabreicht. Jodreiche Nahrung, jodhaltige Kontrastmittel und Dekontaminationsmittel sollten drei Monate vor Durchführung des Jodaufnahmescans vermieden werden, da diese die Radiojodakkumulation in der Schilddrüse reduzieren und den Erfolg der Behandlung beeinträchtigen würden.

Die Radiojodbehandlung ist sicher, basierend auf einer großen Anzahl von behandelten Patienten über die letzten Jahrzehnte

Ein Mangel an Schilddrüsenhormonen (Unterfunktion der Schilddrüse) wird oft nach einer Radiojodbehandlung beobachtet, kann aber leicht behandelt werden, indem Levothyroxin (Abschn. 3.3) verabreicht wird. Radiojod kann die Augensymptome der Basedow-Krankheit verschlimmern, und es wird daher nicht empfohlen bei schwerer Beteiligung der Augen. Darüber hinaus sollte eine Schwangerschaft sowohl bei Männern als auch bei Frauen mindestens 6 Monate nach der Behandlung nicht geplant werden. Für einige Tage nach der Behandlung werden die Patienten gebeten, den Kontakt mit Kindern, schwangeren Frauen und die Nutzung öffentlicher Verkehrsmittel zu vermeiden (die Patienten erhalten genaue Richtlinien zu diesen Einschränkungen basierend auf der verabreichten Dosis). Es ist wichtig zu beachten, dass die Radiojodbehandlung nicht sofort wirkt, und daher sollten Medikamente parallel zur Behandlung fortgesetzt werden, und regelmäßige Hormonkontrollen sind notwendig, um zu bestimmen, wann die Medikamentenbehandlung abgesetzt oder Levothyroxin begonnen werden kann.

Wie wird eine Operation durchgeführt und welche möglichen Komplikationen gibt es?
Die dritte Behandlungsoption ist eine Operation, die die nahezu vollständige Entfernung der Schilddrüse (nahezu totale Thyreoidektomie, near total auf Englisch) beinhaltet. Dies führt sicherlich zu einem dauerhaften Mangel an Schilddrüsenhormonen und der Notwendigkeit einer lebenslangen Ersatztherapie. Dennoch ist eine Unterfunktion der Schilddrüse viel einfacher zu behandeln als eine Überfunktion. Der chirurgische Eingriff ist sicher, wenn er von einem erfahrenen Chirurgen durchgeführt wird. Zwei große Komplikationen können auftreten: i. Heiserkeit, und in seltenen schweren Fällen, wenn der Nerv, der hinter der Schilddrüse verläuft und die Stimmbänder innerviert, beschädigt wird, kann eine Stimmbandlähmung auftreten; ii. die versehentliche Entfernung der kleinen Nebenschilddrüsen, die hinter der Schilddrüse liegen, kann zu niedrigen Kalziumspiegeln führen aufgrund einer Unterfunktion der Nebenschilddrüsen (Hypoparathyreoidismus, Abschn. 4.2.2). Heiserkeit ist in der Regel vorübergehend und kann durch Konsultation eines Stimm-Spezialisten verbessert werden. Eine Unterfunktion der Nebenschilddrüsen erfordert eine Supplementierung mit Vitamin D und Kalzium.

Die Wahl der Behandlung sollte entsprechend dem Patienten entschieden werden. In der Regel ist die medikamentöse oder Radiojodbehandlung die erste und die Operation die zweite Wahl.

Wie sollte eine Überproduktion von Schilddrüsenhormonen durch toxische Knoten oder multinodulären Kropf behandelt werden?
Diese Formen der Überproduktion von Schilddrüsenhormonen können nicht durch Medikamente geheilt werden, nur Radiojod- und chirurgische Behandlungen sind hilfreich. Medikamentöse Behandlung kann die Überaktivität der Schilddrüse verbessern oder stoppen, aber die Krankheit kehrt unweigerlich zurück, nachdem das Medikament abgesetzt wurde. Überaktive Schilddrüsenknoten können auch effizient mit Radiojod behandelt werden. Eine große überaktive Schilddrüse, die mit Kompressionssymptomen (z. B. Atem-

oder Schluckbeschwerden) einhergeht, wird in der Regel operativ behandelt. Wenn es sich um einen einzelnen toxischen Knoten handelt, kann die Entfernung des betroffenen Schilddrüsenlappens während des chirurgischen Eingriffs ausreichend sein.

Neue Behandlungen für überaktive Schilddrüsenknoten beinhalten direkte (interventionelle radiologische Behandlungen) wie Ethanol (Ethylalkohol) Injektion oder Radiofrequenzablation. Das überaktive Gewebe wird durch Ethylalkohol zerstört, oder durch die Hitze, die durch die Radiofrequenz erzeugt wird. Eine noch neuere Behandlungsoption ist die Verwendung von Laserstrahlen. Diese interventionellen radiologischen Behandlungen werden noch untersucht, sind also noch nicht routinemäßige therapeutische Optionen und eignen sich hauptsächlich für kleinere toxische Knoten.

Wie werden die Augensymptome der Basedow-Krankheit behandelt?
Augensymptome können einen Krankheitsverlauf haben, der unabhängig von der zugrunde liegenden Schilddrüsenerkrankung ist. Es ist möglich, dass die Augensymptome sich verschlimmern, während die Schilddrüsenfunktionen sich normalisieren, oder umgekehrt. Es ist wichtig, während der Behandlung der Überaktivität keine Unterfunktion der Schilddrüse zu induzieren, da dies die Augensymptome weiter verschlimmern kann. In leichten Fällen kann Selen als tägliche Dosis von 100 µg, bis zu einem Maximum von 200 µg, hilfreich sein. In schwereren Fällen, aufgrund des autoimmunen Hintergrunds der Krankheit, kann eine immunsuppressive Behandlung mit Steroiden (Glukokortikoiden (siehe Kap. 5 über die Nebenniere) wie Methylprednisolon) gegeben werden. Glukokortikoide werden in der Regel in Infusion gegeben, z. B. einmal wöchentlich für 12 Wochen. Andere immunzielgerichtete Behandlungen, Bestrahlung des Gewebes hinter den Augäpfeln oder eine Operation können ebenfalls notwendig sein.

Was ist die schwerste Komplikation der Schilddrüsenhormonüberproduktion?
Selten kann eine Überproduktion von Schilddrüsenhormonen zu einer **thyreotoxischen Krise** führen, der sich durch hohes Fieber, geistige Störungen (Verwirrtheit), Herzprobleme auszeichnet und unbehandelt tödlich sein kann. Patienten benötigen eine Aufnahme in eine Intensivstation und oft eine Notentfernung der Schilddrüse zur Behandlung.

Was ist die „subklinische Hyperthyreose"?
Der Begriff **subklinische Hyperthyreose** bezieht sich auf das Phänomen eines niedrigen TSH bei normalen peripheren fT4 und fT3. Dies ist eine ziemlich häufige milde Form der Schilddrüsenüberfunktion, kann aber Patienten zu

Herzrhythmusstörungen und Osteoporose prädisponieren. In den meisten Fällen ist keine Behandlung erforderlich, und die Ergebnisse normalisieren sich bei einer Kontrolle 3 Monate später. Wenn es anhält, kann eine Behandlung meist bei älteren Menschen (über 65 Jahre) notwendig sein, abhängig von ihrem allgemeinen Gesundheitszustand. Einige Fälle von subklinischer überaktiver Schilddrüse schreiten zu offensichtlicher Schilddrüsenüberfunktion fort.

Wie sollten Patienten mit einer Schilddrüsenüberfunktion nachbeobachtet werden?
Regelmäßige Messung (normalerweise alle 3 Monate) von TSH, fT4 und falls notwendig fT3 wird durchgeführt, solange die Krankheit aktiv ist.

Ist eine Schwangerschaft bei Schilddrüsenhormonüberproduktion möglich?
Ja, aber wenn die Hormonüberproduktion schwer ist, wird empfohlen zu warten, bis sich der klinische Zustand und die Hormonwerte verbessern. Bei schwerer Basedow-Krankheit können die Antikörper, die den TSH-Rezeptor aktivieren, die Plazenta durchqueren und sogar eine vorübergehende Schilddrüsenhormonüberproduktion beim Fötus auslösen.

Eine Schilddrüsenhormonüberproduktion kann auch während der Schwangerschaft auftreten. Betroffene Frauen haben in der Regel eine Basedow-Krankheit, die am häufigsten während der Schwangerschaft mit Antithyreotika behandelt wird (Propylthiouracil im ersten, Methimazol oder Carbimazol im 2.–3. Trimester [die neun Monate der Schwangerschaft sind in drei Trimester zu je drei Monaten unterteilt]). Sicherlich kann eine Radiojodbehandlung während der Schwangerschaft nicht durchgeführt werden.

Kann der TSH-Wert während einer normalen Schwangerschaft niedrig sein?
TSH ist normalerweise zwischen der 6. und 15. Woche normaler Schwangerschaften aufgrund der hohen Produktion eines plazentalen Hormons (HCG, humanes Choriongonadotropin, Kap. 2, Box 2.6) niedrig, das aufgrund seiner ähnlichen Struktur an den TSH-Rezeptor binden kann. Dies ist ein normales Phänomen und bedarf keiner Behandlung.

3.3 Schilddrüsenunterfunktion (Hypothyreose)

Eine Schilddrüsenunterfunktion (medizinisch Hypothyreose genannt) ist die zweithäufigste endokrine Erkrankung nach Diabetes mellitus (Zuckerkrankheit) und betrifft etwa 2 % der gesamten Bevölkerung, aber milde sogenannte subklinische Formen sind sogar noch häufiger. Sie äußert sich in Anzeichen und Symptomen, die als Gegenteil von denen bei einer Schilddrüsenhormonüberproduktion angesehen werden können. Betroffene Patienten sind langsam, schlafen viel, nehmen an Gewicht zu, haben selten Stuhlgang (Verstopfung), ihre Haut ist trocken und kalt, die Herzfrequenz ist niedrig. Der Serumcholesterinspiegel ist hoch. Das Gesicht kann aufgedunsen sein und es können Ödeme auftreten (Abb. 3.7). Ein Ödem ist eine Schwellung aufgrund der Ansammlung von Flüssigkeit im Gewebe. Das Ödem bei Schilddrüsenhormonmangel ist nicht eindrückbar, da nach dem Drücken mit dem Fingerkuppen keine Delle für einige Sekunden bleibt (wie es bei Herzinsuffizienz der Fall wäre). Haarausfall kann sowohl bei Über- als auch bei Unterfunktion der Schilddrüse auftreten.

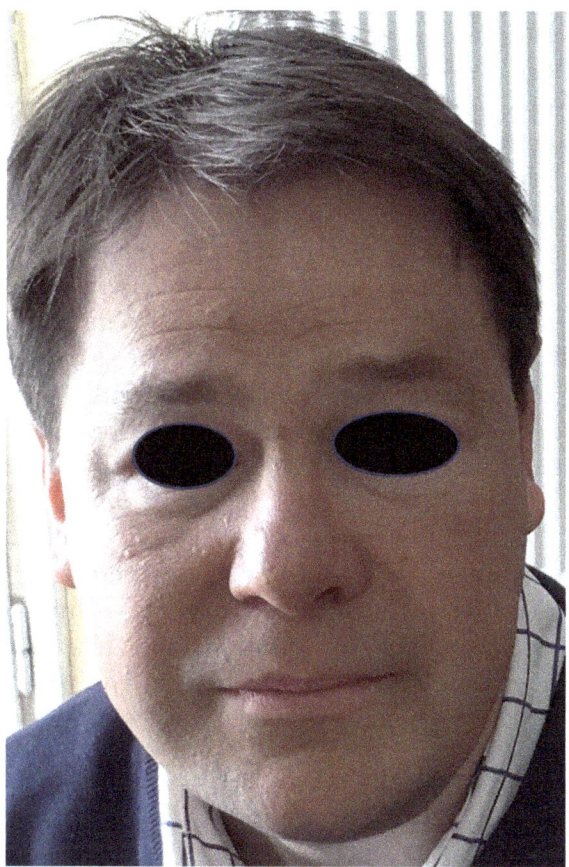

Abb. 3.7 Ein typisches Gesicht bei Hypothyreose. Beachten Sie die aufgedunsenen Gesichtszüge, das Ödem um die Augen und die spärlichen Augenbrauen

Heutzutage ist die häufigste Ursache für eine Unterfunktion der Schilddrüse ihre chronische Entzündung (**Hashimoto-Thyreoiditis** (chronische lymphozytäre Thyreoiditis)). Ein Jodmangel (wenn die tägliche Jodaufnahme weniger als 20 µg beträgt) kann ebenfalls zu einer Hypothyreose führen, ist aber heutzutage aufgrund der Jodanreicherung in Lebensmitteln selten. Ein Jodmangel führt in der Regel zu einer Vergrößerung der Schilddrüse (Kropf). Einige in bestimmten Pflanzen vorhandene Substanzen hemmen die Bildung von Schilddrüsenhormonen (sogenannte goitrogene Substanzen) und ein übermäßiger Verzehr dieser meist in der Kindheit (oder während des Stillens durch die Mutter) kann zur Entwicklung eines Kropfes führen. Dies ist heutzutage glücklicherweise sehr selten. Meistens enthalten Pflanzen aus der Kohlfamilie (wie Kohl, Grünkohl, Blumenkohl, Brokkoli und Rosenkohl) diese Substanzen.

Wie wird die Diagnose einer Schilddrüsenunterfunktion gestellt?
Die Messung von TSH und fT4 ist notwendig. TSH ist hoch, da die niedrige Schilddrüsenhormonproduktion (niedriges fT4) die Hypophyse über eine Rückkopplungsregulation stimuliert. fT3 oder rT3 sind für die Diagnose nicht erforderlich.

Wenn die Unterfunktion der Schilddrüse auf eine Schilddrüsenerkrankung zurückzuführen ist, wird sie als primär bezeichnet. Eine sekundäre Unterfunktion der Schilddrüse ist viel seltener und ist auf eine Hypophysenerkrankung zurückzuführen (Abschn. 2.5) als Teil einer Hypophyseninsuffizienz. In der sekundären Form sind sowohl TSH als auch fT4 niedrig. Die Unterschiede zwischen primärer und sekundärer Unterfunktion der Schilddrüse sind in Abb. 3.8 dargestellt. Es gibt keine großen Unterschiede zwischen den Symptomen einer primären und sekundären Unterfunktion der Schilddrüse.

Wie wird die Hashimoto-Thyreoiditis diagnostiziert?
Der erhöhte Spiegel des Antikörpers gegen das Enzym Thyreoperoxidase (**Anti-TPO**), gemessen im Blut, ist am hilfreichsten. Eine Schilddrüsenultraschalluntersuchung kann typische Veränderungen in der Morphologie zeigen. Eine Gewebeentnahme (Feinnadelaspirationszytologie) ist meist nicht notwendig.

Sollte Anti-TPO regelmäßig untersucht werden?
Nein, es gibt keine nützlichen Informationen über den Verlauf der Krankheit. Die Hashimoto-Thyreoiditis ist ein langsamer Prozess, der schließlich die Schilddrüse zerstört, aber dies spiegelt sich gut im TSH wider.

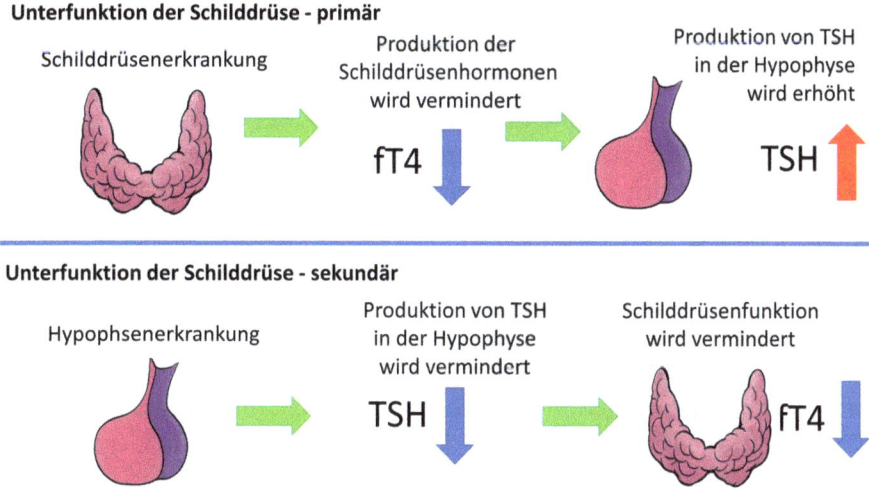

Abb. 3.8 Schematische Darstellung der Unterschiede zwischen primärer und sekundärer Schilddrüsenunterfunktion (Hypothyreose). Die primäre Unterfunktion der Schilddrüse entwickelt sich aufgrund der Erkrankung der Schilddrüse, und daher ist der TSH-Spiegel hoch aufgrund der fehlenden negativen Rückkopplung auf die Hypophyse. Die Hypophyse bemüht sich um die Kompensation der unzureichenden Funktion der Schilddrüse. Auf der anderen Seite ist die sekundäre Unterfunktion der Schilddrüse auf eine Hypophysenerkrankung zurückzuführen, die sowohl zu niedrigen TSH- als auch zu niedrigen fT4-Werten führt

Sollten wir uns Sorgen machen, wenn Anti-TPO hoch ist?
Die Hashimoto-Thyreoiditis ist eine gutartige Krankheit. In einigen Fällen sind die Anti-TPO-Werte über Jahre erhöht, während die Schilddrüsenhormonspiegel normal sind. Später kann eine Schilddrüsenunterfunktion auftreten und das Schilddrüsenhormon sollte dann ersetzt werden, aber auch das ist leicht zu handhaben. Ein erhöhter Anti-TPO-Wert ist sehr häufig, da er sogar bei 5 % der Bevölkerung gefunden werden kann.

Kann das Fortschreiten der Hashimoto-Thyreoiditis verlangsamt oder gestoppt werden?
Nein, und das ist auch nicht notwendig, da es sich um einen schmerzlosen Prozess handelt und der resultierende Mangel an Schilddrüsenhormonen leicht durch eine Ergänzung behoben werden kann. Es ist wichtig zu betonen, dass eine Steroidbehandlung, die bei mehreren Autoimmunerkrankungen wirksam ist, bei der Hashimoto-Thyreoiditis nicht angewendet werden sollte, da ihre Komplikationen ihre potenziellen Vorteile bei weitem überwiegen. In den sehr frühen Phasen der Hashimoto-Thyreoiditis, wenn nur Anti-TPO erhöht ist und noch keine Schilddrüsenhormonfunktionsstörung vorliegt, kann Selen dazu beitragen, den Anti-TPO-Wert zu reduzieren.

Wofür ist Selen gut?

Selen in einer täglichen Dosis von 100–200 µg (Mikrogramm) kann Anti-TPO-Werte reduzieren und daher kann es in der frühen Phase der Hashimoto-Thyreoiditis noch ohne eine Schilddrüsenunterfunktion nützlich sein. Wie bereits in der Diskussion der Augensymptome der Basedow-Krankheit erwähnt, ist Selen auch dort vorteilhaft. Es sollte betont werden, dass tägliche Dosen über 200 µg nicht vorgeschlagen werden, da eine erhöhte Häufigkeit von Typ-2-Diabetes mellitus bei Dosen über dieser Schwelle beobachtet wurde, und es kann sogar in großen Dosen toxisch sein.

Kann die Diät helfen?

Im Falle eines Jodmangels ist Jod sicherlich hilfreich. Im Gegensatz dazu wird die Hashimoto-Thyreoiditis durch Jod nicht verbessert, im Gegenteil, sie kann sich verschlechtern.

Einige Patienten folgen auch einer gluten- oder laktosefreien Diät, aber es gibt absolut keine Beweise dafür, dass dies hilft, und daher ist es nicht zu empfehlen (Box 3.2).

Box 3.2: Was ist eine glutenfreie Diät?

Diese Diät sollte von Patienten mit Zöliakie befolgt werden. **Zöliakie** ist eine Autoimmunerkrankung, die hauptsächlich den Dünndarm betrifft und wird durch Überempfindlichkeit gegen Gluten verursacht, das ist ein Protein, das in den Samen einiger Getreidearten wie Weizen und Gerste enthalten ist. Eine glutenfreie Diät wird bei Unterfunktion der Schilddrüse nicht empfohlen, da es nicht bewiesen ist, daß diese vorteilhaft wäre. Die glutenfreie Diät ist jedoch nicht schädlich. Gluten kann in zahlreichen Lebensmitteln gefunden werden, und sein Weglassen macht das Leben von Individuen, die diese Diät verfolgen, eher schwierig, ganz zu schweigen von seiner finanziellen Auswirkung.

Was ist Kretinismus?

Ein schwerer Jodmangel während der Schwangerschaft führt zu Kretinismus, der sich durch schwere geistige Behinderung, neurologische Defekte und Kleinwuchs auszeichnet. Dies ist eine schwere Form von angeborener (bei der Geburt vorhandener) Schilddrüsenhormonmangel.

Wie wird die Unterfunktion der Schilddrüse behandelt?

Die Behandlung ist eher einfach. L-Thyroxin (T4, Levothyroxin) wird in einer einmal täglichen Dosis zwischen 100 und 150 µg verabreicht, kann aber auch niedriger oder höher sein, abhängig von den TSH-Werten. Es ist ungewöhnlich, mehr als 200 µg täglich zu benötigen (Box 3.3). Die Dosis wird normalerweise morgens 30 min vor dem Frühstück eingenommen. Die Dosis kann auf der Grundlage regelmäßiger (alle 3 Monate) Messungen des Serum-TSH angepasst werden.

> **Box 3.3: Ratschläge zur Medikamenteneinnahme**
> Levothyroxin sollte auf nüchternen Magen eingenommen werden, getrennt von anderen Medikamenten, da es auf diese Weise am besten absorbiert wird.

Hat T3 irgendwelche Vorteile?
Gelegentlich wird vorgeschlagen, nicht nur T4, sondern auch das biologisch aktive T3 zur Behandlung der Schilddrüsenunterfunktion zu verwenden. Die Halbwertszeit von T3 ist kürzer und sollte daher dreimal täglich eingenommen werden. Es gibt keine eindeutigen Beweise dafür, dass T3 in irgendeinem Aspekt besser wäre als T4. Darüber hinaus wird T3 aus T4 in den Geweben gebildet und so kann die Anwesenheit von T3 durch T4 sichergestellt werden, das viel einfacher zu verabreichen ist. Einige Patienten bevorzugen jedoch die kombinierte (T3+T4) Therapie.

Wie ist die Prognose bei Unterfunktion der Schilddrüse?
Wenn der TSH durch eine ausreichende T4-Therapie normalisiert wird, ist das Ergebnis perfekt mit einer absolut normalen Lebenserwartung.

Gibt es besondere Aspekte bei älteren Menschen?
Die Dosis von Levothyroxin sollte sehr langsam erhöht werden, da eine schnelle Erhöhung zu Herzproblemen führen könnte. Ebenso ist es nicht notwendig, einen leicht erhöhten TSH zu normalisieren.

Was ist eine subklinische Hypothyreose?
Ein erhöhter TSH bei normalem fT4 wird als subklinische Hypothyreose bezeichnet, ein ziemlich häufiges Phänomen. Es wird normalerweise nicht behandelt, wenn der TSH unter 10 mIU/L (Milli-Internationale Einheit/Liter) bleibt. (Normaler TSH liegt zwischen 0,4–4,0 mIU/L in den meisten Labors). Ein TSH über 10 mIU/L kann Patienten für Arteriosklerose, erhöhtes Blutcholesterin und daher für Herz-Kreislauf-Erkrankungen prädisponieren. Eine subklinische Hypothyreose mit einem TSH-Wert über 10 mIU/L sollte behandelt werden. Andererseits sollte bei Frauen, die sich auf eine Schwangerschaft vorbereiten, der TSH auf etwa 2–3 mIU/L normalisiert werden, da er sonst Probleme bei der Empfängnis verursachen kann. Eine Unterfunktion der Schilddrüse kann sich in einem Teil der Fälle von subklinischer Hypothyreose entwickeln.

Wie sollte eine Schilddrüsenunterfunktion während der Schwangerschaft behandelt werden?
Schilddrüsenhormone sind sehr wichtig für die angemessene Entwicklung des zentralen Nervensystems. Nach der 24. Schwangerschaftswoche wird jedoch die Schilddrüse des Fötus selbst aktiv und daher ist der Fötus nicht mehr von der Schilddrüsenhormonproduktion der Mutter abhängig. Der TSH-Wert sollte alle 4–6 Wochen während der Schwangerschaft kontrolliert werden, und die Dosis wird wahrscheinlich erhöht werden müssen.

3.4 Entzündungen der Schilddrüse (Formen der Thyreoiditis)

Es gibt mehrere Formen von Schilddrüsenentzündungen. Die häufigste ist die chronische Hashimoto-Thyreoiditis, die schmerzlos ist, ähnlich der ebenfalls häufigen Schilddrüsenentzündung, die nach der Schwangerschaft (postpartale Thyreoiditis) beobachtet wird. Schmerzhafte Schilddrüsenentzündungen umfassen die glücklicherweise sehr seltene infektiöse Thyreoiditis mit Eiterbildung und subakute Schilddrüsenentzündung.

Eine Thyreoiditis nach der Schwangerschaft kann zu einer Unterfunktion der Schilddrüse führen, aber im Gegensatz zur Hashimoto-Thyreoiditis handelt es sich hierbei oft um ein vorübergehendes Phänomen. Bei beiden Krankheiten kann jedoch eine vorübergehende Überfunktion der Schilddrüse auftreten, da die Entzündung die Follikel zerstört und dadurch ein unkontrollierter Ausfluss von Schilddrüsenhormonen ins Blut erfolgt.

Ein Medikament, das bei Herzrhythmusstörungen verwendet wird, Amiodaron, das große Mengen an Jod enthält, kann auch eine Schilddrüsenentzündung auslösen.

Wie häufig sind Schilddrüsenerkrankungen während und nach der Schwangerschaft?
Schilddrüsenerkrankungen, die innerhalb eines Jahres nach der Schwangerschaft (postpartale Thyreoiditis) bei Frauen ohne vorherige Schilddrüsenerkrankung auftreten, sind ziemlich häufig (5–9 % aller Schwangerschaften). Anti-TPO kann wie bei der Hashimoto-Thyreoiditis positiv sein, und tatsächlich kann diese Form der Thyreoiditis als eine Form der Hashimoto-Thyreoiditis klassifiziert werden. Das Risiko für diese Störung ist besonders hoch bei Patienten mit Typ-1-Diabetes mellitus (die Form des Diabetes mellitus mit Insulinmangel, die nur mit Insulin behandelt werden kann). Die postpartale Thyreoiditis beginnt oft mit einer Phase der Überfunktion der

Schilddrüse aufgrund der Zerstörung der Schilddrüse, gefolgt von einer Unterfunktion der Schilddrüse und schließlich der Erholung. Die postpartale Thyreoiditis tritt oft nach wiederholten Schwangerschaften auf, und das Risiko für eine dauerhafte Unterfunktion der Schilddrüse steigt mit diesen. Wenn die Anti-TPO-Werte hoch sind, kann Selen vorteilhaft sein.

Was sind die Merkmale der subakuten Thyreoiditis?
Eine subakute Entzündung der Schilddrüse tritt normalerweise nach Infektionen der oberen Atemwege auf. Sie wird als subakut bezeichnet Hormonmangel entwickelt, sollte Levothyroxin gegeben werden, das nach einigen Monaten in der Regel weggelassen werden kann.

Sollten Antithyreotika während der Phase der Schilddrüsenhormonüberproduktion bei subakuter Thyreoiditis eingenommen werden?
Nein, da die Synthese der Schilddrüsenhormone nicht erhöht ist, sondern die Zerstörung des Schilddrüsengewebes und der unkontrollierte Hormonausfluss zu den Symptomen führen. Es sollten nur Betablocker zur Senkung der Herzfrequenz und angstlösende Medikamente gegeben werden.

Wie wird die subakute Thyreoiditis behandelt?
Während der schmerzhaften Phase sollten entzündungshemmende Mittel wie nichtsteroidale entzündungshemmende Medikamente (z. B. Salicylate, Ibuprofen usw.) oder in schwereren Fällen Steroide (Glukokortikoide) verabreicht werden. Schmerzen lösen sich in der Regel schnell nach der Steroidverabreichung auf. Wenn sich ein Schilddrüsenhormonmangel entwickelt, sollte Levothyroxin verabreicht werden, das normalerweise nach einigen Monaten weggelassen werden kann.

3.5 Schilddrüsenknoten und Schilddrüsenkrebs

Knoten sind in der Schilddrüse sehr häufig. Ein Knoten ist ein abgegrenzter Bereich in der Schilddrüse, der meist gutartig ist, aber in seltenen Fällen ein bösartiger Tumor sein kann. Die meisten Knoten werden durch eine Schilddrüsenultraschalluntersuchung aufgedeckt. Ein Knoten kann ertastet werden, wenn sein Durchmesser über 1,5–2 cm liegt. Knoten können bei etwa 5 % der Menschen ertastet werden. Andererseits kann der Ultraschall meist winzige Knoten ohne klinische Relevanz bei etwa zwei Dritteln der Patienten erkennen. In Jodmangelgebieten (wie Zentral- oder Osteuropa) sind die meisten Knoten (98–99 %) gutartig, aber in Gebieten, in denen Jod gut ergänzt wird (z. B. USA), können sogar 4–5 % der Knoten bösartig sein. Der Zusammenhang zwischen Schilddrüsenknoten und Hormonproduktion wird im Abschnitt über die Schilddrüsenüberfunktion (Abschn. 3.2) dargestellt.

Wie können wir beurteilen, ob ein Knoten gutartig oder bösartig ist?
Ein wachsender Knoten sollte Verdacht erregen. Mit Hilfe des Schilddrüsenultraschalls können Knoten ausgewählt werden, die verdächtig für eine Malignität sind. Lymphknoten des Halses, die Metastasen von bösartigen Schilddrüsentumoren beherbergen können, sollten ebenfalls per Ultraschall untersucht werden. Dann sollte eine Feinnadelaspirationsbiopsie (FNAB) von den verdächtigen Knoten und/oder Lymphknoten durchgeführt werden. Die entnommene Probe wird einer zytologischen Analyse (Box 3.4) unterzogen. Das Ergebnis der Zytologie kann eine Malignität ausschließen oder nachweisen, oder es kann unbestimmt sein und eine erneute Probenentnahme, Nachbeobachtung oder sogar eine chirurgische Intervention erfordern.

> **Box 3.4: Für die zytologische Untersuchung**
> wird ein dünner Abstrich aus der durch Feinnadelbiopsie entnommenen Probe gemacht und dann gefärbt. Der gefärbte Abstrich wird unter einem Mikroskop untersucht, und in den meisten Fällen kann die gutartige oder bösartige Natur des Knotens auf der Grundlage der Eigenschaften der Zellen bestimmt werden. Es ist jedoch möglich, daß die Zytologie keine eindeutige Meinung über die Bösartigkeit des Knotens liefern kann, und in solchen Fällen sollte die FNAB wiederholt werden, oder es kann sogar ein chirurgischer Eingriff folgen.

Was ist eine Schilddrüsenzyste?
Eine Zyste ist eine mit Flüssigkeit gefüllte Höhle in der Schilddrüse. Wenn es kein Anzeichen für Gewebewachstum gibt, sind Zysten fast immer gutartig. Große Zysten können jedoch Symptome durch Kompression benachbarter Strukturen verursachen. Eine Aspiration der Flüssigkeit ist notwendig, und diese sollte zur zytologischen Analyse geschickt werden.

Können wir bösartige Knoten mit einer isotopenbasierten Schilddrüsenuntersuchung (Szintigrafie) screenen?
Eine Schilddrüsenszintigrafie ist meist bei Patienten mit niedrigem TSH notwendig, um die Ursachen einer übermäßigen Schilddrüsenhormonproduktion zu differenzieren. Knoten, die Schilddrüsenhormone überproduzieren, sind sehr selten bösartig, während ein kleiner Teil der „kalten" Knoten (Abb. 3.6D) bösartig sein kann. Schilddrüsenultraschall und FNAB können eine viel genauere Diagnose liefern, daher ist eine Schilddrüsenszintigrafie normalerweise nicht für die Diagnose von Knotenmalignität erforderlich.

Ist die Feinnadelaspirationsbiopsie sicher?
Ja, es handelt sich um eine sehr sichere Technik, die mit einer feinen Nadel und meist unter Ultraschallkontrolle durchgeführt wird. Der Schmerz ist sehr moderat, ähnlich wie bei der Punktion einer Vene zur Blutentnahme. Komplikationen (z. B. Blutungen oder Infektionen) sind sehr selten.

Was zu tun bei einem großen Kropf, wenn kein Verdacht auf Malignität besteht?
Eine Behandlung ist notwendig, wenn der Patient über Symptome klagt, die mit dem Kropf verbunden sind, wie Atemprobleme, Schluckbeschwerden oder Unbehagen im Hals. Die chirurgische Entfernung der vergrößerten Schilddrüse ist die Behandlung der Wahl, aber bei Patienten, die nicht für eine Operation geeignet sind, kann auch eine Radiojodbehandlung versucht werden. Der Patient wird nach der Entfernung der gesamten Schilddrüse sicherlich lebenslang Levothyroxin benötigen, aber das ist leicht zu handhaben, eine feste Dosis des Medikaments ist notwendig.

Gibt es andere Lösungen außer der Operation für gutartige Knoten ohne Hormonproduktion?
Wie bereits erwähnt, obwohl noch nicht weit verbreitet, können in einigen Fällen **Ethanol (Äthylalkohol) Injektion, Radiofrequenz- oder Laserablation** auch für die Behandlung der Knoten in Betracht gezogen werden. Ethanol ist besonders nützlich für die Behandlung von flüssigkeitsgefüllten Zysten. Diese Methoden können vielversprechende Alternativen in der Behandlung von nicht bösartigen, nicht zu großen, nicht hormonproduzierenden Knoten sein. Um eine Bösartigkeit auszuschließen, wird in der Regel zweimal eine FNAB durchgeführt. Die Radiofrequenzablation wird auch für die Behandlung von hormonproduzierenden Knoten, die zu einer Schilddrüsenüberfunktion führen, untersucht, aber dies ist noch kein Routineverfahren.

Welche Arten von bösartigen Tumoren können in der Schilddrüse auftreten?
Die Hauptformen von Schilddrüsenkrebs werden in Box 3.5 vorgestellt.

Box 3.5: Haupttypen von Schilddrüsenkarzinom

Differenziertes Schilddrüsenkarzinom

    Papilläres Schilddrüsenkarzinom
    Follikuläres Schilddrüsenkarzinom

Medulläres Schilddrüsenkarzinom
Anaplastisches Schilddrüsenkarzinom

Die meisten Tumoren sind differenziert, ähneln unter dem Mikroskop normalem Gewebe und **papilläres Schilddrüsenkarzinom** ist bei weitem die häufigste Art. Papilläres Schilddrüsenkarzinom hat eine eher gute Prognose, besonders wenn es in einem frühen Stadium (wenn der Tumor auf die Schilddrüse beschränkt ist) diagnostiziert wird und betroffene Patienten selten an diesem Tumor sterben. In fortgeschrittenen Stadien können Metastasen entstehen, zunächst in den Lymphknoten des Halses. Der andere Haupttyp des differenzierten Schilddrüsentumors, **follikuläres Schilddrüsenkarzinom** ist weniger häufig und neigt eher dazu, Metastasen über den Blutkreislauf zu geben. Die Prognose für medulläres Schilddrüsenkarzinom ist schlechter als die der differenzierten Schilddrüsenkarzinome. **Medulläres Schilddrüsenkarzinom** entsteht aus den Kalzitonin-produzierenden C-Zellen der Schilddrüse. Der Tumor produziert weiterhin Kalzitonin, das für die Diagnose und die Nachsorge der Krankheit verwendet werden kann. **Anaplastisches Schilddrüsenkarzinom** ist sehr selten glücklicherweise, da es eine eher düstere Prognose hat.

Was sind die Behandlungsmöglichkeiten für differenzierte Schilddrüsenkarzinome?

Es gibt zwei Hauptoptionen: chirurgische Entfernung und Radiojodbehandlung. Bei kleinen, lokalisierten Tumoren kann die Entfernung des betroffenen Lappens der Schilddrüse ausreichend sein. Bei fortgeschritteneren Tumoren kann jedoch die Entfernung der gesamten Schilddrüse zusammen mit Lymphknoten erforderlich sein. Je nach Tumorart und -größe, Vorhandensein von Metastasen und dem allgemeinen Zustand des Patienten kann auch eine Radiojodbehandlung durchgeführt werden. Heutzutage werden auch Radiofrequenz- und Laserablationstherapien als Behandlungsmöglichkeiten für differenzierte Krebsfälle kleiner Größe untersucht, diese können jedoch noch nicht als Routineverfahren angesehen werden.

Wie funktioniert die Radiojodbehandlung und wie wird der Patient vorbereitet?

Zellen des differenzierten Schilddrüsenkarzinoms können Jod aufnehmen und ansammeln, und das radioaktive Jodisotop (^{131}Jod) zerstört den Tumor und seine Metastasen.

Um die Jodaufnahme am effizientesten zu gestalten, sollte der TSH-Spiegel im Blut hoch sein. Dies kann entweder erreicht werden, indem die Levothyroxin-Ersatztherapie für 3–4 Wochen gestoppt wird und somit eine Situation ähnlich einer Unterfunktion der Schilddrüse entsteht, oder indem den Patienten externes (rekombinantes) TSH verabreicht wird. (Der Begriff rekombinant bedeutet hier, dass es künstlich durch molekularbiologische Techniken hergestellt wird und vollständig dem natürlichen Hormon entspricht)

Da TSH ein Protein ist, kann es nur injiziert werden (ansonsten würde das Protein im Darmtrakt abgebaut werden). Die Radiojodtherapie kann nur durchgeführt werden nach der Entfernung der gesamten Schilddrüse, sonst würde das Isotop auch in das gesunde Schilddrüsengewebe eingelagert werden.

Kann die Ernährung bei der Behandlung von Schilddrüsenkrebs helfen?
Im Allgemeinen gibt es keine spezielle Diät, die hilfreich wäre.

Wie werden Patienten mit differenziertem Schilddrüsenkrebs nachbehandelt?
Der Tumormarker Thyreoglobulin wird zur Nachsorge der Patienten verwendet. Es ist besonders empfindlich, wenn der TSH hoch ist (z. B. nach Verabreichung von rekombinantem TSH). Wenn das Thyreoglobulin niedrig bleibt, kann der Patient als tumorfrei betrachtet werden.

Sollte Thyreoglobulin zur Diagnose anderer Schilddrüsenerkrankungen verwendet werden?
Nein. Thyreoglobulin wird nur in der Schilddrüse produziert, aber es ist erhöht bei vielen Schilddrüsenerkrankungen wie Entzündungen. Hohe Thyreoglobulinwerte allein bedeuten nicht Schilddrüsenkrebs.

Wie viel Levothyroxin wird Patienten mit differenziertem Schilddrüsenkrebs nach Entfernung der gesamten Schilddrüse verabreicht?
Patienten, die wegen differenziertem Schilddrüsenkrebs operiert wurden und bei denen die gesamte Schilddrüse entfernt wurde, erhalten in der Regel mehr Levothyroxin als zur Normalisierung des TSH-Spiegels benötigt wird. Tatsächlich wird eine subklinische Hyperthyreose mit niedrigem TSH und normalem fT4 erzeugt. Da TSH das Wachstum von Schilddrüsenzellen fördert, ist seine Unterdrückung durch die Verabreichung größerer Mengen von Levothyroxin eine Anti-Tumor-Maßnahme. Dies kann sicherlich bei einigen Patienten zu Beschwerden (wie erhöhter Herzfrequenz, Schwitzen) führen, die eine Dosisreduktion erfordern. Die erhöhte Dosis von Levothyroxin sollte maximal fünf Jahre nach der Operation gegeben werden, da es keinen Beweis dafür gibt, dass sie einen schützenden Effekt gegen ein erneutes Auftreten des Tumors später hätte.

Gibt es andere Behandlungsmöglichkeiten?
Bei fortgeschrittenem differenziertem Krebs und bei medullärem Schilddrüsenkrebs sind mehrere neue Medikamente verfügbar, die spezifische Wege der Tumorbildung angreifen (sogenannte gezielte Therapien). Medullärer Schilddrüsenkrebs und anaplastischer Krebs können nicht mit Radiojod behandelt werden.

4

Nebenschilddrüse, Vitamin D, Kalziumstoffwechsel und Knochen

4.1 Hormonelle Regulation des Kalziumstoffwechsels

In diesem Kapitel werden die Hormone, die den Kalziumstoffwechsel regulieren, und ihre Krankheiten besprochen. Zuerst die Funktion der Nebenschilddrüsen und ihre Krankheiten.

Im Allgemeinen gibt es beim Menschen vier Nebenschilddrüsen, die sich typischerweise hinter der Schilddrüse befinden (Abb. 4.1). Dies sind kleine Drüsen mit einem Durchmesser von wenigen Millimetern und einem Gewicht von 30–35 mg. Die Funktion der Nebenschilddrüsen ist unabhängig von der Schilddrüse und unterliegt auch keiner Hypothalamus-Hypophysen-Regulation, da ihr Hauptregulator der Kalziumspiegel im Blut ist.

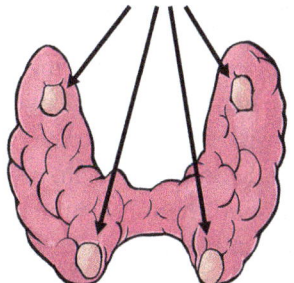

Abb. 4.1 Die Lage der Nebenschilddrüsen hinter der Schilddrüse. (Rückansicht)

Die Kalziumhomöostase wird hauptsächlich durch das Parathormon reguliert, das ein Produkt der Nebenschilddrüse ist. Parathormon ist ein Peptid. Die Produktion von Parathormon wird hauptsächlich durch den Kalziumspiegel im Blut reguliert, der von einem Rezeptorprotein in der Membran der Zellen der Nebenschilddrüse, dem sogenannten Kalziumsensor, erfasst wird. Wenn die Kalziumkonzentration im Blut abnimmt, wird die Freisetzung von Parathormon erhöht. Parathormon wirkt, als es den Kalziumspiegel im Blut erhöht, indem es die Kalziumaufnahme aus dem Darm, die Kalziumresorption in der Niere aus dem Urin und auch die Freisetzung von Kalzium aus dem Knochengewebe stimuliert.

Parathormon ist wichtig bei der Regulation des Vitamin-D-Stoffwechsels, da es die Aktivierung von Vitamin D in der Niere stimuliert. Nur aktives Vitamin D kann Wirkungen ausüben. Es ist bemerkenswert, hier kurz Vitamin D zu besprechen. Obwohl es ein Vitamin genannt wird (Box 4.1), wird es heutzutage viel mehr als Hormon betrachtet.

> **Box 4.1: Vitamin**
> ist eine organische Substanz, die in kleinen Mengen für die normale Körperfunktion benötigt wird, aber vom Körper selbst nicht produziert werden kann (mit einigen Ausnahmen) und aus der Nahrung aufgenommen werden muss. Vitamine werden durch Großbuchstaben bezeichnet. Es gibt wasserlösliche Vitamine wie viele Vitamin-B-Formen und Vitamin C, und auch die fettlöslichen Vitamine A, D, E und K. Vitamin D entspricht dieser Definition nicht vollständig, da es in der menschlichen Haut bei Sonnenstrahlung produziert werden kann, aber sein Mangel kann mit Nahrungsergänzungsmitteln behandelt werden.

Vitamin D hat sowohl eine tierische als auch eine pflanzliche Form, die geringfügige Unterschiede in ihren Strukturen aufweisen, aber in ihren Wirkungen nicht signifikant voneinander abweichen. Die tierische Form, die auch in der menschlichen Haut produziert wird, wird Vitamin D3 genannt, während die in Pflanzen und Pilzen vorkommende Form Vitamin D2 genannt wird. Vitamin D3 ist beim Menschen effizienter. Leider gibt es nur wenige tierische Produkte, die nennenswerte Mengen an Vitamin D enthalten, wie fetter Fisch (zum Beispiel wurde Lebertran zur Behandlung von Vitamin-D-Mangel verwendet), Leber und Eigelb.

Die molekulare Struktur von Vitamin D ähnelt der von Steroidhormonen. Vitamin D verhält sich wie ein Hormon, da es einen ähnlichen Rezeptor hat.

Vitamin D wird in der Haut durch die Einwirkung von ultravioletter B (UV-B) Strahlung durch Sonnenlicht gebildet. Diese und die über die Nahrung aufgenommene Form sind von sich aus nicht aktiv, da sie nicht an den

Vitamin-D-Rezeptor binden können. Zwei enzymatische Reaktionen sind für die Aktivierung notwendig, eine findet in der Leber statt, die andere in der Niere (Abb. 4.2). 25-Hydroxyvitamin D3 wird von der Leber synthetisiert, während das vollständig aktive 1,25-Dihydroxyvitamin D3 in der Niere gebildet wird. Diese aktive Form wird auch Calcitriol genannt. Parathormon ist für diesen letzten Schritt in der Niere notwendig. „Aktives Hormon" ist die

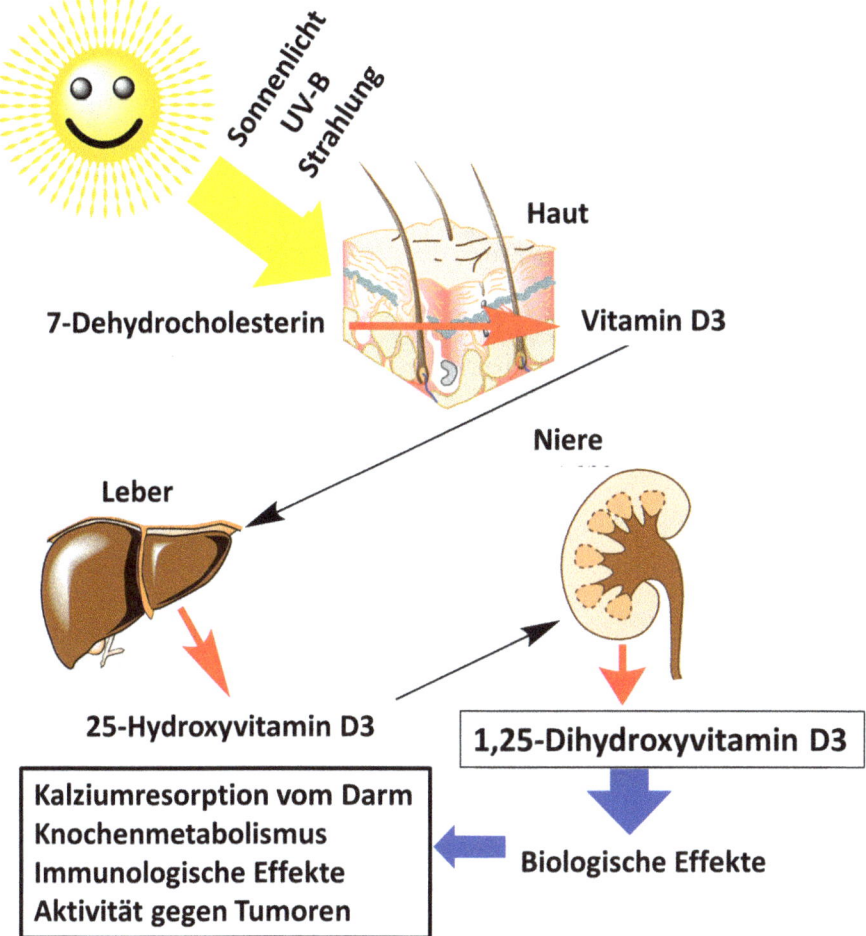

Abb. 4.2 Schematische Darstellung der Vitamin-D-Bildung. Vitamin D3 wird in der Haut aus 7-Dehydrocholesterin mit Hilfe von ultravioletter Strahlung, die von der Sonne kommt, gebildet. Vitamin D3 ist von sich aus nicht aktiv, da es nicht in der Lage ist, seinen Rezeptor zu binden. Es muss chemisch modifiziert werden, um aktiv zu werden. Der erste Schritt findet in der Leber (25-Hydroxyvitamin D3) und der zweite in der Niere statt, wo das aktive 1,25-Dihydroxyvitamin D3, das in der Lage ist, seinen Rezeptor zu binden, gebildet wird. Das aktive Vitamin D3 wird auch Calcitriol genannt

Form des Hormons, die in der Lage ist, biologische Funktionen durch Bindung an seinen Rezeptor auszuüben. Die notwendige tägliche Dosis von Vitamin D wird durch verschiedene Empfehlungen definiert (Box 4.2). Wenn nicht genügend Sonnenlicht vorhanden ist und somit die endogene (innere) Produktion fehlt, sollte es aus externen Quellen bereitgestellt werden. Nach neuesten Erkenntnissen ist es auch möglich, Vitamin D einmal pro Woche oder sogar einmal pro Monat mit der gleichen Wirksamkeit wie bei täglicher Verabreichung zu verabreichen.

> **Box 4.2: Was ist die empfohlene Tagesdosis an Vitamin D?**
> Es gibt Unterschiede zwischen den Empfehlungen von Fachgesellschaften in verschiedenen Ländern. Die Vitamin-D-Dosis wird in internationalen Einheiten (IE) ausgedrückt, wobei 40 IE 1 µg (Mikrogramm) entsprechen. In den Vereinigten Staaten wird unter 12 Monaten eine tägliche Vitamin-D-Dosis von 400 IE (10 µg) empfohlen, zwischen 1–70 Jahren 600 IE und über 70 Jahren 800 IE. In Deutschland ist 800 IE für Kinder (ab dem 1. Lebensjahr) und Erwachsenen empfohlen. In einigen Ländern werden höhere Dosen vorgeschlagen. Es gibt auch Unterschiede zwischen den Ländern, ob Vitamin D in ausreichenden Mengen in Lebensmitteln enthalten ist. Andere Empfehlungen unterscheiden zwischen den verschiedenen Ausmaßen der Sonnenlichtexposition in den Frühjahr-Sommer- und Herbst-Winterperioden, die für das gemäßigte Klima charakteristisch sind. Je mehr Sonnenlichtexposition, desto weniger Vitamin-D-Dosis wird benötigt. Eine mindestens halbstündige Exposition von Gesicht, Schultern und Armen gegenüber Sonnenlicht kann im gemäßigten Klima im Sommer ausreichen, um eine ausreichende Vitamin-D3-Produktion durch den Körper selbst zu gewährleisten.

Die wichtigste Wirkung von Vitamin D besteht in der Stimulierung der Kalziumresorption im Darm. Es erleichtert auch die Phosphataufnahme und hemmt die Produktion von Parathormon. Vitamin D hat eine komplexe Wirkung auf den Knochen, da es den Knochenaufbau unterstützt, aber auch wichtig für den Knochenabbau ist. Vitamin D ist unerlässlich für die Erhaltung der Knochengesundheit. Es hat zahlreiche andere Wirkungen, wie die Regulation der Immunfunktion und die Aktivität gegen Infektionen. Vitamin D hat auch wichtige antitumorale Wirkungen. Es gibt Daten über die Relevanz von Vitamin-D-Mangel bei der Entwicklung von endokrinen Erkrankungen mit autoimmunem Hintergrund wie Typ-1-Diabetes (Insulinmangel) und Schilddrüsenerkrankungen (Hashimoto-Thyreoiditis und Morbus Basedow (Kap. 3)).

Ein weiteres Hormon, das **Kalzitonin** genannt wird, ist auch an der Regulation des Kalziumstoffwechsels bei Wirbeltieren beteiligt. Dieses wird von den C-Zellen der Schilddrüse produziert. Kalzitonin ist also ein Hormon der Schilddrüse und nicht der Nebenschilddrüsen. Kalzitonin senkt den Kalziumspiegel im Blut und erhöht seine Einlagerung in den Knochen. Obwohl Kalzitonin auch beim Menschen produziert wird, spielt es keine große Rolle bei der Regulation des Kalziumstoffwechsels bei ihnen. Dies wird auch durch die Beobachtung belegt, dass nach der vollständigen Entfernung der Schilddrüse zur Behandlung von stark vergrößerten Schilddrüsenkropf, Schilddrüsenkrebs oder Schilddrüsenüberfunktion keine Veränderungen des Kalziumspiegels beobachtet werden und daher kein Bedarf an Kalzitonin-Ersatz besteht. Das andere Argument gegen seine große Rolle bei der Regulation der Kalziumhomöostase beim Menschen stammt von medullären Schilddrüsenkarzinom, das ist ein Krebs der Kalzitonin-produzierenden C-Zellen (Abschn. 3.5) oft verbunden mit sehr hohen Blutkalzitoninspiegeln. Bei diesen Patienten wird jedoch kein Rückgang des Serumkalziumspiegels beobachtet. Dennoch kann Kalzitonin als Medikament verwendet werden und wird heutzutage selten zur Behandlung von akutem Kalziumanstieg eingesetzt. Kalzitonin spielt eine wichtige Rolle bei Seefischen (Box 4.3).

> **Box 4.3: Einige interessante Fakten über Kalzitonin**
>
> Kalzitonin ist wichtig für die Aufrechterhaltung des Blutkalziumspiegels bei Meeresfischen, da die Kalziumkonzentration in ihrer äußeren Umgebung hoch ist. Mit der Bewegung der Lebewesen an Land nahm die Bedeutung von Kalzitonin ab, da die Umgebung dann kalziumarm war. Kalzitonin kann daher als ein „Relikt-Hormon" der Evolution betrachtet werden. Es ist auch interessant zu bemerken, dass nicht menschliches, sondern Lachs-Kalzitonin in der Humanmedizin verwendet wird, das sogar effizienter auf den menschlichen Kalzitonin-Rezeptor wirkt als sein menschliches Gegenstück. Obwohl Kalzitonin in der Behandlung von Osteoporose versucht wurde, war es nicht besonders wirksam. Heutzutage wird es sehr selten in der Humanmedizin verwendet, da seine Wirkung nur vorübergehend ist. Es kann zur Senkung akut erhöhter Kalziumspiegel verwendet werden.

4.2 Krankheiten der Nebenschilddrüsen

4.2.1 Überfunktion der Nebenschilddrüsen (Hyperparathyreoidismus)

Es gibt drei Formen von der überaktiven Nebenschilddrüsen, die medizinisch als Hyperparathyreoidismus bezeichnet werden. Die **primäre Form der Überfunktion der Nebenschilddrüsen (primärer Hyperparathyreoidismus)** ist auf einen gutartigen Tumor (Adenom) oder eine Hyperplasie (eine erhöhte Anzahl von Zellen, die noch nicht die Kriterien eines Tumors erfüllen) zurückzuführen, die große Mengen an Parathormon produzieren, was zu einem Anstieg des Kalziumspiegels im Blut und zu verschiedenen Symptomen führt. Die **sekundäre Form (sekundärer Hyperparathyreoidismus)** ist hingegen eine reaktive Erkrankung, bei der die Nebenschilddrüsen auf dauerhaft niedrige Serumkalziumspiegel reagieren und versuchen, dies durch eine erhöhte Produktion von Parathormon auszugleichen. Die sekundäre Form führt in der Regel zu einer Hyperplasie aller vier Nebenschilddrüsen. Dauerhaft niedrige Kalziumspiegel sind charakteristisch für Nierenversagen, Störungen der gastrointestinalen Absorption und Vitamin-D-Mangel, die die Hauptursachen für sekundären Hyperparathyreoidismus darstellen. Wenn niedrige Kalziumspiegel und damit sekundärer Hyperparathyreoidismus über einen langen Zeitraum vorliegen, meist bei Nierenversagen, können sich Adenome in einer oder mehreren Nebenschilddrüsen bilden, die große Mengen an Parathormon produzieren. Dieser Zustand wird als **tertiärer Hyperparathyreoidismus** bezeichnet.

Wie können wir zwischen primärem und sekundärem Hyperparathyreoidismus unterscheiden?

Die Parathormonspiegel sind in beiden Fällen erhöht, aber während im primären Fall das Blutkalzium hoch ist, ist es im sekundären Fall niedrig.

Wie häufig ist primärer Hyperparathyreoidismus?

Es handelt sich um eine sehr häufige Krankheit. Wenn man hormonelle Krankheiten nach Häufigkeit sortiert, steht an erster Stelle Diabetes mellitus, an zweiter Stelle die Unterfunktion der Schilddrüse und an dritter Stelle der primäre Hyperparathyreoidismus. Diese Platzierung hat sich in den letzten Jahrzehnten ergeben, da die Messung des Blutkalziums Teil der routinemäßigen Blutanalysen geworden ist und asymptomatische Fälle in großer Zahl erkannt wurden.

Was sind die Symptome des primären Hyperparathyreoidismus?

Die Knochen verlieren aufgrund der Überproduktion von Parathormon Kalzium, was zu Osteoporose führt. Trotz der stimulierenden Wirkung des Parathormons auf die Kalziumresorption in der Niere wird die Kalziumfreisetzung im Urin erhöht. Die Erklärung liegt in der begrenzten Kapazität der Nieren zur Kalziumresorption, und daher tritt bei erheblicher Kalziumfreisetzung das Kalzium im Urin auf, da die Schwelle für die Resorption überschritten wird. Aufgrund der erhöhten Kalziumausscheidung im Urin können Nierensteine oder in noch schwereren Fällen Nierenverkalkungen entstehen. Primärer Hyperparathyreoidismus macht die betroffenen Personen anfällig für Magen-

und Zwölffingerdarmgeschwüre. Darüber hinaus können Verdauungssymptome wie Verstopfung und Bauchschmerzen auftreten. Der Anstieg des Blutkalziums kann auch die Funktionen des Nervensystems beeinflussen, was möglicherweise zu neurologischen und in schweren Fällen sogar zu psychiatrischen Symptomen führt. Es können auch kardiovaskuläre Komplikationen wie Herzrhythmusstörungen und Bluthochdruck auftreten.

Welche Symptome wecken den Verdacht auf primären Hyperparathyreoidismus?
Wiederkehrende Nierensteine sind das typischste Anzeichen für den Verdacht auf eine überaktive Nebenschilddrüse. Leider ist es immer noch nicht selten, dass ein Patient mit wiederkehrenden Episoden von Nierensteinen behandelt wird, ohne dass eine endokrinologische Untersuchung durchgeführt wird. Durch eine erfolgreiche Behandlung einer Überfunktion der Nebenschilddrüse können weitere Nierensteine verhindert werden. Eine Untersuchung der Nebenschilddrüsen ist auch bei den Voruntersuchungen für Osteoporose gerechtfertigt.

In jüngster Zeit wird sie jedoch am häufigsten zufällig entdeckt, da in den meisten Fällen der primäre Hyperparathyreoidismus asymptomatisch ist und sich nur in Laborergebnissen manifestiert.

Wie wird die Diagnose des primären Hyperparathyreoidismus gestellt?
Die Diagnose ist in der Regel nicht schwierig. Der Blutkalziumspiegel ist hoch und der Phosphatspiegel ist niedrig, zusammen mit einem erhöhten Parathormonspiegel. Bei sekundärem Hyperparathyreoidismus hingegen ist der Blutkalziumspiegel niedrig.

Wie kann die spezifische Nebenschilddrüse identifiziert werden, die für die Krankheit verantwortlich ist?
In den meisten Fällen beherbergt nur eine Drüse ein gutartiges Adenom, das für die Krankheit verantwortlich ist, aber es gibt Fälle, in denen alle Nebenschilddrüsen von einer Hyperplasie betroffen sind. Letzteres ist selten und tritt meist in erblichen Fällen auf. Die überwiegende Mehrheit der Fälle von primärem Hyperparathyreoidismus wird durch gutartige Tumoren verursacht.

Um die Überfunktion der Nebenschilddrüse aufzudecken, werden in erster Linie zwei bildgebende Verfahren eingesetzt: Ultraschall des Halses und isotopische Untersuchung der Nebenschilddrüsen (Sestamibi-Szintigraphie) (Abb. 4.3).

Mit diesen Methoden kann das Nebenschilddrüsenadenom in der Regel lokalisiert werden. Es ist jedoch möglich, dass das Adenom an einer un-

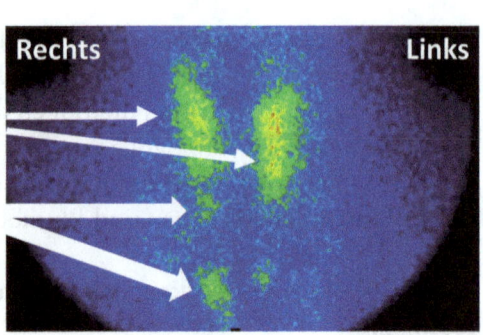

Abb. 4.3 Ein Bild eines Nebenschilddrüsen-Isotopenscans (Sestamibi-Szintigraphie). Das Bild ist von hinten aufgenommen. Es gibt zwei Stellen der Isotopenanreicherung unter dem rechten Lappen der Schilddrüse, die auf ein Nebenschilddrüsenadenom hindeuten. Die untere Anreicherung befindet sich bereits im oberen Teil des Brustkorbs

gewöhnlichen Stelle liegt, nicht hinter der Schilddrüse, sondern zum Beispiel im oberen Teil des Brustkorbs in der Nähe des Thymus oder der Hauptgefäße. Es ist schwierig, diese atypisch lokalisierten Nebenschilddrüsen zu finden, und weitere bildgebende Verfahren, wie CT, MRT und weitere neuartige Isotopentechniken, können versucht werden. Es kann auch sein, dass das Adenom überhaupt nicht gefunden werden kann. In solchen Fällen, wenn der Patient keine vorherige Halsoperation hatte, die die anatomische Situation kompliziert, kann der Patient an einen erfahrenen Chirurgen verwiesen werden, der das Adenom finden kann. Es gibt mehrere Methoden, die bei der Identifizierung des Adenoms während der Operation helfen, wie die Bestimmung der Parathormonspiegel aus der Gewebeflüssigkeit oder die Messung des Parathormonspiegels im Blut. Parathormon wird schnell im Blut abgebaut, und wenn das Adenom gefunden und entfernt wurde, sinken seine Spiegel, was den Erfolg der Operation beweist.

Wie wird die Isotopenuntersuchung der Nebenschilddrüsen durchgeführt?
Die Untersuchung wird mit schnell abbaubaren, strahlungsemittierenden Technetium-Isotop-markierten Substanzen durchgeführt. Es ist nicht notwendig, die Untersuchung auf nüchternen Magen durchzuführen. Die Untersuchung ist nicht gefährlich, da das Isotop schnell abgebaut wird und nur eine kleine Dosis injiziert wird.

Wie wird primärer Hyperparathyreoidismus behandelt?
Die chirurgische Entfernung ist die Erstlinienbehandlung. Die große Frage ist jedoch, ob jeder operiert werden sollte oder nicht.

4 Nebenschilddrüse, Vitamin D, Kalziumstoffwechsel und Knochen

In welchen Fällen ist es notwendig, eine Operation durchzuführen?
Diese Frage ist aktuell geworden aufgrund der zunehmenden Häufigkeit von asymptomatischem primärem Hyperparathyreoidismus. Es sind immer mehr Fälle bekannt, bei denen keine Operation vorgeschlagen wird, sondern nur periodische Kontrollen (alle sechs oder zwölf Monate). Eine Operation ist indiziert, wenn eines der folgenden Kriterien erfüllt ist: Anstieg des Blutkalziumspiegels um mehr als 1 mg/dL (0,25 mmol/L in anderen Einheiten) über die obere Normgrenze; verminderte Nierenfunktion oder erhöhte Kalziumausscheidung im Urin oder Nierenstein/Verkalkung; Osteoporose/Wirbelfraktur; oder zuletzt, Alter unter fünfzig Jahren. In anderen Fällen, in Abwesenheit dieser Umstände, insbesondere bei älteren Patienten, kann eine Beobachtung vorgeschlagen werden, da in den meisten Fällen keine erhebliche Verschlechterung des klinischen Zustands eintritt.

Was kann bis zum Zeitpunkt der Operation bei schwerem primärem Hyperparathyreoidismus oder in Fällen, in denen eine Operation nicht möglich ist, getan werden?
Ein starker Anstieg des Blutkalziumspiegels kann durch reichliches Trinken und sogenannte Schleifendiuretika (wie Furosemid) gelindert werden. (Die Schleife bezieht sich auf einen Teil der Nierengänge, an denen diese Diuretika wirken). Es ist wichtig zu beachten, daß Diuretika aus der Klasse der Thiazide (wie Hydrochlorothiazid oder Indapamid) Kalzium zurückhalten und daher weggelassen werden sollten. Die Knochenresorption kann durch Bisphosphonate gehemmt werden (diese Medikamente werden später im Abschnitt über Osteoporose diskutiert). Es gibt ein Medikament zur Behandlung des tertiären Hyperparathyreoidismus, das über den Kalziumsensorrezeptor der Nebenschilddrüse wirkt. Cinacalcet hemmt die Freisetzung des Parathormons, wird aber nur ausnahmsweise zur Behandlung des primären Hyperparathyreoidismus eingesetzt.

Was passiert nach einer erfolgreichen Nebenschilddrüsenoperation?
Der Blutkalziumspiegel sinkt nach einer erfolgreichen Operation. Es kommt oft zu einem starken Rückgang des Kalziums, was zu Werten unterhalb des Normalbereichs führt. Dies kann besonders schwerwiegend sein, wenn auch ein Vitamin-D-Mangel vorliegt. Ein reduzierter Kalziumspiegel kann zu Taubheitsgefühlen in den Händen und Extremitäten führen, und viele Patienten benötigen nach der Operation eine Kalzium- und Vitamin-D-Ersatztherapie. Zur Ersetzung von Vitamin D ist die voll aktive Form (Calcitriol) am effektivsten, da die Vitamin-D-aktivierende Kapazität der Niere aufgrund des verringerten Parathormonspiegels reduziert ist.

Welche anderen Ursachen für einen erhöhten Blutkalziumspiegel sind neben dem primären Hyperparathyreoidismus bekannt?

Der Kalziumspiegel steigt bei einigen chronischen Entzündungen an, bei denen eine verstärkte Aktivierung von Vitamin D in den Entzündungszellen stattfindet. Solche Situationen können zum Beispiel bei der Boeck-Sarkoidose auftreten, einer Entzündung, die die Lunge, aber auch andere Organe betrifft, oder auch bei Tuberkulose.

Ein starker Anstieg des Blutkalziumspiegels kann mit bösartigen Tumoren in Verbindung gebracht werden, die meist in der Lunge entstehen. Dies sind die häufigsten Formen von endokrinen paraneoplastischen Syndromen (Kap. 1, Box 1.7) bei denen nicht die Größe oder Metastasen des Tumors für die Syndrome verantwortlich sind, sondern Hormone. Tumorzellen produzieren das Parathormon-verwandte Peptid in großen Mengen, das den Rezeptor des Parathormons bindet und ähnliche Wirkungen hat. Normalerweise ist dieses Parathormon-ähnliche Peptid nicht an der Regulation des Kalziumstoffwechsels beteiligt. Große Mengen des vom bösartigen Tumor produzierten Peptids gelangen jedoch in den Blutkreislauf und führen durch Aktivierung des Parathormonrezeptors zu einem starken Anstieg des Kalziums. Der Parathormonspiegel selbst ist in diesen Fällen niedrig, was ihre Unterscheidung ermöglicht.

4.2.2 Unterfunktion der Nebenschilddrüsen (Hypoparathyreoidismus)

Eine Unterfunktion der Nebenschilddrüse (Hypoparathyreoidismus) ist keine häufige Erkrankung. Ein Mangel oder eine verminderte Produktion von Parathormon führt zu einem niedrigen Blutkalziumspiegel. Die häufigste Ursache für eine Unterfunktion der Nebenschilddrüse ist eine Verletzung der Drüsen durch eine Halsoperation, meist bei der Entfernung der Schilddrüse. Auch eine Autoimmunität kann für eine Unterfunktion der Nebenschilddrüse verantwortlich sein.

Was sind die Symptome einer Unterfunktion der Nebenschilddrüse?

Verminderte Kalziumspiegel wirken sich hauptsächlich auf die Funktion von Nerven und Muskeln aus. Gefühlsstörungen, Taubheitsgefühle vor allem an den Händen und im Gesicht und Muskelkrämpfe aufgrund der erhöhten Erregbarkeit von Muskeln und Nerven können sich entwickeln. Die schwerste Form dieser Krämpfe wird als **Tetanie** bezeichnet, bei der die Hände eine cha-

4 Nebenschilddrüse, Vitamin D, Kalziumstoffwechsel und Knochen

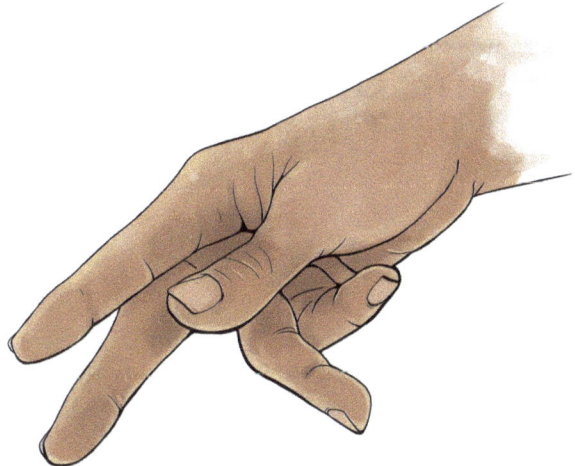

Abb. 4.4 Typische Handhaltung während eines durch niedrigen Kalziumspiegel ausgelösten Krampfes (Tetanie)

rakteristische Form annehmen (Abb. 4.4). In ihrem schwersten, aber glücklicherweise sehr seltenen Fall, kann möglicherweise ein lebensbedrohlicher Krampf der Stimmbänder und die Verengung der Bronchien beobachtet werden. Auch Herzstörungen können auftreten, begleitet von charakteristischen Veränderungen im EKG (Elektrokardiogramm). Bei chronischer, lang anhaltender Unterfunktion der Nebenschilddrüse kann Kalzium in den sogenannten Basalganglien des Gehirns und im Auge abgelagert werden, was zu Katarakten führt.

Wie stellen wir die Diagnose einer Unterfunktion der Nebenschilddrüse (Hypoparathyreoidismus)?
Der Blutkalziumspiegel ist niedrig, Phosphat ist hoch und der Parathormonspiegel ist niedrig.

Wie wird eine akute Unterfunktion der Nebenschilddrüse behandelt?
Eine akute (Box 4.4) Unterfunktion der Nebenschilddrüse, die zu einer schnellen und schweren Reduzierung des Blutkalziums führt, erfordert die Verabreichung von intravenösem Kalzium (vorzugsweise Kalziumgluconat), das vom behandelnden Arzt überwacht werden muss. Patienten sollten mit einer Notfallkarte versorgt werden, wie bei Nebenniereninsuffizienz (Abb. 4.5 und 2.15).

Abb. 4.5 Notfallkarte, die von der European Society for Endocrinology (ESE) für Patienten mit Hypoparathyreoidismus ausgestellt wurde. Hyperkalzämie wird hauptsächlich bei Patienten beobachtet, die mit Vitamin D und Kalzium überdosiert sind. (Copyright European Society of Endocrinology, mit Genehmigung reproduziert, die deutsche Übersetzung mit der Hilfe der Deutschen Gesellschaft der Endokrinologie)

> **Box 4.4: Was ist der Unterschied zwischen einer akuten und einer chronischen Krankheit?**
>
> Eine akute Krankheit schreitet schnell voran, da sie sich innerhalb von Stunden oder Tagen entwickeln kann und innerhalb einiger Tage oder Wochen gelöst wird. Im Gegensatz dazu entwickeln sich chronische Krankheiten langsam über mehrere Monate oder Jahre und können über einen langen Zeitraum vorhanden sein.

Wie behandeln wir eine chronische Unterfunktion der Nebenschilddrüse?
Die Verabreichung von Kalzium und Vitamin D bildet die Grundlage für die Behandlung einer chronischen (Box 4.4) Unterfunktion der Nebenschilddrüse. Es wird eine tägliche Kalziumzufuhr von 1–2 g benötigt, entweder als Kalziumkarbonat oder Kalziumzitrat. Vitamin D sollte in seiner aktiven Form gegeben werden, die die chemischen Modifikationen trägt, die dem Aktivierungsprozess in der Leber und Niere entsprechen. Die aktive Form von Vitamin D heißt Calcitriol (1,25-Dihydroxyvitamin D3), aber auch Alphacalcidol kann verwendet werden, das nur die Modifikation trägt, die der Aktivierung in der Niere entspricht (1-Hydroxyvitamin D3). Die Verabreichung von aktivem Vitamin D ist wichtig, da die Aktivierung von 25-Hydroxyvitamin D ohne Parathormon in der Niere nicht stattfinden kann. Daher kann Vitamin D3 bei Patienten mit einer Unterfunktion der Nebenschilddrüse nicht in der Niere aktiviert werden. Der Zweck der Verabreichung ist es, einen niedrig-normalen Kalziumspiegel im Blut zu erreichen. Neben Kalzium ist auch der Ersatz von Magnesium wichtig.

Als zusätzliche Behandlungsmöglichkeit können Thiazid-Diuretika, die den Kalziumverlust im Urin hemmen und dadurch den Blutkalziumspiegel erhöhen, verwendet werden.

Wenn man den Mangel an Parathormon als Ursache der Krankheit betrachtet, wäre es sicherlich logisch, den betroffenen Patienten selbst Parathormon zu geben. Dies wird jedoch derzeit nicht als Erstlinienbehandlungsoption angesehen und ist noch nicht weit verbreitet. Darüber hinaus gibt es nur begrenzte Erfahrungen mit dem Ersatz von Parathormon, und es ist nur als tägliche Injektion machbar. Die Verabreichung von Parathormon sollte nur bei Patienten in Betracht gezogen werden, die nicht gut auf „klassische" Kalzium- und Vitamin-D-Ersatztherapie ansprechen. Die Verwendung von Parathormon könnte jedoch in den kommenden Jahren weiter verbreitet werden.

4.3 Stoffwechselbedingte Knochenerkrankungen

Forschungsstudien der vergangenen Jahrzehnte haben gezeigt, dass das Skelett nicht nur als passive Struktur betrachtet werden kann, die Körperhaltung und Bewegung gewährleistet, sondern auch als lebendes System mit intensivem Stoffwechsel, das mehrere regulatorische Substanzen produziert. Es ist auch der Hauptkalziumspeicher des Körpers. Der Knochen ist ein dynamisches Gewebe, das ständig gebildet und abgebaut (resorbiert) wird, und das Gleichgewicht dieser Prozesse ist ein wichtiges Merkmal der Knochengesundheit. Dieser Prozess der ständigen Knochenbildung und Resorption (Abbau) ohne Veränderung der Gesamtmenge wird als **„Remodeling"** bezeichnet (Abb. 4.6). Dadurch wird

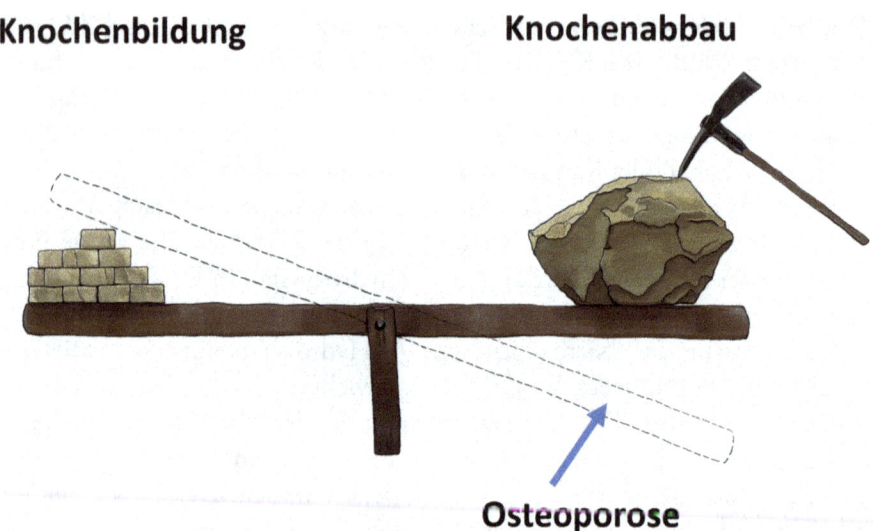

Abb. 4.6 Schematische Darstellung des Knochengleichgewichts, des Knochenumbaus und seiner Störung bei Osteoporose. Unter normalen Bedingungen sind Knochenbildung und Knochenresorption im Gleichgewicht, aber bei Osteoporose (durch gestrichelte Linien gekennzeichnet) wird die Knochenresorption dominant, was zu einer verminderten Knochenmasse führt

sichergestellt, dass immer Knochengewebe von guter Qualität verfügbar ist und der Knochen im Falle von Verletzungen heilen kann. Der Prozess des Remodelings wird durch mehrere hormonelle und andere Faktoren reguliert. Parathormon, Östrogene und mehrere lokal aktive Proteine sind an diesem Prozess beteiligt. **Osteoblasten** sind die Zellen, die für die Knochenbildung verantwortlich sind, während **Osteoklasten** am Knochenabbau beteiligt sind.

Stoffwechselbedingte Knochenerkrankungen zeichnen sich durch Schäden an der Knochenfunktion, dem Stoffwechsel und dem Remodeling aus. Hier werden zwei Hauptvertreter dieser Krankheiten diskutiert, Osteoporose und Osteomalazie. Knochen besteht aus organischen und anorganischen Materialien, und Kalzium ist die wichtigste anorganische Komponente.

4.3.1 Osteoporose

Osteoporose ist eine sehr komplexe Krankheit, die mehrere andere medizinische Disziplinen neben der Endokrinologie betrifft. Das Gleichgewicht des Remodelings ist bei Osteoporose gestört, und daher wird weniger Knochen gebildet als resorbiert (Abb. 4.6). Die Mikrostruktur des Knochens ist beschädigt, und die Knochenqualität verschlechtert sich. Sowohl die Menge der organischen als auch anorganischen Knochenkomponenten nimmt bei Osteoporose ab.

4 Nebenschilddrüse, Vitamin D, Kalziumstoffwechsel und Knochen

Was sind die Hauptursachen für Osteoporose?
Es gibt zwei Hauptgruppen. Altersbedingte Osteoporose wird meist bei Frauen nach dem Ende der Menstruationszyklen (Menopause) beobachtet, kann aber auch bei Männern auftreten, meist im Alter. Sekundäre Osteoporose hat zahlreiche Ursachen, einschließlich Krankheiten (wie Schilddrüsenüberfunktion (Abschn. 3.2), Cushing-Syndrom (Abschn. 5.2.2), entzündliche Darmerkrankungen, Zöliakie Krankheit (Box 3.2), Nierenerkrankungen, Autoimmunerkrankungen, Tumoren) und Medikamentenbehandlungen (Glukokortikoide (Abschn. 5.2.3)) usw.

Was sind die Hauptfolgen von Osteoporose?
Knochenbrüche stellen die größte Gefahr bei Osteoporose dar. Frakturen können die Wirbelsäule, den Hals des Oberschenkelknochens und das Handgelenk betreffen. Über dem Alter von 50 Jahren können fast alle Arten von Knochen Frakturen auftreten (wie Ober- und Unterarme, Rippen, Becken und Bein). Knöchel- und Schädelfrakturen sind jedoch nicht typisch für Osteoporose.

Die Kompression der Wirbel kann zu Rückenschmerzen, Wirbelsäulenverkrümmung und verminderter Körpergröße führen. Ein Bruch des Halses des Oberschenkelknochens ist eine der schwersten Komplikationen und kann den betroffenen Patienten bettlägerig machen. Es ist eine der Hauptursachen für chronische Gesundheitsverschlechterung und Tod bei älteren Menschen.

Wie können wir eine Diagnose von Osteoporose stellen?
Es ist wichtig zu betonen, dass es kein Merkmal des Blutes gibt, das einen Beweis für Osteoporose liefern würde. Für seine Diagnose muss die Veränderung in Knochenqualität, reduzierte Knochendichte nachgewiesen werden. Heutzutage wird eine Röntgenbasierte Methode namens **Osteodensitometrie** (abgekürzt als ODM) hauptsächlich dafür verwendet. Neben der Knochendichte werden zwei wichtige Parameter, der T-Score und der Z-Score, gemessen. Der **T-Score** (T-Wert) vergleicht die Knochendichte des Patienten mit gesunden jungen Menschen des gleichen Geschlechts, während der **Z-Score** (Z-Wert) sie mit Personen der gleichen Altersgruppe und Geschlecht vergleicht. Die Diagnose Osteoporose kann gestellt werden, wenn der T-Score niedriger als − 2,5 ist, während zwischen − 1 und − 2,5 der Begriff „verminderte Knochendichte" (Osteopenie) verwendet wird. Gemessen werden die Wirbel der Lendenwirbelsäule, der Oberschenkelhals und der Unterarm. Die Osteoporose ist schwerwiegend, wenn der Patient einen mit der Erkrankung verbundenen Knochenbruch hatte.

Was ist der erste Schritt in der Behandlung von Osteoporose?
Die Grundbehandlung der Osteoporose beinhaltet Kalzium- und Vitamin-D-Ersatz, da der Mangel an diesen alle anderen Behandlungsmethoden unwirksam macht. Täglich 800–1200 mg Kalziumzufuhr und täglich 1000 IE Vitamin D3 ist erforderlich, auch wenn sonst die Vitamin-D-Zufuhr normal ist. Bei Vitamin-D-Mangel sind hier sicherlich höhere Dosen erforderlich. Vitamin-D-Ersatz ist nicht nur in der weniger sonnigen Winterzeit in gemäßigten Klimazonen, sondern das ganze Jahr über erforderlich.

Wie können wir die Vitamin-D-Ausreichung messen?
Die Vitamin-D-Ausreichung kann durch Messung des Blutspiegels des Vitamin D-Vorläufers **25-Hydroxyvitamin D3** untersucht werden.

Welche Behandlungsmöglichkeiten gibt es zur Behandlung von Osteoporose?
Es ist wichtig, das Rauchen zu stoppen und regelmäßig körperliche Übungen zu machen. Medikamente, die den Knochenabbau hemmen, werden als Erstlinie eingesetzt. **Bisphosphonate** gehören zu dieser Gruppe (wie Alendronsäure und Risedronsäure), die sowohl als Tabletten als auch als Infusionen erhältlich sind (Box 4.5). Ein neuer entwickelter Wirkstoff ist **Denosumab**, das alle sechs Monate durch subkutane Injektion verabreicht wird. Östrogenderivate und ihre modifizierten Formen können zur Behandlung der weiblichen Osteoporose eingesetzt werden. Traditionelle Östrogenderivate erhöhen das Risiko für Brust- und Gebärmutterkrebs und daher wurden modifizierte Substanzen (wie Raloxifen) entwickelt, die diese Gefahren nicht aufweisen. Raloxifen kann sogar das Risiko von Brustkrebs nach den Wechseljahren reduzieren.

Box 4.5: Ratschläge zur Medikamenteneinnahme: Was sollte während der Therapie mit Bisphosphonat-Tabletten beachtet werden?

Ein erheblicher Anteil der heutzutage verwendeten Bisphosphonate sollte einmal pro Woche eingenommen werden, was sehr komfortabel ist. Eine unangenehme Nebenwirkung von Bisphosphonaten hängt mit Beschwerden im oberen Bauch-Magenbereich zusammen, die durch Reizung oder Entzündung, in schweren Fällen Geschwür der Speiseröhre (Ösophagus), verursacht werden. Um dies zu vermeiden, sollte das Medikament morgens in stehender oder sitzender Position mit einem Glas sauberem Wasser eingenommen werden, und die Patienten sollten mindestens eine halbe bis eine Stunde nach der Einnahme nicht hinlegen. Patienten sollten eine halbe Stunde nach der Einnahme von Bisphosphonaten nichts essen oder andere Medikamente einnehmen, da diese ihre Aufnahme aus dem Darm beeinträchtigen können. Vorsicht ist geboten bei der Anwendung von Bisphosphonaten bei Patienten mit Nierenschäden, und sie können bei schwerer Niereninsuffizienz nicht angewendet werden.

4 Nebenschilddrüse, Vitamin D, Kalziumstoffwechsel und Knochen

Die Wirksamkeit von Östrogen-Derivaten ist jedoch geringer im Vergleich zu Bisphosphonaten und Denosumab.

Als überraschender Befund wurde festgestellt, dass die periodische Verabreichung von Parathormon zur Bildung von neuem Knochengewebe von guter Qualität führt. So führt die Überproduktion von Parathormon bei primärem Hyperparathyreoidismus (Überfunktion der Nebenschilddrüse) zu Knochenverlust, aber seine periodische Verabreichung führt zur Knochenbildung. Tägliche subkutane Injektionen eines Parathormon-Derivats (**Teriparatid**) können zur Behandlung von schwerer Osteoporose für maximal 1,5 Jahre eingesetzt werden. Teriparatid ist ein anaboles Mittel, das die Knochenbildung fördert. Ein neues anaboles Mittel, Romosozumab (ein Antikörper gegen das Protein Sklerostin, das die Knochenbildung hemmt) ist eine neue Behandlungsoption bei Patienten mit fortgeschrittener Osteoporose.

Was ist die schwerwiegendste Nebenwirkung von Bisphosphonaten und Denosumab?
Eine sehr seltene, aber schwerwiegende Nebenwirkung ist die Nekrose des Kieferknochens. (Nekrose bedeutet Gewebetod). Zur Vorbeugung wird eine detaillierte Basisuntersuchung durch den Zahnarzt empfohlen, bevor diese Behandlungen eingeleitet werden, und Eingriffe, die den Knochen betreffen, sollten im Voraus durchgeführt werden. Der atypische Bruch des Oberschenkelknochens ist auch eine seltene Komplikation. Es muss jedoch betont werden, dass die positiven Effekte dieser Medikamente ihre Risiken bei weitem überwiegen, und daher sollten diese wirksamen Behandlungen nicht aus Angst vor diesen seltenen Komplikationen abgelehnt werden.

Wie wirksam sind Medikamente, die die Knochenresorption hemmen?
Die Hemmung der Knochenresorption ist eine sehr wirksame Methode der Behandlung. 50–70 % der Wirbel- und 40–60 % der Hüftfrakturen können durch die Einnahme von Bisphosphonaten oder Denosumab verhindert werden. Der Nutzen dieser Medikamente überwiegt bei weitem ihr Risiko.

Wer sollte behandelt werden?
Ein abnormer T-Wert weist nicht direkt auf die gezielte Behandlung von Osteoporose hin. Eine Supplementierung mit Kalzium und Vitamin D wird allen Patienten vorgeschlagen. Das Risiko von Knochenbrüchen wird jedoch durch viele andere Faktoren beeinflusst, darunter die Gehstabilität, das Körpergewicht, das Rauchen, der Alkoholkonsum und frühere Knochenbrüche des Patienten oder eines nahen Familienmitglieds. Zur Auswahl der zu behandelnden Patienten wurde ein Computersystem entwickelt, das viele Faktoren berücksichtigt und als **FRAX** (Fracture Risk Assessment Tool)

bezeichnet wird. FRAX prognostiziert das Frakturrisiko für den Patienten für die nächsten 10 Jahre. Eine Behandlung, die die Knochenresorption hemmt, sollte bei Frakturrisiken über 3 % für die Hüfte und über 20 % für andere osteoporosebedingte Hauptfrakturen eingeleitet werden.

Wie können wir die Wirksamkeit der Osteoporosebehandlung beurteilen?
Wir verwenden hauptsächlich die Osteodensitometrie zu diesem Zweck. Die Knochendichte wird in der Regel einmal im Jahr bei Patienten mit Osteoporose bestimmt, da der Knochenstoffwechsel langsam ist.

4.3.2 Osteomalazie

Osteomalazie entsteht durch Störungen der Mineralablagerung, hauptsächlich Kalzium im Knochen. Im Gegensatz zur Osteoporose, bei der die Mengen sowohl organischer als auch anorganischer Komponenten abnehmen, fehlen bei Osteomalazie nur anorganische, mineralische Substanzen. Es sind mehrere Ursachen für Osteomalazie bekannt, aber die wichtigsten sind mit Vitamin-D-Mangel verbunden.

Ein Vitamin-D-Mangel wird am häufigsten mit Ernährungs- und Lebensstilhintergründen (Mangel an Sonnenlicht) in Verbindung gebracht, aber es gibt mehrere, seltenere Ursachen. Die kindliche Form der Osteomalazie wird als **Rachitis** bezeichnet und ist heutzutage glücklicherweise selten. Sie ist gekennzeichnet durch verschiedene Skelettverformungen, Knochen- und Muskelschmerzen, und eine geringe Körpergröße aufgrund der Beteiligung der Wachstumsplatten, die für das Längenwachstum der Knochen verantwortlich sind.

Was sind die Folgen eines schweren Vitamin-D-Mangels?
Die Aufnahme von Kalzium und Phosphat ist bei Vitamin-D-Mangel vermindert. Aufgrund der daraus resultierenden niedrigen Blutkalziumspiegel wird die Produktion von Parathormon erhöht, das die Kalziumfreisetzung aus den Knochen stimuliert und damit ihren Kalziumgehalt reduziert. Parathormon erhöht auch die Kalziumresorption aus dem Urin in den Nieren, begünstigt aber den Verlust von Phosphat im Urin. Ein niedriger Phosphatspiegel ist auch relevant für die Störung der Mineralablagerung.

All diese Ereignisse führen zu einer Störung des Knochenumbaus, da die Knochenresorption erhöht ist, aber die Mineralien nicht in ausreichenden Mengen im neu gebildeten Knochengewebe abgelagert werden. Der neue Knochen ist daher von schlechter Qualität, seine Belastbarkeit ist verringert, und er ist daher leicht verformbar.

Was sind die Unterschiede im klinischen Bild von Osteoporose und Osteomalazie?
Schmerzen sind nicht charakteristisch für Osteoporose, während sowohl Knochen- als auch Muskelschmerzen typisch für Osteomalazie sind. Knochenbrüche treten bei geringen Traumata bei Osteoporose auf. Knochenbrüche können auch bei Ostcomalazie auftreten, aber Knochenverformungen sind viel häufiger. Die Knochen können viel weicher als normal sein. Es kann zur Krümmung von langen Knochen (z. B. Oberschenkelknochen) kommen. In schweren Fällen von Osteomalazie können Knochenschmerzen und -verformungen sogar zu Bewegungsstörungen führen. Bei lang anhaltenden, unbehandelten Fällen von Osteomalazie kann auch der Herzmuskel betroffen sein.

In Bezug auf Laborergebnisse sind die Kalziumspiegel bei Osteoporose nicht betroffen, können aber bei Osteomalazie reduziert sein. Darüber hinaus kann der Blutspiegel des alkalischen Phosphatase-Enzyms im letzteren erhöht sein.

Wie unterscheidet sich Rachitis von der Osteomalazie bei Erwachsenen?
Knochen enthalten Wachstumsplatten in der Kindheit, die nach der Pubertät verknöchern und daher wachsen Erwachsene nicht mehr. Gewebe mit intensiver Zellproliferation, wie auch die Wachstumsplatten, sind empfindlich gegenüber verschiedenen Mängeln. Ein Vitamin-D-Mangel im Kindesalter betrifft die Knochenwachstumsplatten. Darüber hinaus können bei Rachitis mehrere skelettale Veränderungen auftreten. Dazu gehören eine verformte Schädel- und Brustkorbform und eine Verdickung des Handgelenks. Die schwersten Fälle sind mit einer kurzen Körpergröße und skelettalen Deformitäten verbunden, die ein Leben lang bestehen bleiben.

Wie stellen wir die Diagnose eines Vitamin-D-Mangels fest?
Wie bereits oben diskutiert, ist der zuverlässigste Weg zur Beurteilung der Vitamin-D-Versorgung oder des Mangels daran, die Blutkonzentration des Vitamin-D-Vorläufers 25-Hydroxyvitamin D3 zu messen.

Was ist für die Diagnosestellung von Osteomalazie erforderlich?
Ein Vitamin-D-Mangel ist nicht zwangsläufig gleichbedeutend mit der Diagnose Osteomalazie. Die meisten Fälle von Vitamin-D-Mangel sind asymptomatisch und werden nur durch Laborergebnisse offenbart, einschließlich niedriger Blutkalziumspiegel und der Erhöhung des Parathormons (sekundärer Hyperparathyreoidismus).

Für die Diagnose von Osteomalazie sollten skelettale Veränderungen durch eine gründliche Untersuchung des Patienten und Röntgenbilder nachgewiesen werden. Das Auftreten von Wirbelveränderungen auf einem Röntgenbild aufgrund eines reduzierten Kalziumgehalts. Sogenannte Pseudofrakturen können an langen Knochen gefunden werden.

Osteodensitometrie ist eine primäre Methode zur Diagnose von Osteoporose und kann auch Anomalien bei Osteomalazie zeigen. Sie ist jedoch nicht geeignet, um zwischen den beiden zu unterscheiden. Daher ist die Osteodensitometrie nicht notwendig für die Diagnose von Osteomalazie.

Wie wird Osteomalazie behandelt?
Eine angemessene Kalziumzufuhr (mindestens täglich 1000 mg) und Vitamin-D-Zufuhr sind am wichtigsten. Die benötigten Vitamin-D-Dosen sind höher als die für eine bloße tägliche Ersatztherapie. Die medizinische Literatur ist sich nicht einig über die benötigten Dosen. In den ersten sechs Wochen der Behandlung können täglich 3000–6000 IE Vitamin D3 benötigt werden. Anschließend sollten täglich 1000–2000 IE mit regelmäßigen Kontrolluntersuchungen des 25-Hydroxyvitamin D3-Blutspiegels verabreicht werden. Es ist auch möglich, einmal wöchentlich größere Dosen zu verabreichen. Die Vitamin-D-Ersatztherapie ist in der Regel erfolgreich und die Situation normalisiert sich innerhalb einiger Wochen oder Monate.

Worauf sollte man bei der Vitamin-D-Supplementierung achten?
Da Vitamin D fettlöslich ist, kann es überdosiert werden. Das Risiko einer Überdosierung ist minimal bei täglichen Dosen unter 4000 IE, aber bei täglichen Dosen über 10.000 IE ist das Risiko einer Überdosierung real. Erhöhte Blut- und Urinkalziumspiegel können sich während einer Überdosierung entwickeln. Die erhöhte Urinkalziumausscheidung kann in den Nieren abgelagert werden und zu Nierensteinen führen. In noch schwereren Fällen kann auch eine Nierenverkalkung auftreten.

5

Erkrankungen der Nebenniere

5.1 Allgemeine Merkmale der Nebenniere

Die Nebenniere ist ein gepaartes Organ, das sich am oberen Pol beider Nieren befindet (Abb. 5.1A). Sie besteht aus zwei Teilen: Der äußere, größere Teil wird als Nebennierenrinde bezeichnet, der innere als Nebennierenmark (Abb. 5.1B). Ihr kombiniertes Gewicht bei Erwachsenen liegt bei etwa 7–10 g. Die Nebennierenrinde und das Nebennierenmark haben unterschiedliche

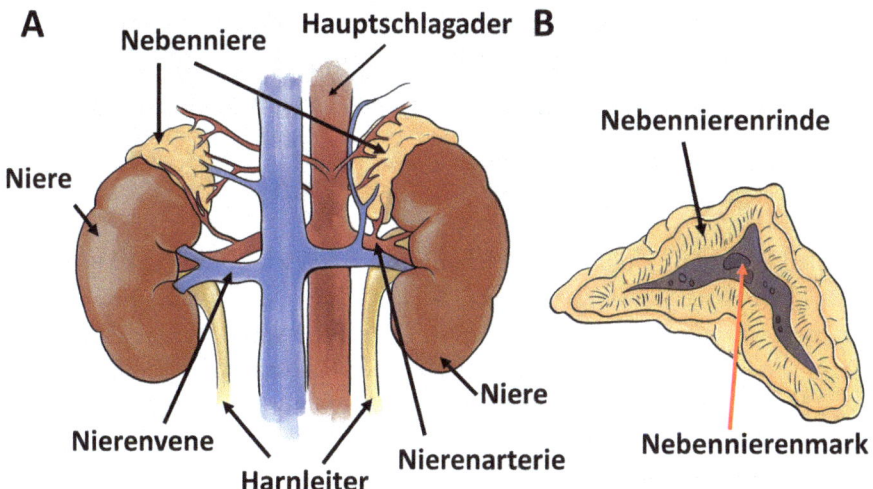

Abb. 5.1 (**A**) Lage der Nebenniere auf der Oberseite der Niere, (**B**) eine schematische Querschnittsansicht der Nebenniere. Der breitere äußere Teil ist die Nebennierenrinde, der innere ist das Nebennierenmark

Ursprünge und Funktionen. Die Nebenniere produziert Hormone von zentraler Bedeutung, deren Überproduktion und Mangel mit schweren Krankheiten in Verbindung stehen.

5.2 Die Nebennierenrinde

5.2.1 Hormone der Nebennierenrinde

Die Hormone der Nebennierenrinde gehören zur Gruppe der Steroidhormone. Die Hormone der Nebennierenrinde können in drei Hauptgruppen eingeteilt werden: 1. Glukokortikoide, deren wichtigster Vertreter das **Cortisol** ist, das weitreichende Auswirkungen auf den Organismus hat und das Hauptstresshormon ist; 2. Mineralokortikoide, die an der Salz- und Wasserregulation beteiligt sind, mit ihrem Hauptvertreter **Aldosteron**, und 3. Androgene (Box 5.1), die das Auftreten und die Aufrechterhaltung männlicher Merkmale fördern und die männliche Sexualfunktion stimulieren.

Die Nebennierenrinde besteht aus drei Schichten. Die äußere produziert Aldosteron, die mittlere Cortisol und die innere Schicht ist für die Produktion von Nebennierenandrogenen verantwortlich.

> **Box 5.1**
> Unter den Androgenen ist das von den Hoden produzierte Testosteron das stärkste. Nebennierenandrogene sind von viel schwächerer Wirksamkeit, jedoch sind sie besonders bei Frauen wichtig, bei denen schwache Androgene in der Pubertät, der Knochenentwicklung und dem sexuellen Verlangen relevant sind. DHEAS (Dehydroepiandrosteron-Sulfat) ist das wichtigste Nebennierenandrogen und wird in der höchsten Menge produziert.

Die Hormonproduktion der Nebennierenrinde wird durch das Hypothalamus-Hypophysen-System reguliert. Wie in Kap. 1 und im Kapitel über die Hypophyse (Kap. 2) dargestellt, stimuliert das vom Hypothalamus ausgeschüttete **CRH (Corticotropin-Releasing-Hormon)** die Produktion von **ACTH (Adrenocorticotropes Hormon, Adrenocorticotropin)** im vorderen Hypophysenlappen, das wiederum die Glukokortikoidsekretion aus der Nebennierenrinde stimuliert.

In diesem Regelsystem wird eine negative Rückkopplungsregulation beobachtet, da Cortisol die Sekretion sowohl von ACTH als auch von CRH hemmt (Abb. 5.2). Im Gegensatz zu Cortisol ist das Hypophysen-ACTH

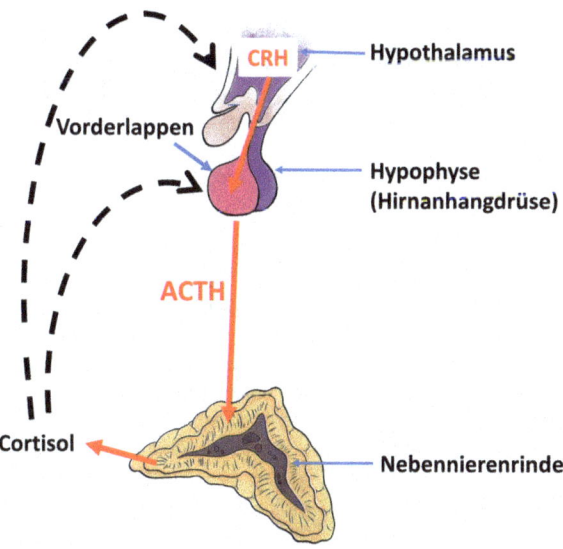

Abb. 5.2 Regulation des Hypothalamus-Hypophysen-Nebennierenrinden-Systems. CRH aus dem Hypothalamus stimuliert die ACTH-Produktion der Hypophyse, die wiederum die Cortisolproduktion in der Nebennierenrinde stimuliert. Cortisol hemmt die CRH- und ACTH-Produktion über eine negative Rückkopplungsregulation. Rote Pfeile zeigen die Stimulation an, während schwarze gestrichelte Pfeile die Hemmung anzeigen

nicht entscheidend für die Regulation der Aldosteronsekretion. Aldosteron wird hauptsächlich durch Serum **Kalium** und **Angiotensin II** reguliert. Angiotensin II ist eines der potentesten gefäßverengenden (vasokonstriktorischen) Hormone. Angiotensin II wird aus Angiotensin I hergestellt, das wiederum durch Spaltung des Proteins Angiotensinogen entsteht. Das Enzym **Renin**, das von den Nieren produziert wird, ist für die Spaltung verantwortlich. Die Sekretion von Androgenen wird durch Hypophysen-ACTH reguliert, ähnlich wie Cortisol.

Die Wirkungen von Cortisol sind sehr weitreichend, da es einer der Hauptregulatoren des Stoffwechsels ist. Es stimuliert die Produktion von Glukose (Zucker) in der Leber, die Freisetzung von Zucker aus Leberkohlenhydratspeichern (Glykogen), die Glukoseaufnahme und den Abbau in den Geweben. Aufgrund dieser Effekte reguliert es die Glukosehomöostase entgegengesetzt zu Insulin, da es den Glukosespiegel erhöht. Es stimuliert auch den Abbau von Proteinen und Fett. Cortisol hemmt die Knochenbildung und stimuliert den Knochenabbau. Darüber hinaus benötigen mehrere Hormone die Anwesenheit von Cortisol, z. B. für die Regulation des Blutdrucks. Es hat auch komplexe Auswirkungen auf das Immunsystem, meist hemmt es die Immunantwort. Diese immunsuppressive Wirkung wird in der klinischen

Praxis zur Hemmung von Autoimmunprozessen ausgenutzt. Cortisol und die Hormone des Nebennierenmarks (Epinephrin und Norepinephrin) sind die wichtigsten Stresshormone, deren Produktion unter Stressbedingungen deutlich induziert wird (Box 5.2).

> **Box 5.2: Was ist Stress?**
>
> Stress bezeichnet einen Zustand, in dem das Gleichgewicht der Körperfunktionen (Homöostase) durch externe oder interne Faktoren, die als Stressoren bezeichnet werden, gefährdet ist. Stressoren können sowohl physisch als auch psychisch sein. Die physiologische Reaktion auf Stress umfasst zwei Hauptelemente: die Aktivierung des autonomen (vegetativen) Nervensystems und eine damit verbundene hormonelle Reaktion. Die hormonelle Reaktion hängt hauptsächlich mit der Aktivierung der Nebennieren zusammen. (Das autonome Nervensystem reguliert die Funktion der inneren Organe, zum Beispiel die Innervation des Herzens oder die Regulation des Magen-Darm-Systems). Sowohl Nebennierenrinden-Cortisol als auch Nebennierenmark-Hormone sind wichtig für die Stressreaktion. Andere Hormone, wie das Hypophysen-Prolaktin, werden ebenfalls während der Stressreaktion induziert. Die Nebennierenrinde wird über das Hypothalamus-Hypophysen-System aktiviert. Stress kann akut oder chronisch sein. Die Flucht- oder Kampfreaktion ist eine typische akute Stressreaktion, die physiologische Veränderungen wie die Erweiterung der Pupille des Auges, eine erhöhte Herzfrequenz, Schwitzen usw. beinhaltet. Chronischer Stress ist an der Entwicklung mehrerer Krankheiten beteiligt, wie z. B. Herz- und Gefäßerkrankungen.

Aldosteron stimuliert die Natriumresorption aus dem Urin in der Niere ins Blut und erleichtert die Ausscheidung von Kalium durch den Urin. Es spielt eine zentrale Rolle bei der Regulation des Blutdrucks. Insgesamt ist es ein grundlegendes Regulierungshormon in der Salz- und Wasserhomöostase.

Im Vergleich zu Cortisol und Aldosteron ist die Bedeutung der adrenokortikalen Androgene relativ gering. Bei Männern hat Testosteron, das Androgen der Hoden, viel stärkere Wirkungen, und daher ist die Bedeutung der adrenokortikalen Androgene sekundär. Bei Frauen hingegen sind adrenokortikale Androgene wichtig, zum Beispiel für das allgemeine Wohlbefinden, die sexuelle Aktivität und die Libido. Adrenokortikale Androgene sind auch während der sexuellen Entwicklung wichtig, z. B. beim Auftreten von Geschlechtshaaren während der Pubertät.

Die Überproduktion von diesen Hormonen führt zu einer primären Nebenniereninsuffizienz, die als Addison-Krankheit bezeichnet wird. Die Defekte in den Enzymen, die an der Produktion von Nebennierenrindensteroidhormonen beteiligt sind, werden ebenfalls in diesem Abschnitt besprochen.

5.2.2 Cushing-Syndrom

Die Überproduktion von Cortisol, die zum Cushing-Syndrom führt, ist eine der komplexesten hormonellen Erkrankungen. Eine Überproduktion von Cortisol führt zu charakteristischen Veränderungen im äußeren Erscheinungsbild, ist aber auch mit schweren Funktionsstörungen innerer Organe verbunden. Adipositas ist hier ein charakteristisches Merkmal, das sich um den Rumpf herum befindet, während die Gliedmaßen dünn sind. Fett wird auf dem oberen Teil des Rückens abgelagert, was zu einem „Stiernacken" führt. Das Gesicht ist rund und rötlich und wird als „Mondgesicht" bezeichnet (Abb. 5.3). Die Haut wird dünn und anfällig, und die Wundheilung dauert länger. Lila-rötliche Streifen erscheinen auf der Haut des Bauches und in den Achselhöhlen, die als Striae (Dehnungsstreifen) bezeichnet werden (Box 5.3). Eine Überproduktion von Cortisol stört die Immunfunktion und ein erhöhtes Risiko für Infektionen wird beobachtet.

> **Box 5.3: Was sind Striae (Dehnungsstreifen)?**
> Dies sind Streifen auf der Haut, die recht häufig sind und meist nicht mit dem Cushing-Syndrom in Verbindung stehen. Typische Striae beim Cushing-Syndrom sind breit und von purpurroter Farbe. Dehnungsstreifen sind häufig auf Schwangerschaft und starke Fettleibigkeit zurückzuführen, diese sind jedoch in der Regel schmal und weiß.

Muskelschwäche ist ebenfalls häufig. Bluthochdruck, Diabetes, Osteoporose, Magen- oder Zwölffingerdarmgeschwüre und Katarakte können auftreten. Geschwürbildung ist mit den Auswirkungen von Glukokortikoiden verbunden, die den Schutz der Magenschleimhaut gegen eine saure Umgebung reduzieren.

Bluthochdruck und Diabetes können schwerwiegend sein und erfordern die gleichzeitige Verabreichung mehrerer Medikamente und sogar eine Insulinbehandlung für Diabetes. Osteoporose führt zu einer erhöhten Anfälligkeit für Frakturen einschließlich Wirbelkompressionen. Hohe Cortisolspiegel hemmen die LH/FSH-Produktion durch die Hypophyse, was zu Störungen der sexuellen Funktion führt, wie seltenen oder fehlenden Menstruationszyklen bei Frauen oder Impotenz bei Männern. Bei Kindern ist Wachstumsverzögerung häufig. Psychische Veränderungen, Stimmungsschwankungen, Depressionen und Schlaflosigkeit sind ebenfalls häufig. Ein unbehandeltes Cushing-Syndrom ist eine schwere Krankheit mit zahlreichen Komplikationen.

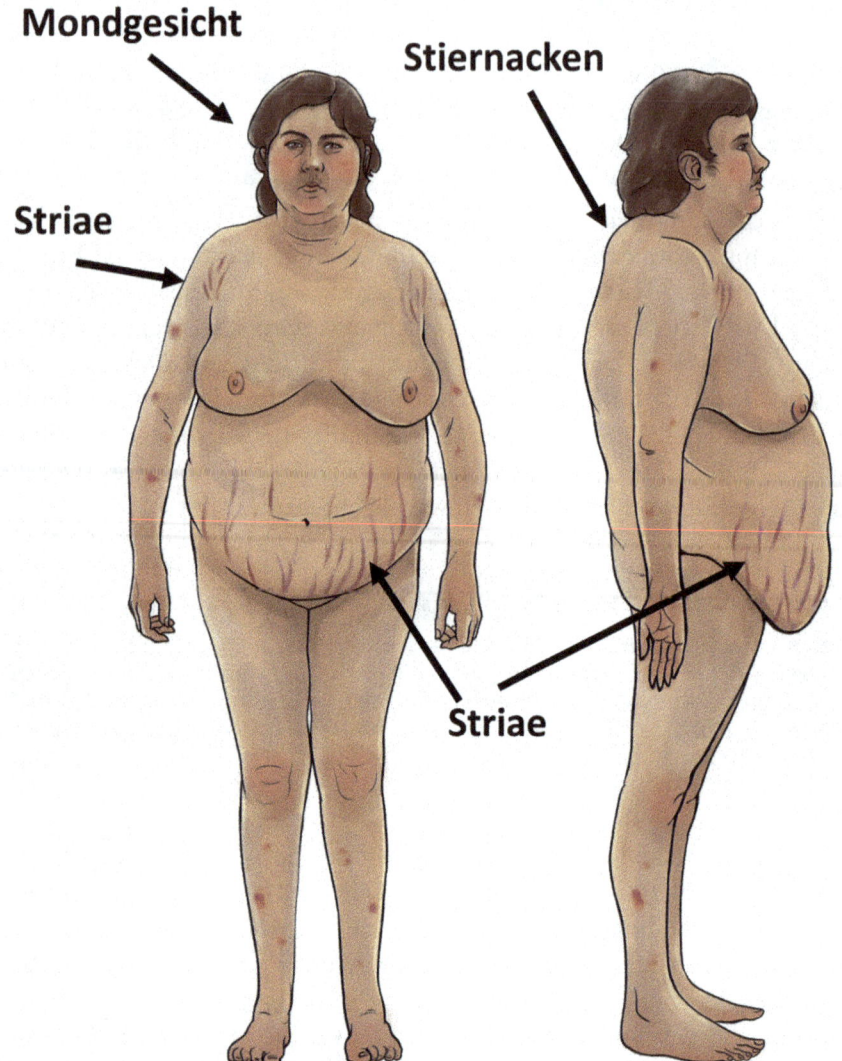

Abb. 5.3 Typisches Erscheinungsbild eines Patienten, der an Cushing-Syndrom leidet. Charakteristisch sind Veränderungen der Fettverteilung, einschließlich Stammfettsucht, dünne Extremitäten, Mondgesicht und Stiernacken auf dem Rücken. Streifen sind sowohl am Bauch als auch in den Achselhöhlen charakteristisch. Die Haut wird anfällig

Die Krankheit wurde nach dem amerikanischen Chirurgen Harvey Cushing benannt, der war der erste, der die Krankheit beschrieb und erfolgreich einen Patienten durch die Entfernung eines Hypophysenadenoms behandelte. Diese Behandlung kann als heldenhafte Tat angesehen werden, wenn man den Stand der medizinischen Entwicklung in der ersten Hälfte des zwanzigsten Jahrhunderts berücksichtigt.

Was kann die Ursache für das Cushing-Syndrom sein?
Da die Produktion von Cortisol in der Nebennierenrinde nicht unabhängig ist, sondern durch das hypothalamisch-hypophysäre System reguliert wird, kann das Cushing-Syndrom mehrere Ursachen haben.

Eine Überproduktion von ACTH ist die häufigste Ursache für das Cushing-Syndrom. In den meisten Fällen (etwa 70 % aller Fälle) wird ACTH von einem ACTH-produzierenden Adenom der Hypophyse überproduziert (meistens Mikroadenom, aber manchmal Makroadenom). Diese Krankheitsform wird als **Cushing-Krankheit** innerhalb der breiteren Kategorie, Cushing-Syndrom (Abb. 5.4A) bezeichnet.

Die Cushing-Krankheit ist bei Frauen viel häufiger als bei Männern. ACTH, kann jedoch nicht nur von der Hypophyse stammen, sondern in seltenen Fällen von anderen Tumoren, die normalerweise kein ACTH produzieren. Dies wird am häufigsten beobachtet bei Lungentumoren, aber auch an-

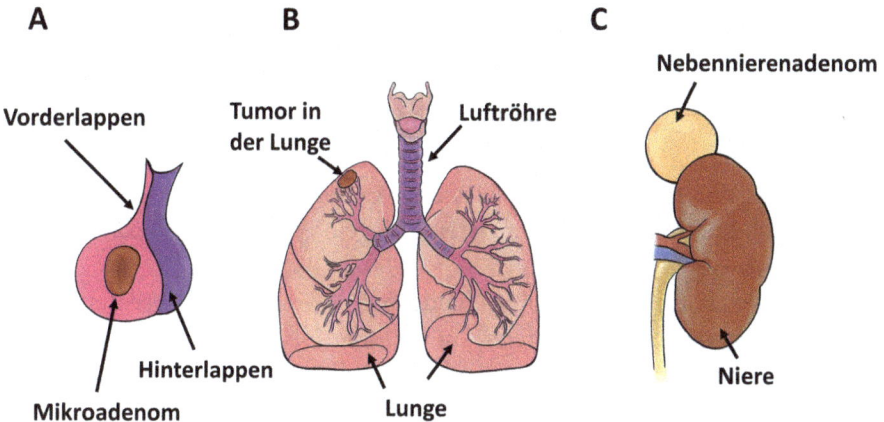

Abb. 5.4 Ursachen des Cushing-Syndroms. **(A)** Adenom der Hypophyse, **(B)** ACTH-produzierender Tumor, der von einem Organ stammt, das normalerweise kein ACTH produziert, meist in der Lunge beobachtet (ektopisches ACTH-Syndrom, das zur Gruppe der paraneoplastischen Syndrome gehört), **(C)** Tumor der Nebenniere. Während das Cushing-Syndrom, das durch ein Hypophysenadenom und ektopische ACTH-Syndrome verursacht wird, ACTH-abhängige Formen sind, ist das durch einen Nebennierentumor assoziierte Cushing-Syndrom ACTH-unabhängig

dere Tumoren können für dieses Phänomen verantwortlich sein (Abb. 5.4B). Solche Tumoren beginnen zu produzieren unkontrollierte Mengen von ACTH, was zu einem schweren Cushing-Syndrom mit Diabetes mellitus und Muskelschwäche führt. (Dieses Syndrom wird medizinisch als **ektopisches ACTH-Syndrom** bezeichnet, wobei das Wort ektopisch sich auf die externe Quelle von ACTH bezieht, die von einem anderen Tumor kommt, nicht von der Hypophyse). Das ektopische ACTH-Syndrom gehört zur Gruppe der **paraneoplastischen Syndrome** (Box 1.7).

Eine weitere wichtige Ursache für das Cushing-Syndrom ist die autonome Produktion von Cortisol durch die Nebennierenrinde (15–20 % der Fälle) (Abb. 5.4C). Diese Form des Cushing-Syndroms hängt nicht von ACTH ab, und die ACTH-Spiegel sind aufgrund der hohen Cortisolspiegel niedrig. Die meisten Tumoren der Nebennierenrinde sind gutartige Adenome, aber selten kann maligner Nebennierenrindenkrebs auftreten. Nebennierenrindenkrebs kann eine sehr schwere Form des Cushing-Syndroms verursachen.

Ist das Cushing-Syndrom eine häufige Krankheit?
Nein, es ist eine seltene Krankheit. Die Cushing-Krankheit, die durch ein ACTH-sekretierendes Hypophysenadenom verursacht wird, und die häufigste Form des Cushing-Syndroms ist, tritt bei 2–7 neuen Fällen pro Million Menschen pro Jahr auf. Jedoch ist die exogene Form des Cushing-Syndroms, die durch Steroidhormonverabreichung verursacht wird, viel häufiger (siehe später).

Wie wird die Diagnose des Cushing-Syndroms festgestellt?
Die Diagnose einer endokrinen Erkrankung beginnt immer mit der Erkennung einer übermäßigen Hormonproduktion. Wenn es einen Verdacht auf Cushing-Syndrom gibt, sollten Screening-Tests durchgeführt werden. Es gibt drei wichtige Screening-Tests: 1. Messung von **Urincortisol**, 2. Untersuchung des **täglichen Rhythmus von Cortisol**spiegeln, und 3. ein **Dexamethason Hemmtest**.

Bei jeder Form des Cushing-Syndroms (sowohl ACTH-sekretierendes Hypophysenadenom oder anderer Tumor, oder Nebennierentumor), können diese Screening-Tests verwendet werden, um die Diagnose zu stellen.

Urin-Cortisol wird aus Urinproben gemessen, die über 24 h gesammelt wurden (Kap. 1, Box 1.11). Die Urincortisolspiegel sind bei Patienten mit Cushing-Syndrom in der Regel erhöht.

Cortisol folgt normalerweise einem täglichen Rhythmus: Sein niedrigster Wert wird um Mitternacht gemessen, dann steigen seine Werte kurz vor dem Stress des Erwachens stark an (Abb. 5.5). Bei Cushing-Syndrom, jedoch verschwindet der normale tägliche Rhythmus, und die Cortisolspiegel um

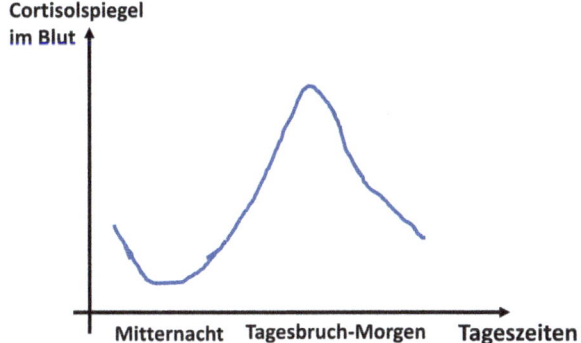

Abb. 5.5 Der tägliche Rhythmus der Cortisolproduktion. Die Cortisolblutspiegel sind um Mitternacht am niedrigsten und vor dem Aufwachen am höchsten. (Der tägliche Rhythmus des Speichecortisols ist ähnlich)

Mitternacht sind erhöht. Cortisol kann im Blut gemessen werden, aber für die Blutentnahme um Mitternacht sollte der Patient in einem Krankenhaus sein, oder es kann aus Speichel bestimmt werden, der zu Hause entnommen werden kann.

Während des Dexamethason-Tests mit niedriger Dosis wird ein synthetisches (künstliches) Glukokortikoid, 1 mg Dexamethason, um 23:00 Uhr verabreicht, das normalerweise die Sekretion von ACTH und Cortisol aufgrund der negativen Rückkopplungsregulation des Hypophysen-Nebennieren-Systems unterdrückt. Wenn der Cortisolspiegel am Morgen nach Dexamethasonverabreichung einen bestimmten Schwellenwert überschreitet, ist dies auch ein Zeichen für das Cushing-Syndrom.

Gibt es eine Gefahr bei dem niedrig dosierten Dexamethason-Hemmtest?
In dieser Dosierung, die der täglichen Produktion von Glukokortikoiden durch die Nebennierenrinde entspricht, birgt der Test keine Gefahr.

Sind Blutcortisol am Morgen oder Tageszeit-Speichelcortisolspiegel nützlich für die Diagnose des Cushing-Syndroms?
Nein, das Cortisol am Morgen ist sehr variabel, außerdem kann die Stresssituation im Zusammenhang mit der Blutabnahme auch den Cortisolspiegel erheblich erhöhen. Das erhöhte Cortisol am Morgen kann daher nicht als Anzeichen für das Cushing-Syndrom interpretiert werden, da auch gesunde Menschen erhöhte Cortisolspiegel aufweisen können. Darüber hinaus sind Morgenblut- oder Speichelcortisolspiegel bei Patienten mit Cushing-Syndrom oft nicht erhöht. In ähnlicher Weise ist die Analyse von Tageszeit-Speichelcortisolspiegeln nicht geeignet für die Diagnose des Cushing-Syndroms, und daher ist diese Art von Analyse überflüssig.

Deuten erhöhte Blutcortisolspiegel auf das Cushing-Syndrom bei Frauen hin, die Verhütungspillen einnehmen?
Nein, Blutspiegel von Steroidhormonen können bei Frauen, die Verhütungspillen einnehmen, nicht interpretiert werden, da die Östrogenkomponente der Verhütungsmittel die Produktion von Hormonbindungsproteinen erhöht. In der Regel kann bei Frauen, die Verhütungspillen einnehmen, keine detaillierte endokrinologische Untersuchung durchgeführt werden. Die Verabreichung von Verhütungspillen sollte für 3 Monate unterbrochen werden, um zuverlässige Steroidhormonmessungen durchführen zu können.

Wofür ist die ACTH-Messung gut?
Durch die Messung von ACTH können ACTH-abhängige und -unabhängige Ursachen unterschieden werden. Ein niedriges ACTH zeigt ein durch einen Nebennierentumor verursachtes Cushing-Syndrom an, da die autonom produzierten großen Mengen an Cortisol ACTH über eine negative Rückkopplung unterdrücken. Wenn ACTH im normalen Bereich oder erhöht ist, kann eine ACTH-abhängige Form in Zusammenhang mit einem Hypophysenadenom oder einem ektopischen Tumor vermutet werden. Bei ektopischen Formen ist ACTH in der Regel stark erhöht.

Wie finden wir den für das Cushing-Syndrom verantwortlichen Tumor?
Die einfachste klinische Situation ist mit niedrigem ACTH verbunden, da sie die Möglichkeit eines Nebennierentumors nahelegt. In den meisten Fällen kann ein Nebennierentumor leicht durch CT (Computertomografie) oder MRT (Magnetresonanztomografie) gefunden werden (Abb. 5.6).

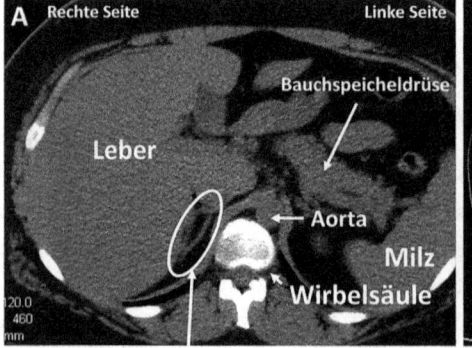
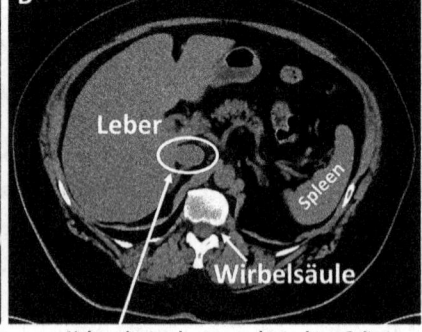

Abb. 5.6 Querschnitts-CT-Ansicht einer normalen rechten Nebenniere (**A**) und eines rechten Nebennierenadenoms (**B**). Die normale Nebenniere ist dünn, wie auf Panel A gezeigt

Die Lokalisierung von ACTH-abhängigen Tumoren ist viel schwieriger, da diese sowohl in der Hypophyse (am häufigsten) als auch in anderen Organen vorkommen können. Diese Frage kann schwierig zu beantworten sein. Hormonuntersuchungen können hilfreich sein, da ACTH-produzierende Tumoren der Hypophyse auf die Hormone des Hypothalamus-Hypophysen-Nebennierenrinden-Systems reagieren (zum Beispiel auf Stimulation durch CRH oder Hemmung durch hohe Dosen von Dexamethason), während Tumoren aus Organen, die normalerweise kein ACTH ausscheiden, dies nicht tun. Für die Untersuchung der Hypophyse ist ein MRT erforderlich, aber das Auffinden von ektopischen Tumoren in anderen Organen ist schwierig und erfordert mehrere Bildgebungstechniken. Da ACTH-sezernierende Tumoren meist neuroendokrinen Ursprungs sind (Kap. 9), kann die Bildgebung zur Erkennung von Somatostatinrezeptoren, die für diese Tumoren charakteristisch sind, hilfreich sein. Für die Unterscheidung von hypophysären oder ektopischen Quellen von ACTH ist eine spezielle invasive Untersuchung am besten, bei der Blut direkt aus den Venen entnommen wird, die das Blut von der Hypophyse abführen (Katheterisierung des Sinus petrosus inferior).

Kann die Überproduktion von Cortisol so gering sein, dass sie nicht zum Cushing-Syndrom führt?

Ja, und es ist besonders häufig bei Nebennierentumoren, die kleinen Mengen an Cortisol produzieren. Diese Entität wurde früher als „subklinisches Cushing-Syndrom" bezeichnet, aber heute wird der Begriff „autonome Cortisolüberproduktion" bevorzugt. ACTH ist oft vermindert, und das Morgencortisol wird nach einem niedrig dosierten Dexamethason-Hemmtest nicht unterdrückt. Typische Anzeichen für das Cushing-Syndrom können fehlen; jedoch kann die autonome Cortisolüberproduktion mit hohem Blutdruck, Diabetes und Osteoporose in Verbindung gebracht werden. Es ist noch nicht entschieden, ob solche Nebennierentumoren, die geringen Mengen an Cortisol produzieren, operativ entfernt werden sollten oder nicht.

Was sind die schwersten Formen des Cushing-Syndroms?

Die schwersten Formen des Cushing-Syndroms werden in der Regel nicht durch Hypophysenadenome verursacht, sondern eher durch Nebennierenrindenkrebs oder das ektopische ACTH-Syndrom, das mit Tumoren anderer Organe in Verbindung steht. Diese können zu schnell fortschreitenden, schweren Krankheitszuständen führen, bei denen die typischen äußeren Anzeichen des Cushing-Syndroms wie Fettleibigkeit, Mondgesicht oder Stiernacken fehlen, da nicht genügend Zeit für ihr Auftreten bleibt. Andererseits können schwerer Diabetes und erhöhter Blutdruck, Muskelschwäche und niedrige Blutkaliumspiegel auftreten.

Wie sollte das Cushing-Syndrom behandelt werden?
Eine endgültige Heilung kann nur durch die Entfernung des Tumors erreicht werden, der ACTH oder Cortisol produziert. Hypophysenadenome werden am häufigsten über die Nase entfernt (Abb. 2.6), während Nebennierentumoren meist laparoskopisch operiert werden (Box 5.4). Die chirurgischen Techniken zur Operation von ACTH-produzierenden Tumoren außerhalb der Hypophyse hängen von ihrer Lage ab. Tumoren in der Lunge erfordern eine Thoraxchirurgie.

> **Box 5.4: Laparoskopie/laparoskopische Operation**
> Eine moderne chirurgische Technik, bei der die Operation nicht durch das Öffnen des Bauches mit einem langen Schnitt, sondern mit Videohilfe unter Verwendung von Instrumenten, die über kleine Einschnittlöcher (sogenannte Ports) eingeführt werden, durchgeführt wird. Laparoskopische Operationen dauern länger, aber das Verfahren wird viel besser vertragen und die Patienten können das Krankenhaus früher verlassen, als sie es nach einer konventionellen Operation könnten.

Das Cushing-Syndrom wird in der Regel endgültig geheilt durch die Entfernung eines gutartigen cortisolproduzierenden Nebennierentumors. Leider ist es häufiger zu sehen, dass ein ACTH-produzierendes

Leider ist es relativ häufig zu sehen, dass sich nach der Operation ein ACTH-produzierendes Hypophysenadenom erneut entwickelt, was eine langfristige Behandlung, oft über Jahre, erfordert. In solchen Fällen können Medikamente zur Hemmung der Cortisolproduktion durch die Nebennieren (wie Ketoconazol, Metyrapon und Osilodrostat) oder Somatostatin-Analoga, die die Hypophysen-ACTH-Freisetzung hemmen, verwendet werden. Eine Bestrahlung der Hypophyse kann auch durchgeführt werden.

Als letzte Lösung, wenn alle diese Behandlungen erfolglos sind, kann die chirurgische Entfernung beider Nebennieren durchgeführt werden, da in solchen Fällen ACTH keine Wirkung haben kann und ohne die Nebennieren die Cortisolproduktion aufhört. Patienten, bei denen beide Nebennieren entfernt wurden, benötigen eine lebenslange Hormonersatztherapie, aber das Cushing-Syndrom wird geheilt. Andererseits bleibt der ACTH-produzierende Hypophysentumor im Inneren, und in einigen seltenen Fällen beginnt er aufgrund des Fehlens großer Mengen an Cortisol und negativer Rückkopplung aggressiv zu wachsen und produziert noch größere Mengen an ACTH. Hohe ACTH-Konzentrationen führen zu Hautpigmentierung (siehe Addison-Krankheit später, in Abschn. 5.2.5).

Dieses seltene Phänomen wird als **Nelson-Syndrom** bezeichnet und ist eine Folge der medizinischen Behandlung. Die Entfernung beider Nebennieren kann auch zur Behandlung des ektopischen ACTH-Syndroms verwendet werden, aber in solchen Fällen besteht keine Gefahr des Nelson-Syndroms, da der ektopische ACTH-produzierende Tumor unabhängig vom hypothalamisch-hypophysären System ist und somit nicht durch dessen negative Rückkopplung reguliert wird.

Was kann nach der erfolgreichen chirurgischen Behandlung des Cushing-Syndroms erwartet werden?
Nach einer erfolgreichen Operation hört die Überproduktion von Cortisol auf, und der Patient wird eine vorübergehende Nebenniereninsuffizienz (Cortisolmangel) haben, die sich durch starke Schwäche, Übelkeit und Schwindel auszeichnet. Die Länge dieser vorübergehenden Periode ist sehr variabel, und der Patient benötigt in der Zwischenzeit eine Cortisolsubstitution (Hydrocortison). Wenn das Cushing-Syndrom durch einen Nebennierenrindentumor auf einer Seite verursacht wird, beginnt die gesunde Nebenniere auf der anderen Seite zu verschwenden (medizinischer Begriff: Atrophie). Die Nebennierenrinde benötigt ACTH für ihre Funktion, aber da ACTH durch die hohen Cortisolspiegel aufgrund des Cortisol-produzierenden Tumors auf der anderen Seite unterdrückt wird, ist die gesunde Nebenniere nicht voll funktionsfähig. Daher benötigen Patienten mit Cushing-Syndrom, die mit Nebennierentumoren in Zusammenhang stehen, eine Hydrocortison-Verabreichung für mehrere Wochen oder Monate während der Erholung der gesunden Nebennierendrüse, und diese kann nur allmählich auf der Grundlage des klinischen Bildes reduziert werden.

Die meisten Folgen des Cushing-Syndroms verschwinden nach einer erfolgreichen Operation. Die normale Fettverteilung wird wiederhergestellt, der Bluthochdruck verbessert sich oder heilt, ebenso wie Diabetes und Osteoporose. Langanhaltender Bluthochdruck ist jedoch nicht sicher vollständig geheilt, aufgrund von Veränderungen in den Gefäßen, aber die Dosis der Medikamente kann reduziert werden. Einige mit dem Cushing-Syndrom verbundene Veränderungen, wie psychiatrische und geistige Veränderungen können noch mehrere Jahre nach der Operation festgestellt werden.

5.2.3 Medikamenteninduziertes Cushing-Syndrom

Das Cushing-Syndrom kann sich aufgrund einer medizinischen Behandlung entwickeln, und manchmal ist es ziemlich schwer. Synthetische Glukokortikoide (z. B. Prednisolon, Methylprednisolon, Triamcinolon, Dexamethason) die stärker als Cortisol sind, werden zur Hemmung von immunologischen Prozessen bei mehreren Krankheiten verwendet. Die Verabreichung dieser Substanzen über lange Zeiträume in hohen Dosierungen kann zu einem Cushing-Syndrom führen (Box 5.5). Schwere Osteoporose, Diabetes und hoher Blutdruck können auftreten, und auch die Ausdünnung und Verletzlichkeit der Haut ist üblich.

> **Box 5.5: Ratschläge zur Medikamenteneinnahme**
>
> Zusammen mit der Einnahme von Glukokortikoiden werden auch Medikamente zur Schutz der Magenschleimhaut vorgeschlagen (meist Protonenpumpenhemmer, z. B. Pantoprazol), und es wird auch empfohlen, Kalium einzunehmen. Letzteres ist notwendig, da hohe Dosen von Glukokortikoiden den Blutkaliumspiegel senken und somit zu Muskelkrämpfen führen können. Es ist wichtig, angemessene Mengen an Vitamin D zur Knochenprotektion zu verabreichen.

Kann die Glukokortikoid-Behandlung plötzlich abgebrochen werden?
Glukokortikoid-Behandlungen von länger als 3 Wochen unterdrücken die Hypophysen- ACTH und damit die Nebennieren-Cortisol-Produktion, daher kann ein abruptes Absetzen der Glukokortikoid-Verabreichung zu einem Hormonmangel führen. Aufgrund dessen müssen Glukokortikoid-Behandlungen, die länger als 3 Wochen dauern, allmählich reduziert (ausgeschlichen) werden, mit immer niedrigeren täglichen Glukokortikoid-Dosen, um die Reaktivierung des hypothalamisch-hypophysären-Nebennieren- Systems zu gewährleisten.

5.2.4 Primäre Aldosteron-Überproduktion (Hyperaldosteronismus)

Dies ist eine Krankheit, die viel häufiger ist als das Cushing-Syndrom, da sie für 5–10 % aller Fälle von hohem Blutdruck verantwortlich ist. Die Überproduktion von Aldosteron führt zu **hohem Blutdruck (Hypertonie)** (Box 5.6) der kann begleitet sein von einem **niedrigen Kaliumspiegel** im Blut. Der Blutdruck ist schwer zu kontrollieren, mehrere Medikamente sind in Kombination erforderlich, und die durch Hypertonie verursachten Schäden an den Organen (Herz, Niere, Gefäße) sind schwerwiegender als durch den hohen Blutdruck allein erklärt werden könnte.

> **Box 5.6**
> Der Blutdruck wird durch zwei Werte dargestellt. Der erste ist der sogenannte systolische Wert, der den Blutdruck entsprechend der Kontraktion der linken Herzkammer zeigt, während der zweite, diastolische Wert den Blutdruck bei seiner Entspannung zeigt und auch ein Indikator für den Gefäßwiderstand ist. Nach den aktuellen Europäischen Richtlinien liegt der normale Blutdruck unter 130/85 mmHg (Millimeter Quecksilber). Ein hoher normaler Blutdruck wird als zwischen 130–139 mmHg systolisch und 85–89 mmHg definiert, während ein hoher Blutdruck (Hypertonie) über 140/90 diagnostiziert wird. Im Gegensatz dazu definiert die Richtlinie der Amerikanischen Gesellschaft für Kardiologie (American Heart Association) Hypertonie bereits über 130/80 mmHg. Schwere Hypertonie wird als hoher Blutdruck über 180 mmHg systolische oder 120 mmHg diastolische Werte definiert.

Etwa 85–90 % aller Fälle von Hypertonie gehören zur Kategorie des primären hohen Blutdrucks, der keine spezifische Ursache hat, deren Behandlung zum Verschwinden der Krankheit führen würde. Primäre Hypertonie kann nur behandelt, nicht geheilt werden. In 10–15 % der Fälle wird jedoch eine sekundäre Hypertonie gefunden, die durch eine andere Krankheit verursacht wird (z. B. primärer Hyperaldosteronismus, Cushing-Syndrom) oder Phäochromozytom (Abschn. 5.3) wo Hypertonie durch erfolgreiche Behandlung der zugrunde liegenden Krankheit geheilt werden kann. Primärer Hyperaldosteronismus ist die häufigste Ursache für sekundäre Hypertonie.

Unbehandelte Hypertonie führt zu langfristigen Schäden in mehreren Organen einschließlich der Gefäße, des Herzens, der Niere und des Gehirns, und sie stellt einen großen Risikofaktor für Herz-Kreislauf-Erkrankungen dar.

Was ist die Ursache für primären Hyperaldosteronismus?
Die Krankheit wird durch das gutartige Adenom einer Nebennierenrinde verursacht, oder häufiger durch die Verdickung (Hyperplasie) beider Nebennierenrinden (Box 5.7). Einseitiges Adenom ist in der Regel verantwortlich für die schwereren Fälle, die mit niedrigen Blutkaliumspiegeln verbunden sind. Kaliummangel kann so schwer sein, dass der Patient täglich 20 g extra Kalium benötigen kann. (Kaliumkapseln oder -tabletten enthalten in der Regel 600 mg-1 g Kalium pro Kapsel oder Tablette). Primärer Hyperaldosteronismus, der durch ein einseitiges Adenom verursacht wird, wird als **Conn-Syndrom** bezeichnet, nach Jerome Conn, der es zuerst beschrieben hat. Nebennierenrindenkrebs produziert sehr selten Aldosteron, und es gibt auch vererbte Formen der Krankheit.

> **Box 5.7**
> Hyperplasie bedeutet eine erhöhte Anzahl von Zellen in einem Gewebe das noch keinem Tumor entspricht. In einigen Fällen kann es jedoch einer Tumorbildung vorausgehen und zu einem solchen werden (zum Beispiel im Dickdarm).

Warum ist es wichtig, primären Hyperaldosteronismus zu erkennen?
Es ist wichtig zu erkennen, weil es eine heilbare Form von Bluthochdruck darstellt, während primärer Bluthochdruck selbst nur behandelt und nicht geheilt werden kann.

Wann sollte eine Untersuchung auf primären Hyperaldosteronismus stattfinden?
In allen Fällen, wenn die Chance auf die Krankheit hoch ist. Daher in allen Fällen von Bluthochdruck bei jungen Menschen (unter 40 Jahren), bei Fällen mit niedrigen Kaliumspiegeln und bei Formen von Bluthochdruck wo selbst mit der Kombination von mehreren Medikamenten ein normaler Blutdruck schwer zu erreichen ist.

Wie kann die Diagnose von primärem Hyperaldosteronismus gestellt werden?
Das Screening auf primären Hyperaldosteronismus erfolgt durch Messung des Verhältnisses von Aldosteron und dem Renin-Protein, das Aldosteron im Blut reguliert, aber in der Regel sind weitere Bestätigungstests erforderlich.

Am häufigsten wird der Salzbelastungstest verwendet, bei dem die Verabreichung von Natriumchlorid normalerweise zur Unterdrückung der Aldosteronproduktion führt, aber im Falle einer autonomen Aldosteronproduktion durch die Nebenniere geschieht dies nicht. Es ist wichtig, daß mehrere zur Behandlung von hohem Blutdruck verwendete Medikamente diese Hormonmessungen stören, und daher ihre Unterbrechung für bestimmte Zeiträume und die Modifikation der Medikamentenbehandlung für die korrekte Interpretation der Hormon Ergebnisse notwendig ist.

Wie wird primärer Hyperaldosteronismus behandelt?
Die Behandlung hängt von der Ursache der Krankheit ab. Primärer Hyperaldosteronismus verursacht durch ein einseitiges Adenom sollte durch die chirurgische (laparoskopische) Entfernung des Tumors behandelt werden, während in Fällen, die beide Seiten betreffen, eine medikamentöse Behandlung gerechtfertigt ist. Die verwendeten Medikamente hemmen die Wirkung von

Aldosteron (Aldosteron-Antagonisten). **Spironolacton** wird am häufigsten eingesetzt und ist sehr effizient, bindet aber nicht nur den Aldosteron-Rezeptor, sondern auch den Rezeptor für das Hauptandrogen, Testosteron. Aufgrund dessen kann eine langfristige Verabreichung von Spironolacton zur Vergrößerung der Brüste (Gynäkomastie) und Impotenz bei Männern führen. Es gibt ein anderes Medikament, das nicht so effizient in der Hemmung der Aldosteron-Aktion ist, aber keine Gegen-Testosteron-Aktivität aufweist (**Eplerenon**). Es ist vorteilhaft, die Salz (Natriumchlorid) Aufnahme zu reduzieren.

Wie können das einseitige Adenom und die bilaterale (beidseitige) Hyperplasie voneinander unterschieden werden?

Dies ist keine leichte Aufgabe, aber sehr wichtig, da die Behandlung dieser Formen völlig unterschiedlich ist. Bildgebung durch CT oder MRT kann helfen, aber die zuverlässigste Methode zur Unterscheidung dieser Krankheitsentitäten wird als direkte Blutentnahme aus den Venen, die von den Nebennieren kommen, angesehen. Aldosteronkonzentrationen, die aus dem Blut bestimmt werden, das aus den Nebennierenvenen entnommen wurde, können sehr hilfreich sein, um einseitige und bilaterale Formen zu unterscheiden. Nicht nur Aldosteron, sondern auch Cortisol wird bestimmt, da letzteres helfen kann zu bestätigen, dass die Nebennierenvene erfolgreich gefunden wurde. Aldosteron-zu-Cortisol-Verhältnisse werden zur Lokalisierung der Krankheit verwendet. Leider ist diese Methode invasiv und erfordert die Punktion einer großen Vene und die Einführung eines Schlauches (Katheters), was spezielle Fachkenntnisse erfordert, die nur in spezialisierten Zentren verfügbar sind.

Wie wird die selektive Blutentnahme aus Nebennierenvenen durchgeführt?

Nach einer lokalen Anästhesie wird die große Vene des Oberschenkels punktiert und ein steriler Schlauch (Katheter) eingeführt, der auf die Höhe der Nebennierenvenen verschoben wird. Durch Injektion von Kontrastmittel können die Gefäße unter Röntgenstrahlen visualisiert und Blut kann direkt aus den Nebennierenvenen entnommen werden. Der Patient sollte einige Stunden nach dem Eingriff liegen.

Was ist sekundärer Hyperaldosteronismus?

Sekundärer Hyperaldosteronismus tritt auf, wenn eine erhöhte Reninfreisetzung für die Überproduktion von Aldosteron verantwortlich ist und somit nicht aufgrund der autonomen Aldosteronsekretion der Nebennieren. Renin wird von der Niere produziert und jede Umstand, der zu einer verminderten Durchblutung der Niere führt, induziert die Reninproduktion. Zum Beispiel führt die Verengung (Stenose) der Nierenarterien über die Erhöhung von Renin und die daraus resultierende Überproduktion von Aldosteron zu einem stark erhöhten Blutdruck. Es ist interessant zu bemerken, dass eine geringe Salzaufnahme (Natriumchlorid) auch hohe Aldosteron- und Reninspiegel induziert, aber ohne hohen Blutdruck (Box 5.8).

> **Box 5.8: Ein interessanter Punkt: Aldosteronspiegel und Salzaufnahme bei südamerikanischen Indianern**
>
> Bei den Yanomami-Indianern, die in den tropischen Dschungeln Südamerikas in Brasilien und Venezuela leben, wurden viel höhere Renin- und Aldosteronspiegel gemessen als bei modernen „zivilisierten" Menschen. Die sehr geringe Salz- (Natrium-) Aufnahme der einheimischen Indianer kann für dieses Phänomen verantwortlich sein. Die durchschnittliche amerikanische Natriumaufnahme ist mehr als hundertfach höher als die Menge, die von den Yanomami aufgenommen wird, während die Einheimischen durch den erheblichen Verzehr von Früchten viel mehr Kalium aufnehmen. Es ist wahrscheinlich, daß während des Verlaufs der menschlichen Geschichte die Natriumaufnahme gering war und die Aldosteron/Renin-Spiegel denen der Yanomami-Menschen ähnlich waren. In jüngster Zeit hat die Salzaufnahme stark zugenommen und dadurch wurden die Aldosteron- und Reninspiegel reduziert. Trotz hoher Aldosteron- und Reninspiegel sind Bluthochdruck und Herz- und Gefäßerkrankungen bei den Yanomami fast unbekannt. Andererseits, wenn Yanomamis in städtische Umgebungen ziehen und eine hohe Salzaufnahme haben, treten diese Krankheiten auch bei ihnen auf.
>
> Die Salzaufnahme ist einer der Haupt-Risikofaktoren für Bluthochdruck und die Reduzierung der Salzaufnahme ist wichtig bei der Behandlung von Bluthochdruck. Die tägliche Salzaufnahme liegt in der entwickelten Welt bei etwa 3–4 g, während viel weniger vorgeschlagen wird. Die amerikanischen Ernährungsrichtlinien empfehlen eine tägliche Salzaufnahme von weniger als 2,3 g, während die American Heart Association weniger als 1,5 g pro Tag empfiehlt.

5.2.5 Primäre Nebenniereninsuffizienz (Addison-Krankheit)

Die Zerstörung der Nebennierenrinde führt zum Mangel an allen Nebennierenrindenhormonen, aber unter diesen führt nur der Mangel an Cortisol und Aldosteron zu großen Symptomen. Primäre Nebenniereninsuffizienz bedeutet, dass die Krankheit der Nebenniere selbst für die Krankheit verantwortlich ist. Primäre Nebenniereninsuffizienz wird auch als Addison-Krankheit bezeichnet. Bei der Addison-Krankheit ist die ACTH-Produktion deutlich erhöht, da die Hypophyse den Mangel an Cortisol und damit das fehlende negative Feedback spürt. Wenn die Produktion von ACTH aufgrund der

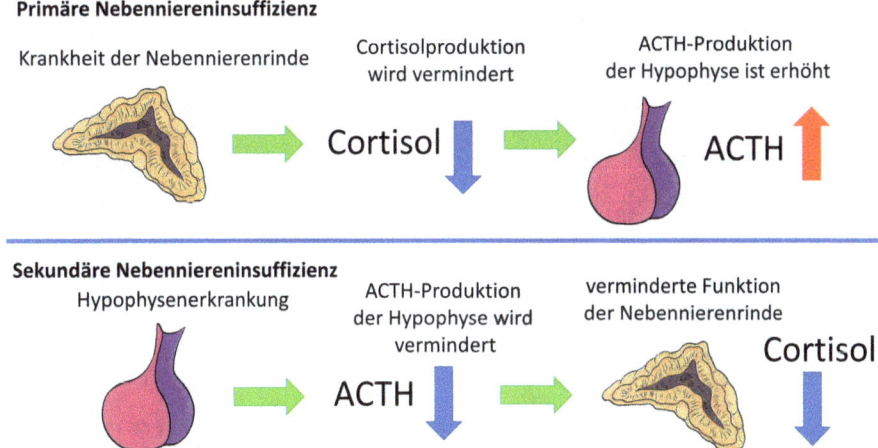

Abb. 5.7 Unterschiede zwischen primärer und sekundärer Nebenniereninsuffizienz. Bei primärer Nebenniereninsuffizienz führt eine Nebennierenerkrankung zum Fehlen von Cortisol, was die negative Rückkopplung auf die ACTH-Produktion der Hypophyse stört und zu einer erhöhten ACTH- und damit Hyperpigmentierung führt. Bei sekundärer Nebenniereninsuffizienz wird ein ACTH-Mangel aufgrund einer Hypophysenerkrankung beobachtet

Krankheit der Hypophyse (Abschn. 2.5) reduziert oder abwesend ist und dies zu niedrigen Cortisolspiegeln führt, wird eine sekundäre Nebenniereninsuffizienz beobachtet (Abb. 5.7). Bei sekundärer Nebenniereninsuffizienz wird kein Aldosteronmangel beobachtet, da ACTH nicht entscheidend für die Regulation von Aldosteron ist. Die Addison-Krankheit ist nicht häufig. Einer der bekanntesten Patienten, die an der Addison-Krankheit litten, war der verstorbene US-Präsident John F. Kennedy.

Was sind die Symptome der Addison-Krankheit?
Die Addison-Krankheit ist gekennzeichnet durch starke Schwäche, Übelkeit, Schwindel und niedrigen Blutdruck. Niedriger Blutdruck ist besonders typisch, wenn der Patient plötzlich aufsteht. Salzverlangen kann auftreten. Aufgrund der hohen ACTH-Spiegel, die für die Addison-Krankheit charakteristisch sind, kann die Haut aufgrund von Hyperpigmentierung braun sein, da ACTH die Hautpigmentzellen (Melanozyten) beim Menschen stimuliert. Die Pigmentierung kann hauptsächlich in Bereichen gesehen werden, die chronischem Druck oder Reibung ausgesetzt sind, auf den Handflächen und auch auf Schleimhäuten wie Zahnfleisch und Lippen (Abb. 5.8).

Die Kaliumspiegel im Blut sind normalerweise hoch, während Natrium niedrig ist.

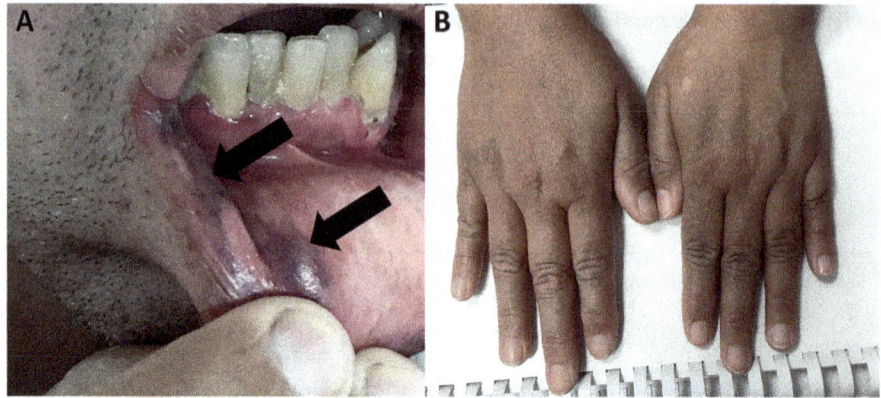

Abb. 5.8 Typische Schleimhaut- und Hautverfärbungen bei Addison-Krankheit. Das linke Panel (**A**) zeigt eine typische bräunliche Pigmentierung auf der Innenseite der Lippe und des Mundes, während auf dem rechten Panel (**B**) die bräunliche Pigmentierung der Hände zu sehen ist

Was sind die Anzeichen einer akuten Nebenniereninsuffizienz (Nebennierenkrise)?

Akute Nebenniereninsuffizienz (auch als Nebennierenkrise bezeichnet) kann aufgrund unzureichender Hormonspiegel auftreten. Neben den oben genannten Symptomen ist sie durch starke Dehydratation (Austrocknung), niedrigen Blutdruck, Bauchschmerzen und Fieber gekennzeichnet. Eine Nebennierenkrise kann sich als erstes Anzeichen von Addison-Krankheit manifestieren (zum Beispiel aufgrund der seltenen Blutung der Nebennieren). Es ist jedoch häufiger, eine Nebennierenkrise bei Patienten mit chronischer Addison-Krankheit aufgrund von Infektionen oder Unfällen (oder anderen akuten Situationen) zu beobachten. (Der Unterschied zwischen akut und chronisch wird in Kap. 4, Box 4.4 erklärt).

Was sind die Ursachen von Addison-Krankheit?

In jüngster Zeit ist die häufigste Ursache von Addison-Krankheit die langsam fortschreitende, autoimmunbedingte Entzündung der Nebennierenrinde, die zu deren Zerstörung führt. Vor dem 2. Weltkrieg war die häufigste Ursache Tuberkulose, die heute selten ist. Die seltene Blutung der Nebenniere und die Ablagerung einiger Stoffwechselprodukte können ebenfalls zu Morbus Addison führen.

Kann Addison-Krankheit mit anderen Krankheiten assoziiert sein?

Der Autoimmunprozess, der zur Addison-Krankheit führt, ist oft mit anderen Autoimmunphänomenen in anderen Organen verbunden, einschließ-

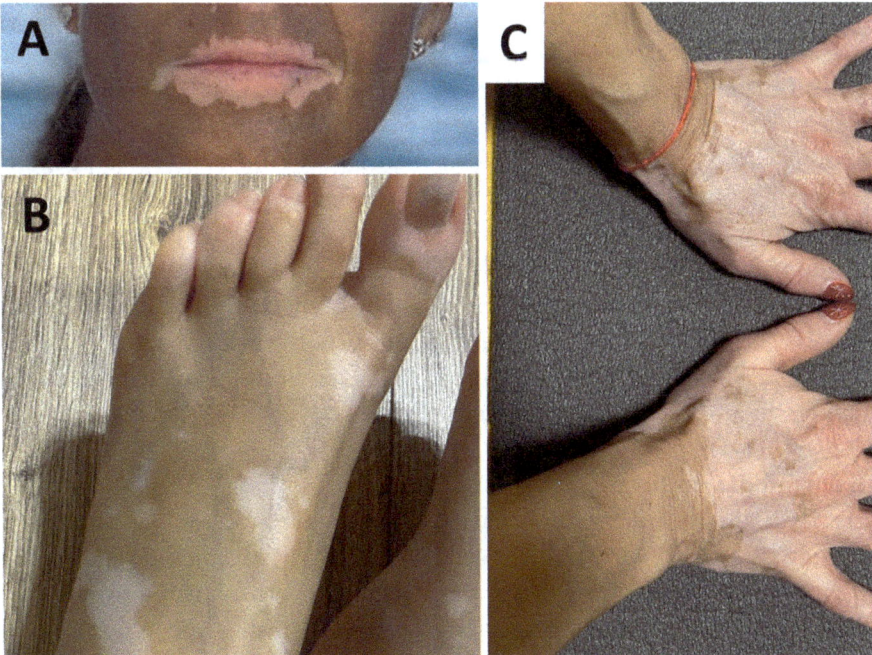

Abb. 5.9 Addison-Krankheit ist oft mit Pigmentverlust, Vitiligo, assoziiert. **(A)** Vitiligo um den Mund und unter der Nase auf hyperpigmentierter Haut, **(B)** Vitiligo-Flecken am Fuß, **(C)** großflächige Vitiligo an der Hand

lich hormonproduzierenden. Unter diesen ist die autoimmune Schilddrüsenentzündung und die daraus resultierende Unterfunktion der Schilddrüse (Hypothyreose) am häufigsten (Hashimoto-Thyreoiditis) (Abschn. 3.3), aber die autoimmune Überfunktion der Schilddrüse (Basedow-Krankheit) (Abschn. 3.2) kann auch auftreten. Typ-1-Diabetes (Insulinmangel) könnte auch zusammen mit mehreren anderen Krankheiten auftreten. Die fleckige Aufhellung der Haut aufgrund von autoimmunem Pigmentverlust, Vitiligo, ist häufig (Abb. 5.9).

Wie wird die Diagnose für die Addison-Krankheit festgestellt?
Die Diagnose basiert auf niedrigen Cortisol- und hohen ACTH-Werten im Blut. Darüber hinaus ist Renin hoch und Aldosteron niedrig. Es ist auch möglich, die Funktion der Nebennierenrinde durch die intravenöse Injektion von synthetischem ACTH anzuregen, und im Falle der Addison-Krankheit bleibt die Erhöhung des Cortisolspiegels unter einem definierten Schwellenwert.

Was ist der Hauptunterschied zwischen primärer und sekundärer Nebenniereninsuffizienz?
Die primäre Nebenniereninsuffizienz entsteht durch die Erkrankung der Nebenniere, während die sekundäre durch eine Hypophysenerkrankung verursacht wird. Cortisol ist bei beiden niedrig, aber im Falle einer primären Nebenniereninsuffizienz ist der ACTH-Spiegel hoch, während bei sekundärer ACTH niedrig ist (Abb. 5.7). Bei der primären Nebenniereninsuffizienz (Addison-Krankheit) fehlen sowohl Cortisol als auch Aldosteron, aber bei der sekundären Nebenniereninsuffizienz (ACTH-Mangel) ist Aldosteron vorhanden, da ACTH nicht für seine Produktion benötigt wird. Aufgrund der erhaltenen Aldosteronproduktion sind hohe Blutkaliumspiegel nicht charakteristisch für sekundäre Nebenniereninsuffizienz.

Wie wird die Addison-Krankheit behandelt?
Ersatz für die fehlenden Hormone, d. h. Cortisol und Aldosteron, ist notwendig. Hydrocortison wird am häufigsten zur Substitution von Cortisol in einer täglichen Dosis von 15–20 mg verwendet. Hydrocortison ist eigentlich Cortisol. Für die Substitution von Aldosteron wird meist Fludrocortison in einer täglichen Dosis von 0,05–0,1 mg gegeben. Diese Medikamente werden als Tabletten verabreicht (Box 5.9). Diese Medikamentenersatztherapie ist sehr effektiv. Haut Hyperpigmentierung kann durch eine angemessene Hydrocortison-Ersatztherapie vollständig umgekehrt werden (Abb. 5.10).

> **Box 5.9: Ratschläge zur Medikamenteneinnahme**
> Hydrocortison-Tabletten sollten während der Mahlzeiten eingenommen werden, während Fludrocortison vorzugsweise nach den Mahlzeiten mit kleinen Mengen Flüssigkeit eingenommen wird.

Um dem täglichen Rhythmus von Cortisol zu folgen, wird die größte Hydrocortison Dosis am Morgen gegeben. In einigen Fällen werden synthetische Glukokortikoide mit längerer Wirkdauer (zum Beispiel Prednisolon, Dexamethason) gegeben, um morgendliches Unwohlsein, Schwindel und Übelkeit zu verhindern, die mit der kürzeren Wirkdauer von Hydrocortison auftreten können. Die Dosis von Hydrocortison sollte im Falle von einer Erkrankung erhöht werden (Box 5.10).

5 Erkrankungen der Nebenniere

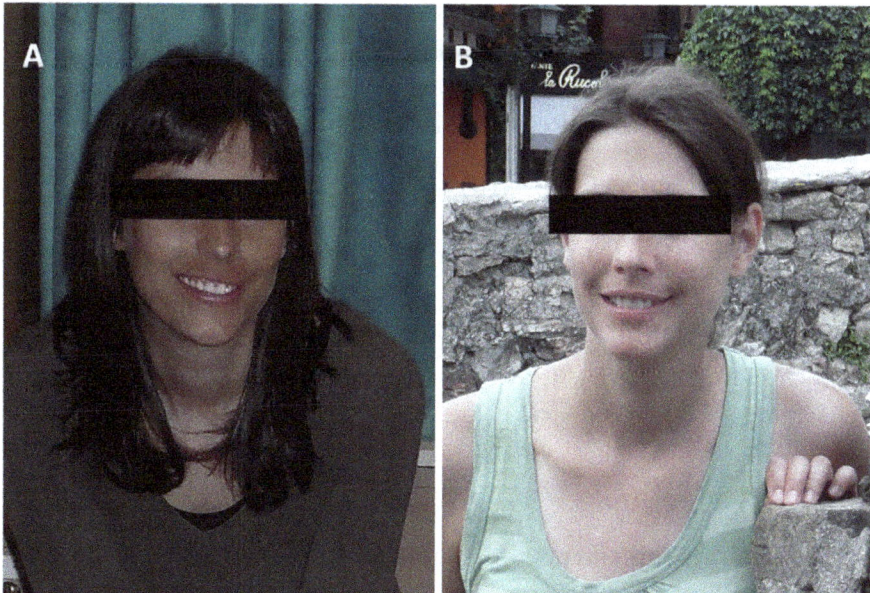

Abb. 5.10 (**A**) Ein Patient mit Addison-Krankheit bei der Diagnose und (**B**) 6 Monate nach Beginn der Hydrocortison-Ersatztherapie. Beachten Sie das Verschwinden der diffusen Hyperpigmentierung nach erfolgreicher Therapie. (Die Abbildung wurde ursprünglich in „Practical Clinical Endocrinology", Ed: Peter Igaz, Springer, 2021 dargestellt – mit Genehmigung)

> **Box 5.10: Wichtig! Bei primärer und sekundärer Nebennierenrindeninsuffizienz ist eine Erhöhung der Hydrocortisondosis zwingend erforderlich, wenn Schwäche, Übelkeit, Schwindel oder Fieber beobachtet werden, da diese Symptome Anzeichen einer akuten Nebennierenkrise sein können. Eine Erhöhung von Hydrocortison kann lebensrettend sein!**
>
> Als erste Maßnahme sollte die Dosis von Hydrocortison in Tabletten verdoppelt oder verdreifacht werden. Wenn der Patient die Tabletten nicht einnehmen kann, ist eine Infusionsverabreichung erforderlich, die einen Krankenhausaufenthalt erfordern kann. Patienten, die an Nebennierenrindeninsuffizienz leiden, sollten mit einer Notfallkarte ausgestattet werden, die ihre Behandlung mit Hydrocortison zeigt (Abb. 2.15). Patienten können auch angewiesen werden, sich selbst Hydrocortison in den Muskel zu injizieren.

Was ist mit chirurgischen Eingriffen?

Abhängig von der Art des chirurgischen Eingriffs sollte die Dosis von Hydrocortison erhöht werden. Im Falle von komplizierten abdominalen oder neurochirurgischen Operationen kann eine hohe Dosis Hydrocortison, zum Beispiel täglich 4 mal 50–100 mg, in Infusion benötigt werden. Fludrocortison ist nicht notwendig bei solch hohen Hydrocortison-Dosen, da Hydrocortison (Cortisol) den Aldosteron-Rezeptor binden kann.

Müssen andere Hormone bei der Addison-Krankheit ersetzt werden?
Der Ersatz mit Cortisol und Aldosteron ist von primärer und lebensrettender Bedeutung. Zusätzlich kann das Androgen der Nebennierenrinde, DHEAS (Dehydroepiandrosteron-Sulfat), bei fruchtbaren Frauen zur Förderung des allgemeinen Wohlbefindens und der Libido verabreicht werden. Eine tägliche Dosis von 50 mg kann empfohlen werden. Bei Männern ist die Verabreichung von DHEAS jedoch nicht hilfreich, da Testosteron aus den Hoden viel stärker ist und die Hoden bei der Addison-Krankheit nicht betroffen sind.

Wie sollte die Medikamentendosis überwacht und wie oft?
Wir können die Glukokortikoid (Hydrocortison) Ersatztherapie durch Messung von ACTH überprüfen, während Reninwerte auf eine ausreichende Mineralokortikoidversorgung hinweisen. In gut kontrollierten Fällen ist es ausreichend, diese Kontrollen einmal im Jahr durchzuführen, während wir sie während der Einführung der Dosierung normalerweise alle 3 Monate überprüfen. Es sollte jedoch betont werden, dass das allgemeine Wohlbefinden des Patienten am wichtigsten ist, da eine leichte Erhöhung von ACTH keine Erhöhung der Hydrocortison (oder eines anderen Glukokortikoids) Dosis rechtfertigt, wenn der Patient sich sonst gut fühlt.

Sollte der Begriff „Nebennierenmüdigkeit" verwendet werden?
„Nebennierenmüdigkeit" ist ein nicht-wissenschaftlicher Begriff, der von einigen Praktikern der alternativen Medizin verwendet wird. Es könnte auf die Erschöpfung der Nebennieren hinweisen. „Nebennierenmüdigkeit" entspricht nicht der oben genannten Definition von Nebenniereninsuffizienz und ihre Existenz und Verwendung wird von der klinischen endokrinologischen Praxis nicht akzeptiert. Eine Behandlung kann nicht vorgeschlagen werden auf der Grundlage von „Nebennierenmüdigkeit". Darüber hinaus gibt es verschiedene Mahlzeiten, Rezepte und Produkte im Internet, die empfohlen werden, um die Funktion der Nebennierenrinde zu stimulieren, aber es gibt keine Beweise, die ihre Verwendung unterstützen würden. Wenn eine Nebenniereninsuffizienz diagnostiziert wird, können nur die oben genannten Medikamentenbehandlungen empfohlen werden.

5.2.6 Kongenitale (angeborene) Nebennierenhyperplasie

Kongenitale Nebennierenhyperplasie entsteht durch Defekte der Steroidhormonproduzierenden Enzyme der Nebennierenrinde. Mutationen in den Genen die für diese Enzyme kodieren, sind für diese Defekte verantwortlich (siehe Abschn. 1.2). Für die Manifestation der Krankheit muß der Patient ein defektes Gen von beiden Eltern erben (autosomal rezessive Vererbung), aber die Eltern sind normalerweise nicht krank, da sie neben ihrem defekten eines ein normales Gen im Paar haben.

Das Fehlfunktionieren des Enzyms ist am wichtigsten bei der Entwicklung von Nebenniereninsuffizienz. Aufgrund der defekten Funktion des Enzyms ist die Cortisolproduktion abwesend oder reduziert und daher wird die ACTH-Freisetzung aus der Hypophyse erhöht.

Ein hoher ACTH-Wert stimuliert die Proliferation von adrenokortikalen Zellen, und daher wird die Nebennierenrinde vergrößert, was als Hyperplasie bezeichnet wird (Box 5.7). ACTH versucht, die Produktion von Steroidhormonen zu stimulieren. Cortisol kann jedoch aufgrund des Enzymdefekts nicht produziert werden, während die Hormonprodukte, die der durch das defekte Enzym geförderten chemischen Reaktion vorausgehen, überproduziert werden. Ein erheblicher Anteil dieser Moleküle hat androgene Wirkungen, die zu typischem männlichem Haarwuchs und anderen Virilisierungszeichen führen, die bei betroffenen Frauen beobachtet werden (Box 5.11).

Box 5.11: Was ist Virilisierung ?

Virilisierung ist das Auftreten von männlichen Merkmalen bei Frauen, wie z. B. männlichem Haarwuchs, männlicher Kahlheit, tieferer Stimme, stärkerer Muskelentwicklung.

Männlicher Haarwuchs wird als **Hirsutismus** bezeichnet, das bedeutet erhöhter Haarwuchs im Gesicht, Hals, Brust, Bauch, Rücken und Oberschenkeln (siehe Kap. 6, Box 6.5 im Detail). Haarwuchs in diesen Hautregionen erfordert eine androgene Wirkung. Im Gegensatz dazu ist der Haarwuchs an Unterarm und Unterschenkel nicht von Androgenen abhängig, so daß er nicht zu dieser Kategorie gehört.

Im Folgenden wird die häufigste Form dieser Krankheitsgruppe, die 21-Hydroxylase-Mangel, diskutiert.

Die häufigste Form der angeborenen Nebennierenhyperplasie ist der 21-Hydroxylase-Mangel
Diese Krankheit hat zwei Hauptformen, die klassischen Formen, die normalerweise bereits in der Kindheit Symptome verursachen. Die schwerere ist die **salzverlierende Form**, bei der sowohl Cortisol als auch Aldosteron fehlen und somit ein Zustand beobachtet wird, der der Addison-Krankheit entspricht. Es kann in den ersten Tagen nach der Geburt zu tödlichen Folgen führen, wenn es nicht erkannt und unbehandelt bleibt. Die andere Form ist milder und wird als **einfache virilisierende Form** bezeichnet, die zu einer Störung der Geschlechtsdifferenzierung bei Mädchen führt.

Bei Patienten mit 21-Hydroxylase-Mangel ist die Produktion von Nebennierensteroiden mit androgenen Wirkungen erhöht, was während der fetalen Entwicklungsperiode zu einer gestörten Entwicklung der äußeren Genitalien bei Mädchen führen kann. Die Bestimmung des Geschlechts des Neugeborenen kann in einigen Fällen schwierig sein (zum Beispiel aufgrund der Adhäsion der großen Schamlippen oder einer Vergrößerung der Klitoris, die einem männlichen Penis ähnelt). Hohe Androgenspiegel können auch später Probleme verursachen, wie zum Beispiel Hirsutismus und Menstruationsprobleme.

Neben den klassischen Formen sind auch **spät einsetzende, nicht-klassische Formen** des 21-Hydroxylase-Mangels bekannt, die viel häufiger sind als die klassischen Formen und sich durch Menstruationsunregelmäßigkeiten, Hirsutismus oder Unfruchtbarkeit bei erwachsenen Frauen auszeichnen.

Wie wird eine Diagnose des 21-Hydroxylase-Mangels gestellt?
Die Messung eines Steroidmoleküls (Vorläufer), das Cortisol in der biosynthetischen Kette vorausgeht, genannt **17-Hydroxyprogesteron**, ist wesentlich. Sein erhöhter Spiegel über einem bestimmten Schwellenwert kann die Krankheit sogar aus einer Morgenblutprobe bestätigen, ansonsten kann sein Spiegel nach ACTH-Stimulation diagnostisch sein. Es ist auch nützlich, das Androgene **Androstendion** zu messen. Eine genetische Diagnose kann auch hilfreich sein, um die Diagnose zu stellen.

Wie sollte der 21-Hydroxylase-Mangel behandelt werden?
Sowohl Cortisol (Hydrocortison) als auch Mineralocorticoid (Fludrocortison) Substitution sind in der salzverlierenden Form wie bei der Behandlung der Addison-Krankheit erforderlich. Bei einfach virilisierenden und nicht-klassischen spät einsetzenden Formen ist nur Hydrocortison erforderlich, das effizient ACTH und damit die Produktion der Steroidmoleküle mit androgener Aktivität unterdrücken kann. In einigen Fällen können auch lang wirkende Glucocorticoide (wie Dexamethason) benötigt werden.

Zur Nachverfolgung der Krankheit ist die Messung von Androstendion am besten und sein Blutspiegel kann durch eine angemessene Behandlung normalisiert werden. Der Menstruationszyklus betroffener Frauen kann zur Regelmäßigkeit zurückkehren und die Fruchtbarkeit kann wiederhergestellt werden. Es ist nicht notwendig, 17-Hydroxyprogesteron innerhalb des normalen Bereichs zu bringen.

5.3 Krankheiten des Nebennierenmarks

Das Nebennierenmark ist viel kleiner als die Rinde und es ist völlig anders in Bezug auf sowohl seinen Ursprung als auch seine Funktion. Das Nebennierenmark ist ein Teil des neuroendokrinen Systems, das in Kap. 9 diskutiert wird. Die Hormone des Nebennierenmarks, die adrenomedullären Hormone, gehören zur Gruppe der **Katecholamine**, deren zwei Hauptvertreter **Adrenalin** (auch Epinephrin genannt) und **Noradrenalin** (Norepinephrin) sind. Diese Hormone sind zusammen mit Cortisol (Box 5.2) entscheidend für die Stressreaktion, bei der Regulierung des Blutdrucks (Box 5.6), Herzfrequenz und Gefäßfunktionen. Katecholamine erhöhen den Blutzuckerspiegel. Katecholamine werden nicht nur vom Nebennierenmark, sondern auch in anderen Teilen des Nervensystems produziert. Dies erklärt die Beobachtung, dass im Gegensatz zu den Hormonen der Nebennierenrinde, die Ersetzung von adrenomedullären Hormonen nach der Entfernung beider Nebennieren nicht benötigt wird. Eine adrenomedulläre Insuffizienz ist unbekannt. Es gibt nur eine einzige Krankheit des Nebennierenmarks, nämlich seinen Tumor, der als Phäochromozytom bezeichnet wird.

Der Tumor des Nebennierenmarks: Phäochromozytom
Das Phäochromozytom ist ein seltener Tumor, der eine wichtige Ursache für schweren Bluthochdruck ist. Der Tumor produziert große Mengen an Adrenalin und Noradrenalin, die zu signifikanten Blutdruckerhöhungen oder ständig erhöhtem Blutdruck führen können. In einigen Fällen können extreme Blutdruckerhöhungen (sogar systolische Werte über 300 mmHg) auftreten. Schwere, sogar tödliche kardiovaskuläre Komplikationen wie Myokardinfarkt (Herzinfarkt), Herzrhythmusstörungen und vaskuläre Hirnereignisse (Schlaganfall) können sich entwickeln. In etwa 80 % der Fälle stammt das Phäochromozytom aus dem Nebennierenmark, aber in 20 % von außerhalb der Nebenniere, hauptsächlich von kleinen Nervenganglien, die entlang der Hauptschlagader (Aorta).

Was sind die Symptome von Phäochromozytom?

Schwitzen, Kopfschmerzen und Herzklopfen (starker Herzschlag) sind die häufigsten. Diese Symptome sind meist auf andere Krankheiten oder Zustände zurückzuführen (meistens Paniksyndrom oder Menopause) und nicht auf Phäochromozytom, aber im Fall von hohem Blutdruck sind Untersuchungen auf Phäochromozytom gerechtfertigt. Erhöhter Blutzucker, Gewichtsverlust und blasse Haut können ebenfalls beobachtet werden.

Wann sollte der Verdacht auf ein Phäochromozytom erhoben werden?

Wie beim primären Hyperaldosteronismus sollte der Verdacht auf ein Phäochromozytom bei jungen Patienten mit hohem Blutdruck oder bei hohem Blutdruck, der schwer mit mehreren Medikamenten zu behandeln ist, geweckt werden.

Wie wird die Diagnose eines Phäochromozytoms gestellt?

Die Diagnose basiert auf dem Nachweis von Katecholaminen und ihren Abbauprodukten. Diese können sowohl aus einer 24-Stunden-Urinsammlung als auch aus dem Blut bestimmt werden. Für die Urinsammlung (Kap. 1, Box 1.11), wird eine dunkelwandige Flasche benötigt, in die vor Beginn der Sammlung Salzsäure gegeben wird, da die zu bestimmenden Substanzen sowohl licht- als auch chemisch reaktions- (pH-) empfindlich sind.

Der allgemeine Tumormarker für neuroendokrine Tumoren, **Chromogranin A** kann auch bei Phäochromozytomen erhöht sein.

Wie kann das Phäochromozytom gefunden werden?

Dafür ist eine Bildgebung erforderlich. Tumoren in der Nebenniere können zuverlässig durch CT oder MRT gefunden werden, da diese ein charakteristisches Aussehen haben (Abb. 5.11). Auch eine isotopenbasierte Bildgebung, die Szintigrafie, ist verfügbar. Dabei wird eine katecholaminähnliche Substanz verwendet, die von Phäochromozytomzellen aufgenommen wird (MIBG-Szintigraphie). Auch der Nachweis von Somatostatinrezeptoren kann hilfreich sein. Diese isotopenbasierten Methoden sind besonders nützlich zum Auffinden von Phäochromozytomen außerhalb der Nebenniere oder potenziellen Tumormetastasen.

Ist ein Phäochromozytom ein gutartiger oder ein bösartiger Tumor?

Phäochromozytome sind meist (in 80–90 % der Fälle) gutartig, da sie keine Metastasen bilden. Es ist jedoch wichtig zu betonen, dass dieses gutartige Verhalten nur auf sein geringes invasives und metastatisches Potenzial bezieht. Seine schweren kardiovaskulären Komplikationen können nicht als „gutartig" betrachtet werden. Phäochromozytome, die außerhalb der Nebennieren wach-

5 Erkrankungen der Nebenniere

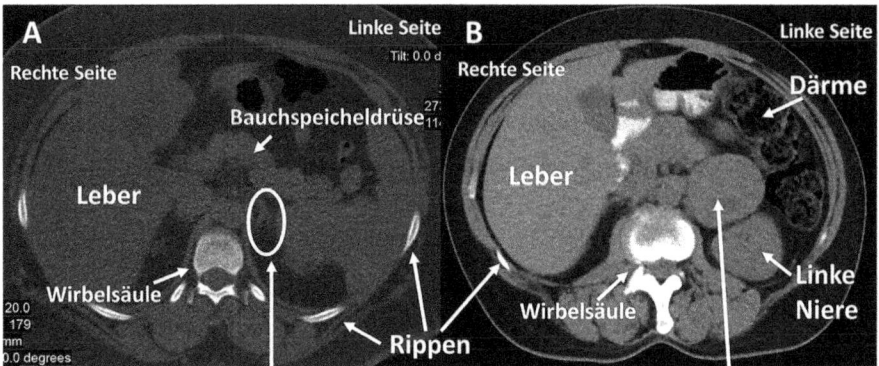

Abb. 5.11 (A) eine normale, dünne Nebenniere dreieckiger Form, (B) Querschnittsbild eines linksseitigen Phäochromozytoms im CT

sen, neigen eher zu Metastasen. Es ist jedoch bemerkenswert, dass es nicht möglich ist, das gutartige oder bösartige Verhalten des entfernten Tumors durch seine histologische Untersuchung zuverlässig festzustellen. Darüber hinaus können Metastasen auch viele Jahre nach der Tumorentfernung auftreten.

Aufgrund der oben genannten Eigenschaften sollten alle Phäochromozytome als potenziell bösartig angesehen und über viele Jahre (mindestens 10) nachverfolgt werden, wobei man sich bewusst ist, dass nur eine Minderheit von ihnen Metastasen bildet.

Kann ein Phäochromozytom vererbt werden?

Ja, und das Phäochromozytom ist unter den menschlichen Tumoren außergewöhnlich, da es die höchste Chance hat, vererbt zu werden, sogar so hoch wie 40–50 %. Das bedeutet, dass vier oder fünf von zehn Phäochromozytomen vererbt werden. Zahlreiche Gene sind bekannt, deren Mutationen Patienten für ein Phäochromozytom prädisponieren, und es gibt auch mehrere erbliche Tumorsyndrome, bei denen ein Phäochromozytom auftreten kann (Kap. 10). Eine genetische Untersuchung ist angebracht, wenn ein Phäochromozytom diagnostiziert wird, und wenn eine Mutation nachgewiesen wird, sollten auch Familienmitglieder untersucht werden.

Wie wird ein Phäochromozytom behandelt?

Die chirurgische Entfernung ist die Erstlinientherapie. Der Blutdruck sollte bereits vor der Operation gut kontrolliert sein und die Verabreichung von Antihypertensiva der Klasse Alpha-Blocker stellt die Hauptstütze der Behandlung dar. Während der Operation kann der Blutdruck schwanken, was eine angemessene Überwachung erfordert. Die chirurgische Intervention sollte vorzugsweise in Zentren mit ausreichender Expertise durchgeführt werden.

5.4 Andere Tumoren in der Nebenniere

Nebennierentumoren sind häufig und werden mit fortschreitendem Alter noch häufiger. Sie können bei 5–7 % der älteren Menschen gefunden werden. Die meisten davon sind gutartige Nebennierenrindentumoren, die keine Hormone ausscheiden.

Was ist ein Inzidentalom?
Ein Inzidentalom ist ein Nebennierentumor, der zufällig durch Bildgebung (meist CT oder MRT, in seltenen Fällen abdominale Ultraschalluntersuchung) entdeckt wird, die wegen des Verdachts auf eine Krankheit außerhalb der Nebenniere geplant war. Zum Beispiel wird ein Nebennierentumor während eines CTs gefunden, das wegen des Verdachts auf Gallenblasen- oder Nierenerkrankungen durchgeführt wurde. Inzidentalome können auch in der Hypophyse auftreten, und dort werden sie ebenfalls als Tumor definiert, der durch eine Bildgebung entdeckt wurde, die mit dem Verdacht auf eine Krankheit durchgeführt wurde, die nicht mit der Hypophyse in Zusammenhang steht.

Was sollte getan werden, wenn ein Inzidentalom gefunden wird?
Es gibt zwei Hauptaufgaben zu erfüllen: 1. zu bestimmen, ob es eine Hormonüberproduktion gibt, 2. handelt es sich um einen gutartigen oder bösartigen Tumor? Um die Hormonproduktion zu untersuchen, sind Tests auf Phäochromozytom, primären Aldosteronismus und Cushing-Syndrom erforderlich. Morphologische Anzeichen auf CT oder MRT sind am relevantesten für die Bestimmung des potenziellen gutartigen oder bösartigen Verhaltens des Tumors. In eindeutigen Fällen kann die Nachverfolgung des Tumors, d. h. wiederholte Bildgebung nach 3–6 Monaten, hilfreich sein, da das Wachstum oder morphologische Veränderungen des Tumors Anzeichen für eine Bösartigkeit sein können. Tumoren, die verdächtig auf Bösartigkeit sind, sollten entfernt werden.

Gibt es Nebennierentumoren, die nach der Diagnose nicht behandelt werden sollten?
Nach den neuesten medizinischen Leitlinien benötigen Tumoren ohne hormonelle Aktivität, die klare bildgebende Anzeichen für ein gutartiges Verhalten zeigen und einen Durchmesser von unter 4 cm haben, keine weitere Kontrolluntersuchung. Es ist nicht immer zwingend erforderlich, größere Tumoren mit klar gutartiger Morphologie zu entfernen, obwohl auch ihre Nachverfolgung in Betracht gezogen werden kann.

6

Erkrankungen der Keimdrüsen (Gonaden)

6.1 Hormonelle Regulation der Fortpflanzungsfunktion

Sexualhormone werden von den Keimdrüsen produziert (bei Männern von den Hoden (Abb. 6.1) und bei Frauen von den Eierstöcken (Abb. 6.2)), aber auch die Nebennierenrinde produziert Hormone, die die Fortpflanzungsfunktion beeinflussen. Das Haupthormon des Hodens ist Testosteron, das effizienteste Androgen, das die männliche Fortpflanzungsfunktion stimuliert (Box 6.1). Die Eierstöcke produzieren zwei Hauptgruppen von Hormonen, die Östrogene (Haupthormon ist Estradiol, auch Östradiol genannt) und Progesteron. In Bezug auf die weibliche sexuelle Entwicklung ist Estradiol wichtiger, während Progesteron für den weiblichen Menstruationszyklus entscheidend ist. Die Frage nach Geschlecht und Geschlechtsmerkmalen wird in Boxen 6.2 und 6.3, jeweils dargestellt.

> **Box 6.1: Androgene**
> sind eine Gruppe von Hormonen (Sexualhormone), die die Entwicklung männlicher Geschlechtsmerkmale und die männliche Fortpflanzungsfunktion regulieren/anregen. Sowohl die Hoden als auch die Nebennierenrinde produzieren Hormone mit androgener Wirkung, aber Testosteron, das von den Hoden produziert wird, ist das effizienteste.

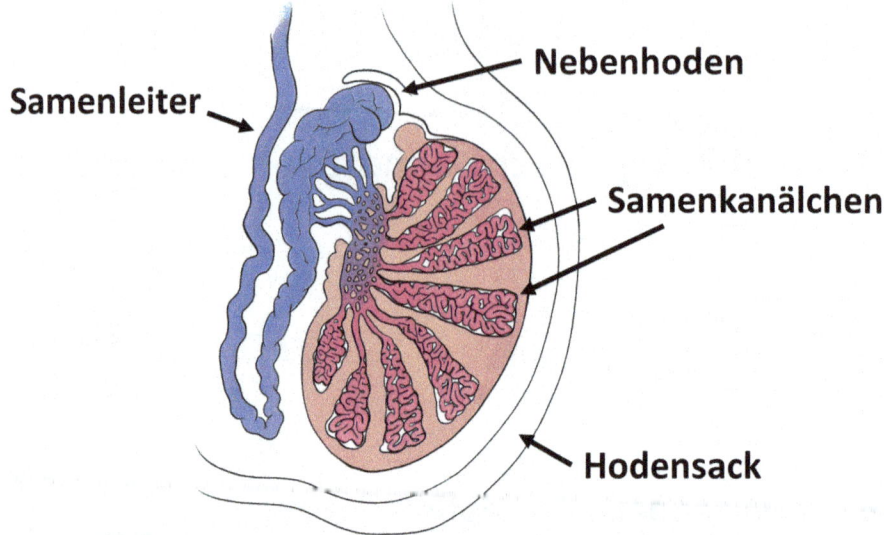

Abb. 6.1 Schematische Struktur des Hodens. Spermien werden in Kanälen (sogenannten Samenkanälchen) produziert, während Testosteron von den zwischen ihnen liegenden Leydig-Zellen produziert wird. Der Nebenhoden ist wichtig für die Reifung und Speicherung von Spermien. Der Samenleiter (Samenleiter oder Ductus deferens) ist der Schlauch, durch den die Spermien die Hoden verlassen

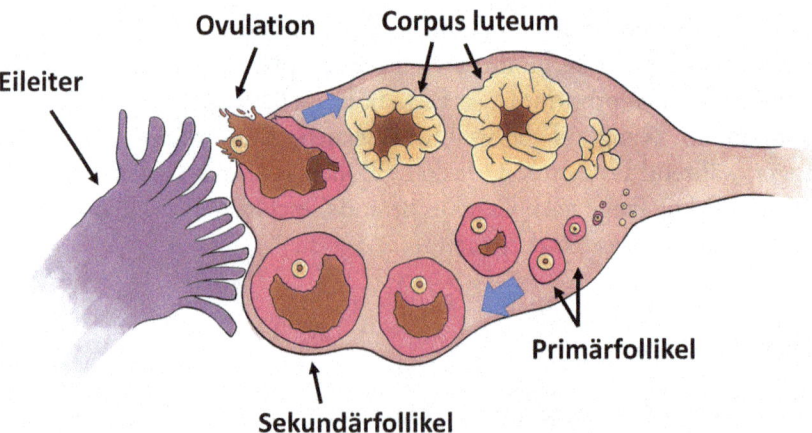

Abb. 6.2 Struktur des Eierstocks. Eier befinden sich in den Follikeln. Die Granulosazellen, die das Ei im Follikel umgeben, produzieren verschiedene Hormone, einschließlich der Östrogene. Nach der Pubertät treten Follikel in einen Prozess der zyklischen Reifung ein, einschließlich der Freisetzung des reifen Eis in den Eileiter (Ovulation). Der Follikel verwandelt sich dann in ein Corpus luteum, das Progesteron produziert

Box 6.2: Die Frage von Geschlecht und Gender

Es gibt mehrere Ebenen der Geschlechtsbestimmung. Die erste Ebene ist das sogenannte **chromosomale (oder genetische) Geschlecht**, das auf der chromosomalen Zusammensetzung (Karyotyp) des Individuums basiert. Frauen sind durch zwei X-Chromosomen gekennzeichnet (angegeben als 46,XX), während bei Männern ein X- und ein Y-Chromosom gefunden wird (46,XY). (Kap. 1, Abb. 1.5). Die zweite Ebene ist das gonadale Geschlecht, das durch das Vorhandensein von Keimdrüsen (Gonaden) bestimmt wird. Das **gonadale Geschlecht** wird durch das Vorhandensein von Hoden bei Männern und Eierstöcken bei Frauen definiert. Die dritte Ebene ist die psychosexuell-soziale Ebene, die auf Englisch als **Gender** bezeichnet wird. Diese verschiedenen Ebenen stimmen normalerweise überein, aber es kann Unterschiede geben, zum Beispiel können das chromosomale und gonadale Geschlecht und das psychosexuelle Geschlecht unterschiedlich sein.

Box 6.3: Primäre Geschlechtsmerkmale

werden durch die Fortpflanzungsorgane definiert. Die primären Fortpflanzungsorgane sind die Keimdrüsen (Eierstöcke und Hoden). Es gibt weitere Fortpflanzungsorgane, die als interne und externe klassifiziert werden können. Die internen Fortpflanzungsorgane umfassen die Eileiter und die Gebärmutter bei Frauen und die Prostata und die Samenbläschen bei Männern, während die externen Fortpflanzungsorgane (Genitalien) beim Geschlechtsverkehr wichtig sind. Sowohl die Chromosomenzusammensetzung (chromosomales Geschlecht) als auch Hormone sind wichtig für die Entwicklung der Fortpflanzungsorgane. Primäre Geschlechtsmerkmale können bereits bei der Geburt festgestellt werden.

Sekundäre Geschlechtsmerkmale, andererseits, entwickeln sich während der Pubertät und umfassen das Brustwachstum bei Mädchen, das Auftreten von Genitalhaaren bei beiden Geschlechtern und das Wachstum von Muskeln, Haaren und einer tieferen Stimme bei Jungen.

Die Keimdrüsen (Geschlechtsdrüsen, mit einem medizinischen Fachwort auch Gonaden genannt) haben zwei Hauptfunktionen: Hormonproduktion und Keimzellbildung. Die Keimzellen sind die Spermien in den Hoden und die Eier in den Eierstöcken.

Sowohl die Hoden als auch die Eierstöcke sind paarige Organe. Die Hoden befinden sich im Hodensack (Skrotum), da die ideale Temperatur für die Spermienproduktion 1 bis 2 Grad Celsius niedriger ist als die Kerntemperatur des Körpers. Der Nebenhoden ist am Hoden befestigt und ist wichtig für die Lagerung und Reifung der Spermienzellen (Abb. 6.1). Die Eierstöcke befinden sich in der Bauchhöhle an den beiden Seiten der Gebärmutter und sind durch Bänder mit ihr verbunden. Die Eileiter (Tuben) sind an der Gebärmutter befestigt. Der Eileiter endet in Fasern, die die Eierstöcke wie ein Trichter umgeben. Durch diesen wandert das Ei während des Eisprungs von den Eierstöcken zur Gebärmutter (Abb. 6.2).

Während die Produktion von Spermien nach der Pubertät kontinuierlich weitergeht, wenn auch in abnehmender Menge im Alter, ist die Anzahl der Eier bei der Frau bereits vor der Geburt festgelegt. Nach der sexuellen Reifung (Pubertät) entwickeln sich die Eier im Sexualzyklus weiter (normalerweise ein Ei pro Zyklus). Die Fortpflanzungsfunktion der Frau ist zeitlich begrenzt, da nach der sogenannten Menopause die Reifung der Eier in den Eierstöcken aufhört und die Hormonproduktion drastisch reduziert wird. Frauen nach der Menopause sind nicht mehr fruchtbar. In den ersten Jahren nach der Menopause sind Hitzewallungen, Depressionen und Schlafstörungen häufig.

Die Keimdrüsen sind nicht in der Lage, eigenständig zu funktionieren, sondern benötigen eine Stimulation durch das Hypothalamus-Hypophysen-System. Das **Gonadotropin-Releasing-Hormon (GnRH)** wird vom Hypothalamus produziert, der die Hypophyse zur Freisetzung von **LH (Luteinisierendes Hormon)** und **FSH (Follikel-stimulierendes Hormon)** anregt. Die Produktion von GnRH ist rhythmisch, da es in einer pulsierenden Weise freigesetzt wird, und diese Pulsatilität ist wichtig. Wenn der Rhythmus gestört ist, wird die Produktion von LH und FSH fehlfunktionieren. Sowohl LH als auch FSH sind entscheidend für die Funktion der Gonaden.

Die Regulation der Fortpflanzungsfunktion beinhaltet eine negative Rückkopplungsregulation wie bei anderen Drüsen des Hypothalamus-Hypophysen-Systems (Schilddrüse und Nebennierenrinde): Testosteron aus den Hoden und Östrogene aus den Eierstöcken hemmen die Produktion von LH und FSH. Dieses System ist jedoch noch komplizierter als die anderen, da es andere regulatorische Substanzen einbezieht. Das von den Gonaden produzierte Protein, Inhibin hemmt die Produktion von LH und FSH, während das von der Hypophyse selbst produzierte Activin diese in einem selbststimulierenden Kreislauf stimuliert (Abb. 6.3 und 6.4). Weitere regulierende Proteine sind an diesem System beteiligt, was es zu einem der komplexesten Systeme macht und damit auch zu einem der empfindlichsten und anfälligsten. Es ist daher nicht überraschend, dass die Regulation der Fortpflanzungsfunktion durch Störungen mehrerer anderer Hormone beeinflusst werden kann. So können weibliche Sexualzyklen nicht nur durch eine Überproduktion von Cortisol, wie sie beim Cushing-Syndrom auftritt (Abschn. 5.2.2) oder bei Prolaktinomen (Abschn. 2.3), gestört werden, sondern auch bei hormonellen Dysfunktionen, die nicht direkt mit der sexuellen Funktion in Verbindung stehen, z. B. bei einer Überproduktion von Wachstumshormon (Abschn. 2.4.1).

Hoden- und Eierstockhormone gehören zur Familie der Steroidhormone. Die beiden Haupthormone des Eierstocks sind die Gruppe der Östrogene

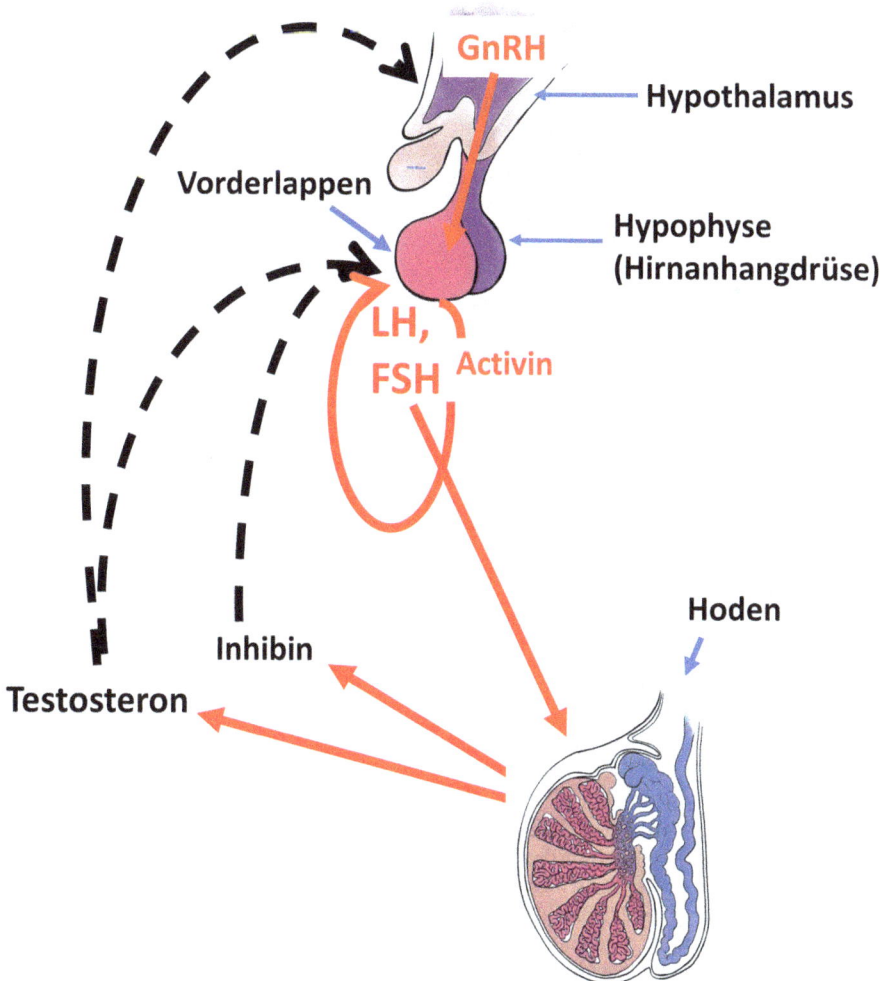

Abb. 6.3 Regulation der Hypothalamus-Hypophysen-Hoden-Achse. GnRH, das vom Hypothalamus produziert wird, stimuliert LH und FSH der Hypophyse, die wiederum die Testosteronproduktion aus den Hoden stimulieren. Testosteron hemmt die Produktion von GnRH und LH/FSH, außerdem hemmt Inhibin, das vom Hoden freigesetzt wird, auch die Produktion von Hypophysenhormonen. Activin wird von der Hypophyse produziert und erhöht die Freisetzung von LH/FSH in einer autoregulatorischen Schleife

und Progesteron. Östrogene, darunter das wichtigste Estradiol, spielen eine entscheidende Rolle bei der Entwicklung der inneren und äußeren weiblichen Geschlechtsorgane im Fötus während der Schwangerschaft und dann während der Pubertät bei der Förderung des Brustwachstums und des weiblichen Erscheinungsbilds. Vor der Pubertät wird nur eine minimale Menge an Estra-

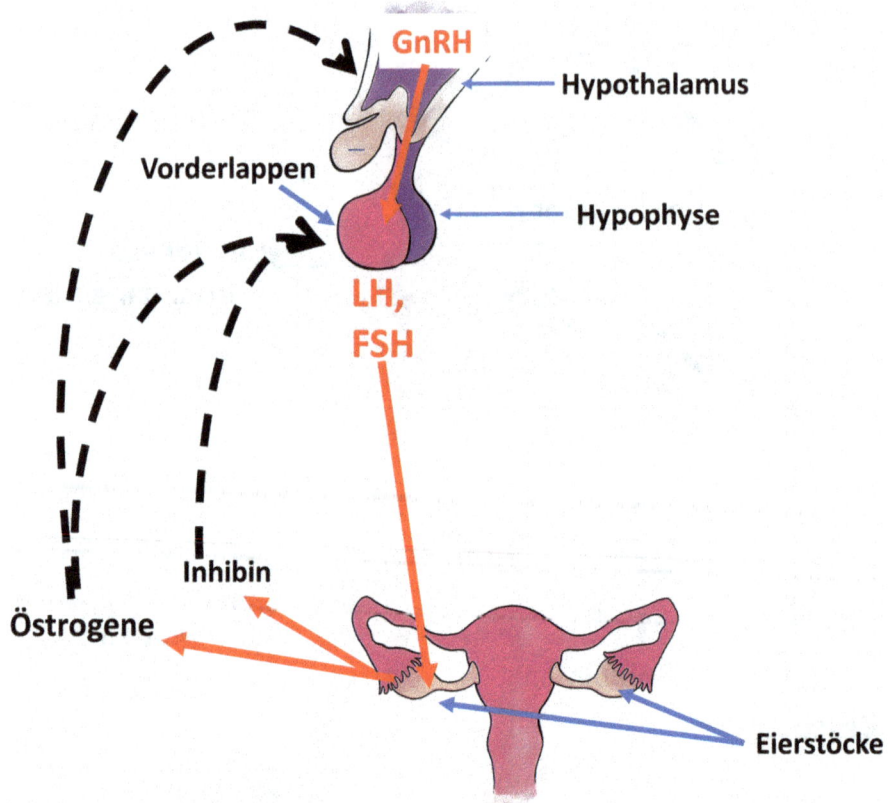

Abb. 6.4 Eine vereinfachte Darstellung der Hypothalamus-Hypophysen-Ovar-Achse. Hypothalamisches GnRH stimuliert LH und FSH der Hypophyse, die die Östrogenproduktion der Eierstöcke stimulieren. Östrogen zusammen mit ovarialem Inhibin unterdrückt GnRH und LH/FSH. (Activin ist auch an der Regulation beteiligt, ähnlich wie beim Hoden, wird hier aber nicht dargestellt, um das Verständnis zu erleichtern). In der zweiten Phase des weiblichen Menstruationszyklus hat auch das vom Corpus luteum freigesetzte Progesteron hemmende Wirkungen auf den Hypothalamus/Hypophysensystem. Dieses Regelsystem ist viel komplizierter als dieses vereinfachte Modell, da die Hormonproduktion in den verschiedenen Phasen des Menstruationszyklus unterschiedlich ist

diol produziert, aber während der Pubertät wird seine Freisetzung stark erhöht. Neben der Regulierung der sexuellen Entwicklung und Funktion sind Östrogene auch wichtig für den Erhalt der Knochengesundheit und für die Abwehr von Gefäßen gegen Arteriosklerose. Dies erklärt, warum Osteoporose für Frauen nach der Menopause charakteristisch ist und die Häufigkeit von Herz-Kreislauf-Erkrankungen ebenfalls zunimmt.

Es ist interessant zu bemerken, dass auch bei Männern Östrogene produziert werden, und diese sind auch wichtig für die Knochengesundheit, darüber hinaus sind Östrogene bei beiden Geschlechtern wichtig für die Regulierung der Libido. Fettgewebe spielt eine zentrale Rolle bei der Produktion von Östrogenen. Die Bedeutung von Fettgewebe wird durch die Beobachtung unterstrichen, dass die Pubertät bei Mädchen, die sehr intensiven Sport betreiben und daher viel weniger Fettgewebe als der Durchschnitt haben, später als üblich beginnen kann.

Das andere Haupthormon des Eierstocks, Progesteron, hat hauptsächlich Auswirkungen auf die Schleimhaut der Gebärmutter, das sogenannte Endometrium (die innere Schicht der Gebärmutter, in die die befruchtete Eizelle eingesetzt wird). Es ist entscheidend für die Regulierung des weiblichen Menstruationszyklus und für die Aufrechterhaltung der Schwangerschaft.

Der weibliche Sexual- (Menstruations-)Zyklus: Die weibliche Fortpflanzungsfunktion verläuft zyklisch jeden Monat, der Zyklus beginnt nach der Menstruationsblutung. Es wird eine feste Anzahl von Eiern in den Eierstöcken geben, seit das Mädchen ein Fötus war (etwa 200–300 Tausend), und nach der Pubertät beginnt ein (manchmal zwei, oder extrem selten sogar mehr) Ei in jedem Zyklus zu reifen. Während des Lebens einer erwachsenen Frau reifen 400–500 Eier und werden aus den Eierstöcken freigesetzt. Das Ei ist von anderen Zellen umgeben, den sogenannten Granulosazellen, die die Eierstockhormone produzieren. Das Ei zusammen mit seinen umgebenden Zellen wird als Follikel bezeichnet. Die Konzentrationen von LH, FSH, Estradiol und Progesteron ändern sich typischerweise während des Sexualzyklus. Die Länge des Zyklus ist variabel, sie liegt normalerweise zwischen 24 und 38 Tagen. Das reife Ei wird durch den Riss des Follikels aus dem Eierstock ausgestoßen, normalerweise in der Mitte des Zyklus. Dieser Prozess wird als **Ovulation** (Abb. 6.2) bezeichnet. Das reife Ei wandert während der Ovulation in den Eileiter und ist bereit zur Befruchtung. Nach dem Ausstoß des Eis verwandelt sich der Follikel in die Struktur, die wir als Corpus luteum („gelber Körper", gelblich gefärbt, da „luteum" auf Latein gelb und Corpus Körper bedeutet) bezeichnen, dies ist die Hauptquelle von Progesteron. Die Hauptfunktion von Progesteron hängt mit der Vorbereitung des Endometriums (Gebärmutterschleimhaut) auf den Empfang und die Implantation des befruchteten Eis zusammen, wo der Fötus sich entwickeln wird. Die Gebärmutterschleimhaut durchläuft während des Menstruationszyklus erhebliche Veränderungen. Wenn es keine Empfängnis (Eibefruchtung) gibt, wird die Produktion sowohl von Östrogenen als auch von Progesteron verringert, und das Gebärmutterschleimhaut wird durch Blutung abgelöst. Dies wird als Menstruationsblutung bezeichnet.

Im Gegensatz zu Frauen ist die **männliche Sexualfunktion** nicht zyklisch, und die Produktion von Testosteron und die Erzeugung von Spermien ist kontinuierlich. Testosteron wird von den **Leydig-Zellen** des Hodens produziert, die zwischen den Hodenkanälchen (in der Medizin als Samenkanälchen bezeichnet) liegen, die für das Wachstum der Spermienzellen verantwortlich sind (Abb. 6.1). Testosteron ist entscheidend für die Entwicklung der Geschlechtsorgane und sekundären Geschlechtsmerkmale. Es erhöht die Muskelmasse und die Knochenbildung, insbesondere während der Pubertät. Seine muskelwachstumsfördernde Wirkung wird auch beim Doping bei Sportlern ausgenutzt. Testosteron wird auch in geringen Mengen in den Eierstöcken produziert, und dies ist relevant für die Regulierung der Libido und des Knochenstoffwechsels in Frauen.

Sowohl Testosteron als auch Östrogene stimulieren die Knochenbildung während der Pubertät, führen aber gleichzeitig zur Bildung von Knochen in den Wachstumsfugen, was zu deren Verschluss führt. (Die Wachstumsfugen sind die Bereiche der Knochen, die reich an Knorpel sind und in denen die intensive Vermehrung von Knochenzellen beobachtet wird, die für das Knochenwachstum verantwortlich sind). Wenn die Wachstumsfugen geschlossen sind, kann kein weiteres Längenwachstum mehr stattfinden.

Welche hormonellen Veränderungen begleiten die Menopause?
Während der Menopause hört die zyklische weibliche Sexualfunktion auf, und die Menstruationszyklen kommen nicht mehr vor. Die Produktion von Östrogenen durch die Eierstöcke ist stark reduziert und die Hypophyse erhöht die Freisetzung von FSH und LH aufgrund des fehlenden negativen Feedbacks. Die Produktion von LH und FSH ist so hoch, dass diese Hormone vor einigen Jahrzehnten aus dem Urin von Frauen in der Menopause für therapeutische Zwecke isoliert wurden. Zusammen mit der Reduzierung der Eierstockfollikel wird auch die Produktion von Inhibin und **Anti-Müller-Hormon (AMH)** durch die Follikelzellen reduziert. Die Messung des AMH-Spiegels ist hilfreich bei der Untersuchung der Fruchtbarkeit, da ein niedriger Spiegel auf eine geringe Follikelzahl hinweist. (Der Name AMH stammt von dem Müller-Gang, der eine röhrenförmige Struktur ist, die während der fetalen Entwicklung der inneren weiblichen Geschlechtsorgane wichtig ist).

Welche Symptome begleiten die Menopause?
Die Menopause wird heutzutage normalerweise zwischen 49 und 55 Jahren beobachtet. Ihre unangenehmste Folge sind plötzliche Episoden von Hitzewallungen und Schwitzen, die mit Veränderungen in der Funktion von Gefäßen und Nervensystem zusammenhängen. Schlafstörungen sind ebenfalls

häufig. Vaginale Trockenheit kann zu Störungen im Sexualleben führen. Langfristig ist der Mangel an Östrogen auch mit dem Auftreten von Osteoporose verbunden.

Kann etwas getan werden, um die unangenehmen Symptome der Menopause zu lindern?
Hormonersatztherapie kann angewendet werden, um das unangenehmste Symptom der Menopause, d. h. Hitzewallungen, zu behandeln. Dafür werden geringe Mengen von Östrogen und Progesteron verwendet. Hormonersatztherapie wird hauptsächlich zur Behandlung von Hitzewallungen und vaginaler Trockenheit angezeigt. Ein neues, nicht-hormonelles Medikament wurde kürzlich in den Vereinigten Staaten zur Behandlung von Hitzewallungen zugelassen. Dieses Medikament (Fezolinetant) beeinflusst den Neurokinin-Rezeptor, der an den für Hitzewallungen verantwortlichen Nervensystemfunktionen beteiligt ist.

Gibt es Gefahren im Zusammenhang mit der Hormonersatztherapie in der Menopause?
Basierend auf aktuellen Daten kann die Hormonersatztherapie als sicher unter 60 Jahren (oder innerhalb von 10 Jahren nach Beginn der Menopause) angesehen werden, sollte aber Frauen über 60 (oder 10 Jahre nach Beginn der Menopause) nicht empfohlen werden. Hormonersatztherapie (niedrig dosiertes Östrogen + Progesteron) erhöht das Risiko für Herz-Kreislauf-Erkrankungen (Herzinfarkt und Schlaganfall), tiefe Venenthrombose und Brustkrebs, aber unter 60 Jahren (oder innerhalb von 10 Jahren nach Beginn der Menopause) ist die Erhöhung des Risikos für Herz-Kreislauf-Erkrankungen vernachlässigbar.

Gibt es auch eine Andropause?
Im Gegensatz zur weiblichen Fortpflanzungsfunktion erleben Männer nicht eine so drastische, relativ plötzliche Veränderung, die mit der Menopause verglichen werden könnte, bei der die sexuelle Funktion unwiderruflich eingestellt wird. Trotzdem wird das Konzept der Andropause immer weiter verbreitet und es deutet auf die Reduzierung der sexuellen Aktivität und der Spermienproduktion bei älteren Männern hin. Die Produktion von Testosteron nimmt mit dem Alter allmählich ab, aber diese Reduzierung ist nicht so stark wie bei Frauen nach der Menopause, die viel weniger Östrogen als zuvor produzieren. Zusammen mit der Reduzierung von Testosteron können die LH- und FSH-Werte der Hypophyse bei älteren Männern mäßig erhöht sein, was auf eine Testosteronstörung hinweist. Neben der reduzierten sexuellen

Aktivität können verringerte Testosteronspiegel mit einer reduzierten Blutzellbildung, Muskel- und Knochenmasse in Verbindung gebracht werden. Trotz all dieser Veränderungen sollte älteren Männern, die nur aufgrund ihres fortgeschrittenen Alters reduzierte Testosteronblutspiegel aufweisen, keine Testosteronersatztherapie empfohlen werden.

6.2 Die Unterfunktion der Keimdrüsen

Eine Unterfunktion der Keimdrüsen kann zu einem Mangel oder zu verringerten Mengen an Sexualhormonen führen, begleitet von einer Störung der Keimzellproduktion. Es sind primäre und sekundäre Insuffizienzen der Keimdrüsen bekannt, wie bei Schilddrüsen- und Nebennierendysfunktion (Abschn. 3.2 und 5.2.5). Krankheiten der Hoden und Eierstöcke sind verantwortlich für eine primäre Insuffizienz der Keimdrüsen, die zu einer unzureichenden Testosteron- oder Östrogenproduktion führt. Der Mangel an negativem Feedback führt zu einer erhöhten LH- und FSH-Produktion durch die Hypophyse. Andererseits führt eine Krankheit der Hypophyse zu einer sekundären Insuffizienz der Keimdrüsen, bei der sowohl LH, FSH als auch Testosteron- und Östrogenspiegel niedrig sind. Eine tertiäre Insuffizienz ist auf Störungen der hypothalamischen GnRH-Produktion zurückzuführen.

Was sind die Folgen eines GnRH-Mangels?
GnRH wird von den GnRH-Neuronen des Hypothalamus produziert. Es gibt etwa 1000–1500 dieser Zellen bei Erwachsenen, und es ist ziemlich interessant, dass diese von einem anderen Teil des Gehirns zu ihrem endgültigen Zielort während der fetalen Entwicklung wandern. Die Region, aus der diese Zellen kommen, ist auch verantwortlich für die Entwicklung der Nasenschleimhaut und somit die Fähigkeit zu riechen. Dieser Mechanismus erklärt die interessante Beobachtung, dass bei seltenen Wanderungsdefekten der GnRH-Neuronen, Störungen des Riechens die sexuelle Dysfunktion begleiten. Dies ist eine Form der tertiären Insuffizienz der Keimdrüsen, die mit dem Mangel an GnRH und niedrigen LH-, FSH-, Testosteron- oder Östrogenspiegeln verbunden ist. Eine Gruppe dieser seltenen erblichen Krankheiten wird als **Kallmann-Syndrom** bezeichnet, benannt nach dem Autor, der es zuerst beschrieb.

Was sind die Symptome eines Mangels an Sexualhormonen?
Die Folgen einer unzureichenden Produktion von Sexualhormonen sind bei Erwachsenen und Kindern unterschiedlich. Wenn die Dysfunktion der Sexualhormonproduktion erst im Erwachsenenalter nach der Pubertät auftritt, ist die

sexuelle Entwicklung bereits abgeschlossen und wird nicht rückgängig gemacht. Der Mangel an Testosteron bei Männern führt zu einer Verlangsamung des Haarwuchses. Körperbehaarung kann spärlicher werden, und der Patient muss sich seltener rasieren als zuvor. Darüber hinaus kann auch die Muskelmasse abnehmen. Feine Falten erscheinen im Gesicht beider Geschlechter (Abb. 2.14). Müdigkeit und Schwäche sind ebenfalls häufig. Die sexuelle Libido ist vermindert, und Impotenz kann bei Männern beobachtet werden, während Menstruationszyklen bei Frauen selten oder vollständig ausbleiben.

Was passiert, wenn Sexualhormone in der Kindheit fehlen?
In diesem Fall tritt die Pubertät nicht ein und daher ist die Entwicklung von sekundären Geschlechtsmerkmalen gestört, wie das Auftreten von Geschlechtshaaren bei beiden Geschlechtern und Brüsten bei Frauen. Das Auftreten von Gesichtshaaren und eine Vertiefung der Stimme fehlen, und die Muskeln können auch unterentwickelt sein. Über viele Jahrhunderte hinweg wurden die Hoden einiger junger Jungen durch Kastration entfernt, um ihre hohe Stimme zu erhalten. Diese „Kastraten" Sänger sangen die hohen Töne in verschiedenen musikalischen Werken einschließlich Opern. Kastration führt auch zu fehlender Fruchtbarkeit, und kastrierte Männer (Eunuchen) wurden auch als Haremswächter eingesetzt. Es gibt ein weiteres interessantes Merkmal, das bei Eunuchen beobachtet werden konnte: kastrierte Männer waren größer als der Durchschnitt. Wachstumsfugen von Knochen werden normalerweise verkalkt, also während der Pubertät geschlossen und daher können Knochen nicht weiterwachsen. Im Falle eines Mangels an Sexualhormonen können Knochen jedoch weiterwachsen, und hauptsächlich bei Männern führt der Mangel an Sexualhormonen (Testosteron) zu einer großen Statur. Es muss jedoch beachtet werden, dass Testosteron absolut notwendig ist für eine normale Knochendichte, und daher wird Osteoporose bei Testosteronmangel beobachtet.

Was ist die häufigste Ursache für primären Sexualhormonmangel bei Männern?
Bei Männern ist eine Geschlechtschromosomenanomalie, genannt **Klinefelter-Syndrom** die häufigste Ursache für primären Sexualhormonmangel. Dieses Syndrom ist nicht selten, da jedes 500. männliche Neugeborene mit dieser Störung geboren wird. Bei Patienten mit Klinefelter-Syndrom findet man ein zusätzliches X-Chromosom (oder in seltenen Fällen mehr). Während bei gesunden Männern 44 somatische Chromosomen und ein X- und ein Y-Chromosom vorhanden sind (46,XY), gibt es in der typischsten Form des Klinefelter-Syndroms 47 Chromosomen, zwei X und ein Y zusammen mit 44 somatischen (47,XXY) (Abb. 6.5).

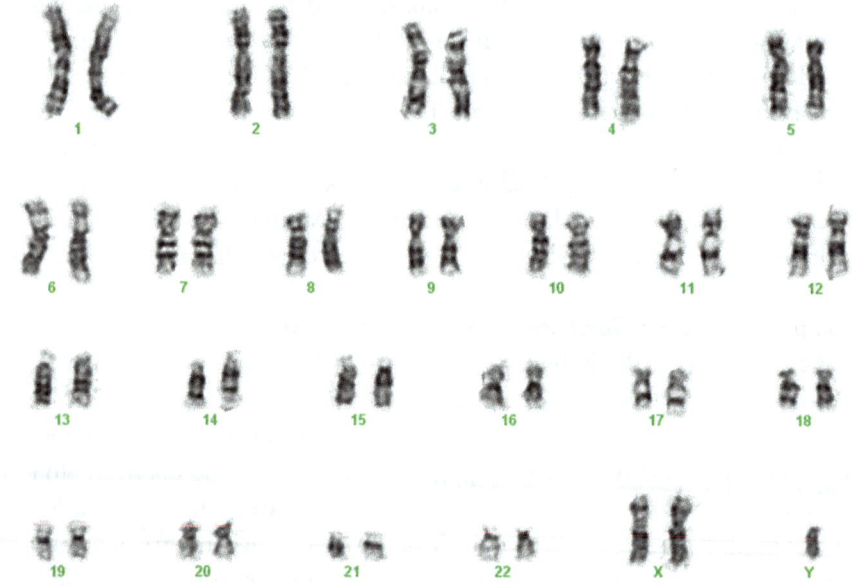

Abb. 6.5 Ein typisches Karyotyp im Klinefelter-Syndrom mit einem zusätzlichen Chromosom X. Anstelle des normalen 46,XY (ein X- und ein Y-Chromosom) wird ein 47,XXY-Karyotyp gesehen, so daß der Patient zwei X-Chromosomen anstelle von einem hat. Mit freundlicher Genehmigung von Dr. Irén Haltrich, Abteilung für Kinderheilkunde, Semmelweis-Universität

Die Testosteronspiegel sind im Blut niedrig, während LH und FSH hoch sind. Betroffene Patienten sind größer als der Durchschnitt (siehe oben). Der Armspann kann länger sein als die Körpergröße (Abb. 6.6). Neben den offenen Wachstumsfugen aufgrund fehlenden Testosterons kann die erhöhte Größe auch mit der doppelten Dosis wachstumsfördernder Gene zusammenhängen, die auf dem X-Chromosom gefunden werden. Die Körperbehaarung ist aufgrund des Mangels an Testosteron vermindert, und die Hüfte ist breiter als normal. In typischen Formen der Krankheit ist die Hodengröße klein. Eine Zunahme der männlichen Brüste wird oft gesehen (der medizinische Begriff ist Gynäkomastie) (Abb. 6.7), und sogar männlicher Brustkrebs kann auftreten, der sonst extrem selten bei Männern ist.

Welche Chromosomenstörung beeinflusst die Eierstockfunktion?
Die häufigste Chromosomenstörung, die die weibliche Sexualfunktion beeinflusst, ist das Turner-Syndrom, das bei 1 von 2000–2500 Mädchen beobachtet wird. In der typischen Form des Turner-Syndroms fehlt ein X-Chromosom,

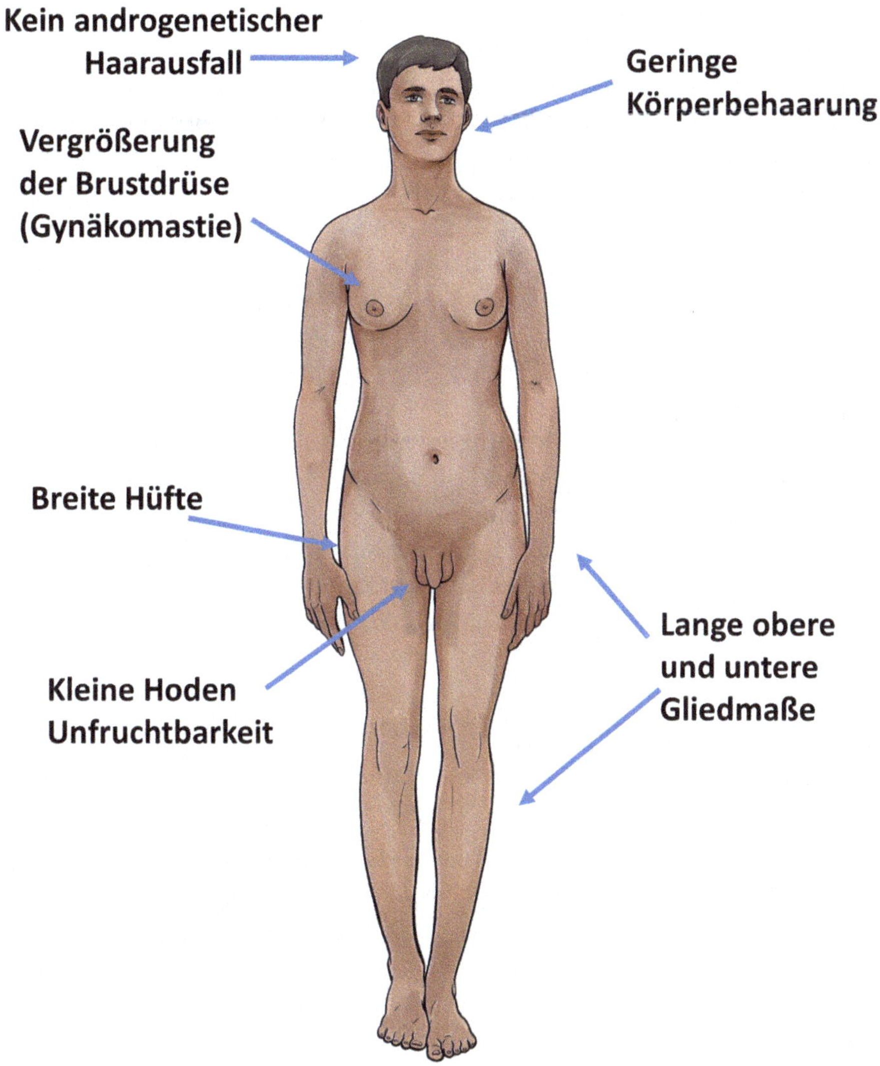

Abb. 6.6 Typisches klinisches Erscheinungsbild eines Patienten mit Klinefelter-Syndrom

- Kein androgenetischer Haarausfall
- Geringe Körperbehaarung
- Vergrößerung der Brustdrüse (Gynäkomastie)
- Breite Hüfte
- Kleine Hoden Unfruchtbarkeit
- Lange obere und untere Gliedmaße

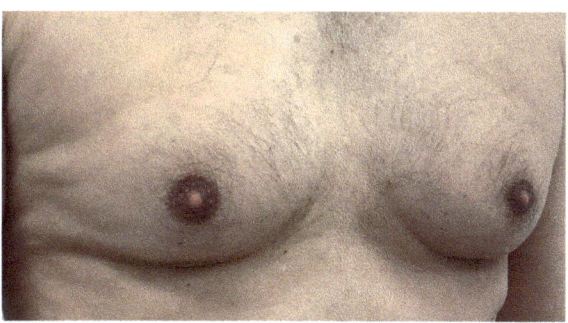

Abb. 6.7 Markante Vergrößerung der männlichen Brüste (Gynäkomastie)

daher hat die Patientin nur 45 Chromosomen (45,X). Es gibt jedoch andere Formen, bei denen zum Beispiel nicht das gesamte Chromosom X, sondern nur ein Teil davon fehlt, oder es gibt Zellen mit unterschiedlicher Chromosomenzusammensetzung im Körper. Dieses Phänomen wird **Mosaik** genannt, in Anlehnung an ein Mosaik, als Analogie zu einem Mosaik, das aus verschiedenen Teilen besteht. Mosaizismus kann bei verschiedenen Chromosomenstörungen auftreten, wie auch beim oben genannten Klinefelter-Syndrom. Mosaikformen sind oft milder, und sogar Fruchtbarkeit kann bei Mosaikformen sowohl des Klinefelter- als auch des Turner-Syndroms beobachtet werden.

Bei typischen Formen des Turner-Syndroms sind die Eierstöcke wie ein Strich (klein, fast zylindrisch) und ohne Follikel. Betroffene Patienten sind kleinwüchsig, da beide X-Chromosomen für das Wachstum benötigt werden, und bei Patienten, die nur ein X-Chromosom haben, sind weniger wachstumsfördernde Gene vorhanden. Menstruationszyklen werden nicht beobachtet: medizinisch bezeichnet als **primäre Amenorrhoe** (Box 6.4).

> **Box 6.4**
>
> Das Fehlen von Menstruationszyklen wird als Amenorrhoe bezeichnet. Im Falle der primären Amenorrhoe hat die betroffene Frau bis dem 16. Lebensjahr keine Menstruationszyklen. Primäre Amenorrhoe ist bis zur Pubertät normal. Auch das Turner-Syndrom ist durch primäre Amenorrhoe gekennzeichnet. Bei sekundärer Amenorrhoe hören die Menstruationszyklen bei einer Frau auf, die sie zuvor hatte. Ein Stopp von mehr als 3 Monaten ist nach Definition bei Frauen, die zuvor regelmäßige Menstruationszyklen hatten, notwendig, während bei unregelmäßigen Menstruationen eine Periode von mehr als 6 Monaten ohne Menstruationszyklen für die Diagnose einer sekundären Amenorrhoe erforderlich ist.

Abgesehen davon ist auch eine schildartige Brust charakteristisch, bei der der Abstand zwischen den Brustwarzen größer als normal ist. Auch eine Hautfalte an beiden Seiten des Halses ist oft zu sehen. Darüber hinaus kann der vierte Finger aufgrund eines fehlenden Längenwachstums im Mittelhandknochen kürzer sein (Abb. 6.8).

Herzfehler sind bei Patienten mit Turner-Syndrom häufig, was regelmäßige kardiologische Untersuchungen erfordert. In einigen Fällen ist sogar eine Herzoperation aufgrund der Verengung (Stenose) der Aorta erforderlich. Eine Unterfunktion der Schilddrüse aufgrund einer Hashimoto-Thyreoiditis ist ebenfalls recht häufig. Kleinwuchs kann durch die Verabreichung von

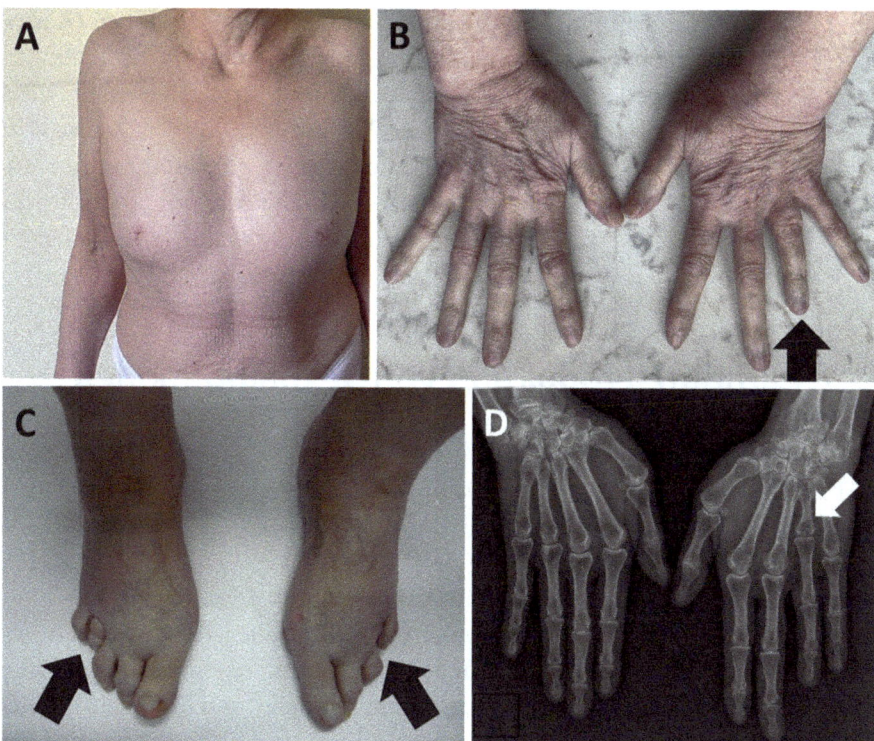

Abb. 6.8 Typische Symptome des Turner-Syndroms: **(A)**: schildförmige Brust, **(B)**: auffallend kurzer vierter Finger an der linken Hand, **(C)**: kurze vierte Zehen an beiden Füßen, **(D)**: das Röntgenbild der Hand zeigt, daß ein besonders kurzer Mittelhandknochen (weißer Pfeil) für den kurzen vierten Finger verantwortlich ist

Wachstumshormonen verbessert werden, obwohl diese Mädchen keinen Mangel an Wachstumshormonen haben. Menstruationszyklen können durch kombinierte Verhütungspillen, die Östrogen und Progesteron enthalten, wiederhergestellt werden. Aufgrund der erheblichen jüngsten Entwicklung von In-vitro-Fertilisationstechniken kann eine Schwangerschaft in einigen Fällen meist durch Eizellspenden von gesunden Frauen auch möglich sein.

Kann ein Mangel an Sexualhormonen ein Ziel für medizinische Behandlung sein?
Es gibt hormonempfindliche Tumoren, die Rezeptoren für Sexualhormone exprimieren, bei denen die Hormonbindung das Tumorwachstum fördert. Testosteron stimuliert das Wachstum von Prostatatumorzellen, und daher verbessert ein Mangel an Testosteron die Prognose von hormonempfindlichem Prostatakrebs. Einige Formen von Brustkrebs exprimieren Östrogen-

und Progesteronrezeptoren. Die chirurgische Entfernung der Hoden (Kastration) wurde klassischerweise zur Induktion eines Testosteronmangels verwendet, aber heutzutage kann dies durch Medikamente erreicht werden. Meist werden Injektionen mit GnRH-ähnlichen Wirkstoffen (GnRH-Analoga) zu diesem Zweck verwendet, die zu einem Testosteronmangel durch verminderte Hypophysen-LH- und FSH-Produktion führen. Zur Hemmung der Östrogenwirkungen werden GnRH-Analoga und Moleküle, die die Östrogenrezeptoren oder die Östrogenproduktion beeinflussen, verwendet.

6.3 Erhöhte Produktion von Sexualhormonen

Die Überproduktion von Androgenen bei Frauen ist die wichtigste Krankheitsgruppe auf diesem Gebiet, während die Überproduktion von Östrogenen bei Männern äußerst selten ist.

Was führt die Überproduktion von Androgenen bei Frauen zu?
Eine Überproduktion von Androgenen führt bei Frauen zu maskulinen Veränderungen. Starke Körperbehaarung ist das häufigste. In schweren Fällen kann die Stimme tiefer werden, maskuline Muskeln und Kahlheit können auftreten und sogar eine Vergrößerung der Klitoris kann sich entwickeln. Beispiele dafür konnten bei einigen Leichtathletinnen unter extremem Doping in der ehemaligen Deutschen Demokratischen Republik gesehen werden. Wenn Androgene den weiblichen Fötus während der Schwangerschaft beeinflussen, kann die Entwicklung der äußeren weiblichen Genitalien gestört sein, und eine vergrößerte Klitoris oder verschmolzene große Schamlippen können zu einem Aussehen führen, das männlichen Genitalien ähnelt und Schwierigkeiten bei der Geschlechtsbestimmung bei der Geburt verursacht.

Welche Arten von Haarwuchs sind bekannt?
Verstärkte Körperbehaarung ist bei Frauen sehr häufig. Die meisten davon sind mild, und schwerer Haarwuchs ist selten. Kulturelle Unterschiede sind wichtig bei der Interpretation von Körperbehaarung. Heutzutage ist die ideale Frau in der westlichen Welt haarlos. Es ist wichtig, die Körperbehaarung zu unterscheiden, die mit einer Überproduktion von Androgenen zusammenhängt, und die, die nicht damit zusammenhängt. Männliche Körperbehaarung, die mit einer Androgenwirkung zusammenhängt, wird als Hirsutismus bezeichnet (Box 6.5). Hautregionen sollten unterschieden werden, die unter Androgeneinflüssen stehen und die, die nicht darunter stehen.

> **Box 6.5: Hirsutismus**
> ist ein übermäßiges Haarwachstum in Hautregionen, die unter Androgeneinfluß stehen. Zu diesen Hautregionen gehören das Gesicht, der Hals, der Rücken, die Brust, der Bauch und der Oberschenkel. Während das Schamhaar bei Frauen in einer konvexen Linie endet, wächst es bei Männern bis zum Nabel. Das Auftreten des letzteren Musters spiegelt ebenfalls den Androgeneffekt wider. Die Unterarme und die Unterschenkel hingegen werden nicht von Androgenen beeinflusst, und daher ist ein übermäßiges Haarwachstum in diesen Regionen nicht mit Androgenen verbunden und meist nicht durch eine endokrine Erkrankung vermittelt.

Welche Fragen sind wichtig in Bezug auf Körperbehaarung?
Die wichtigste Frage betrifft die Menstruationszyklen. Die Chance auf eine schwere Überproduktion von Androgenen in Bezug auf Körperbehaarung ist relativ gering, wenn die Menstruationszyklen normal sind. Eine signifikante Überproduktion von Androgenen kann zu seltenen Menstruationszyklen (Raromenorrhoe) oder einem vollständigen Fehlen davon (sekundäre Amenorrhoe) führen (Box 6.4).

Welche Krankheiten können für starke Körperbehaarung verantwortlich sein?
Die häufigste endokrine Erkrankung bei Frauen, die zu Menstruationsstörungen und Haarwuchs führen kann, ist das polyzystische Ovarialsyndrom (PCOS). Störungen der Steroidhormonproduktion (Enzymstörungen, die im Nebennierenkapitel diskutiert werden, Formen der 21-Hydroxylase-Defizienz, Abschn. 5.2.6), und androgenproduzierende Eierstock- oder Nebennierentumoren können ebenfalls verantwortlich sein.

Wie oft finden wir die Ursache für Körperbehaarung durch eine endokrinologische Untersuchung?
Es hängt vom Grad des Haarwuchses ab. Die Chance auf einen endokrinologischen Hintergrund ist wahrscheinlicher bei Fällen von schweren Körperbehaarung. PCOS ist die häufigste Ursache. Ein hormoneller Hintergrund kann vermutet werden, wenn weitere Anzeichen einer Überproduktion von Androgenen vorhanden sind, wie eine tiefer werdende Stimme, männlicher Haarausfall, Hautakne (Box 6.6). In der Mehrheit der isolierten, milden Fälle von Körperbehaarung sind hormonelle Veränderungen normalerweise nicht vorhanden.

> **Box 6.6: Akne**
> ist eine Hauterkrankung, die mit Haarfollikeln in Verbindung steht und auf eine erhöhte Ölproduktion zurückzuführen ist. Es sind mehrere Formen bekannt, die ästhetisch störend sein können. Akne tritt besonders häufig im Gesicht, am Hals, Rücken und an den Schultern auf. Androgene erhöhen die Hautölproduktion und fördern dadurch die Aknebildung.

Abb. 6.9 zeigt einen Fall von leichtem Hirsutismus.

Was sind die Hauptmerkmale des polyzystischen Ovarialsyndroms?
Das polyzystische Ovarialsyndrom (PCOS) ist eine der häufigsten weiblichen Krankheiten und betrifft etwa 5–18 % der Frauen. Auf dieser Grundlage ist es legitim zu fragen, ob man dies überhaupt als Krankheit betrachten sollte. Was wir als normal betrachten, kann innerhalb recht breiter Grenzen fallen.

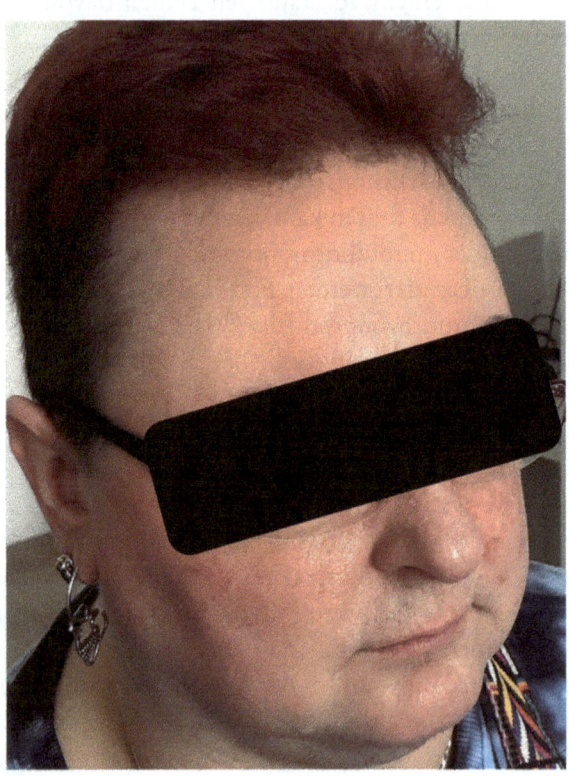

Abb. 6.9 Leichter Hirsutismus im Gesicht: auf der Oberlippe und am Kinn. Männlicher Haarausfall ist in der Schläfenregion zu sehen

Der Name der Krankheit bezieht sich auf das Vorhandensein von flüssigkeitsgefüllten Säcken, sogenannten Zysten, in den Eierstöcken. Diese sind in der Tat keine Zysten, sondern vergrößerte Follikel. Die Schwere von PCOS ist eher variabel. Es gibt Fälle mit schwerem Haarwuchs, Fettleibigkeit und Menstruationsstörungen, aber auch mildere Formen mit normalem Körperbau oder sogar nur mit Menstruationszyklusstörungen und ohne Haarwuchs können beobachtet werden.

Wie kann eine Diagnose von PCOS gestellt werden?
Die Diagnose von PCOS ist nicht einfach. Es ist wichtig, Krankheiten auszuschließen, die ähnliche Symptome verursachen, wie das Cushing-Syndrom, das mit einer Überproduktion des Glukokortikoidhormons (Cortisol) zusammenhängt (Abschn. 5.2.2), Störungen der Steroidhormonproduktion (Abschn. 5.2.6) oder eine Überproduktion von Prolaktin (Abschn. 2.3). Zur Diagnosestellung des PCOS werden verschiedene Kriteriensysteme verwendet, am weitesten verbreitet sind die 2003 festgelegten Rotterdam-Kriterien. Dieses System umfasst 3 Merkmale, von denen mindestens zwei für die Diagnose vorliegen sollten: i. Menstruationsunregelmäßigkeiten (seltene oder fehlende Ovulation), ii. klinische Anzeichen einer erhöhten Androgenwirkung oder erhöhte Androgenkonzentration im Blut, iii. typisches polyzystisches Aussehen der Eierstöcke. Zur Untersuchung des polyzystischen Aussehens der Eierstöcke ist ein Ultraschall, insbesondere ein vaginaler Ultraschall, erforderlich.

Was ist die Ursache von PCOS?
Leider kann diese Frage auch heutzutage nicht vollständig beantwortet werden. Neben den in den Eierstöcken beobachteten Veränderungen wurden mehrere wichtige Veränderungen beschrieben, wie z. B. Geweberesistenz gegen Insulin, Dysfunktionen im Hypothalamus, der Hypophyse und den Nebennieren, aber es kann nicht behauptet werden, dass der Ursprung der Krankheit vollständig klar ist.

Welche hormonellen Merkmale sind charakteristisch für PCOS?
Die Blutkonzentration von Androgenen ist erhöht, und meistens ist die Messung von Testosteron und DHEAS notwendig. Um eine Dysfunktion der adrenokortikalen Steroid produzierenden Enzyme, insbesondere eine 21-Hydroxylase-Defizienz, auszuschließen, ist auch die Messung von 17-Hydroxyprogesteron und Androstendion hilfreich (Abschn. 5.2.6). Das Verhältnis von LH und FSH verschiebt sich in Richtung LH, aber dies ist nicht unter den aktuellen diagnostischen Kriterien enthalten. **Insulin-**

resistenz ist auch typisch, was bedeutet, dass Körpergewebe weniger empfindlich auf Insulin reagieren als normal, und daher sind die Insulinspiegel erhöht. Allerdings ist die Insulinresistenz nicht in den diagnostischen Kriterien von PCOS enthalten. Patienten, die an PCOS leiden, haben ein erhöhtes Risiko für die Entwicklung von Typ-2-Diabetes mellitus, der durch Insulinresistenz gekennzeichnet ist. Es sollte hervorgehoben werden, dass **Insulinresistenz keine eigenständige Krankheit ist, sondern ein Phänomen, das an der Entwicklung mehrerer Krankheiten, einschließlich PCOS, beteiligt ist.** Diese Frage wird im nächsten Kapitel (Kap. 7) diskutiert.

Welche Umstände sollten bei der Blutentnahme berücksichtigt werden?

Es ist wichtig, wann genau im Monat die Blutentnahme stattfindet da die Blutkonzentrationen für LH, FSH und Sexualhormone während des Menstruationszyklus variieren. Es wird empfohlen, die Blutentnahme zu Beginn des Menstruationszyklus zu organisieren, am 3. oder 4. Tag nach Beginn der Blutung.

Was kann aus Hormonuntersuchungen herausgefunden werden, wenn der Patient Verhütungspillen einnimmt?

Viele Frauen, die unter Menstruationsstörungen und Haarwuchs leiden, nehmen Verhütungspillen. Diese Behandlung kann die Beschwerden erheblich verbessern, aber auch hormonelle Veränderungen verbergen. Es ist sehr wichtig zu beachten, dass die Spiegel der Steroidhormone, einschließlich der Sexualhormone und Nebennierenhormone, während der Verhütungsbehandlung verändert werden, und es gibt keine normalen Bereiche für diese. Daher können Hormonmessungen nicht interpretiert werden. Die Erklärung für dieses Phänomen liegt in der Wirkung von Östrogenkomponenten von Verhütungspillen, die die Produktion von Hormonträgerproteinen stimulieren. Steroidhormone zirkulieren nicht frei im Blutkreislauf, sondern sind an Proteine gebunden. Diese Proteine werden hauptsächlich von der Leber produziert und die Produktionsraten werden durch Östrogene erhöht. Ebenso sollten Steroidhormone während der Schwangerschaft nicht gemessen werden, da große Mengen an Östrogenen, die während der Schwangerschaft produziert werden, den gleichen Effekt haben.

Als Regel gilt, dass Hormonmessungen bei Patienten, die Verhütungspillen einnehmen, nicht durchgeführt werden sollten, nur nach einer Unterbrechung von 3 Monaten. (Die einzige große Ausnahme ist die Messung von Schilddrüsenhormonen, da die Spiegel für TSH und freies T4 und T3 zuverlässig bestimmt werden können).

Gibt es ernsthafte Komplikationen bei PCOS?

PCOS kann die Fruchtbarkeit reduzieren. Das Risiko für schwangerschaftsbedingten (Gestations-)Diabetes mellitus und hohen Blutdruck ist bei Frauen mit PCOS erhöht. Frühgeburten sind ebenfalls häufiger. In Bezug auf Stoffwechselstörungen ist auch Typ-2-Diabetes mellitus häufiger und ungünstige Veränderungen der Blutfette können auftreten, die das Risiko für Herz-Kreislauf-Erkrankungen erhöhen. Psychiatrische Erkrankungen wie Angst und Depression sind ebenfalls häufiger.

Wie sollte PCOS behandelt werden?

Da der Hintergrund von PCOS nicht vollständig geklärt ist, kann seine Behandlung nicht auf eine einzige Option beschränkt werden. Bei Formen, die mit starker Fettleibigkeit verbunden sind, sind Gewichtsreduktion und Kalorienrestriktion von zentraler Bedeutung. Körperliche Aktivität und Ernährung sind von größter Bedeutung. Eine tägliche 1200–1500 kcal (Kilokalorien) Energieaufnahme wird vorgeschlagen, aber dies hängt sicherlich auch von der körperlichen Aktivität des Patienten ab (Box 6.7). Die Art der Diät hat keinen großen Einfluss auf die Behandlung von PCOS, das Wichtigste sind Kalorienrestriktion (Box 6.8) und Gewichtsverlust.

Box 6.7: Wie viel körperliche Aktivität ist wünschenswert?

150 min mäßige oder 75 min intensive körperliche Aktivität pro Woche sind notwendig, um eine Gewichtszunahme zu verhindern und einen gesunden Lebensstil im Allgemeinen zu erhalten. Zur Gewichtsreduktion ist jedoch eine intensivere körperliche Aktivität erforderlich, 250 min mäßige oder 150 min intensive Aktivität.

Box 6.8: Wie hoch ist eine normale tägliche Kalorienaufnahme?

Das Niveau hängt von Geschlecht, körperlicher Aktivität und Alter ab. Die erforderliche tägliche Kalorienaufnahme nimmt allmählich ab dem Alter von 18 Jahren ab. Zum Beispiel benötigt ein Mann zwischen 21 und 25 Jahren mit einem sitzenden Lebensstil 2400 kcal, während bei harter körperlicher Arbeit sogar eine tägliche Aufnahme von 3200 kcal notwendig sein kann. Frauen im gleichen Altersbereich benötigen 2000 kcal für einen nicht-physischen Lebensstil, während 2400 kcal für körperliche Arbeit. Ein Mann zwischen 71 und 75 Jahren benötigt 2400 kcal für intensive körperliche Aktivität, während eine Frau unter den gleichen Bedingungen nur 2000 kcal benötigt. Sicherlich sind dies nur ungefähre Werte.

Die **klassische medizinische Behandlung von PCOS basiert traditionell auf der Verwendung von Östrogen/Progesteron enthaltenden Verhütungspillen** (Box 6.9) (wenn das direkte Ziel der Behandlung nicht Schwangerschaft ist). Verhütungsmittel reduzieren die LH-Spiegel und damit die ovarielle Androgenproduktion. Die Konzentration von freiem, proteinungebundenem Testosteron im Blut wird reduziert, und auch die Nebennierenandrogenproduktion wird verringert. Durch die Normalisierung der Menstruationszyklen verbessert sich auch der Zustand der Gebärmutterschleimhaut.

Box 6.9: Wie wirkt die hormonelle Verhütung?

Hormonelle Verhütungspillen wurden entwickelt, um ungewollte Schwangerschaften zu verhindern. Moderne Verhütungspillen enthalten synthetische Hormonmoleküle mit Östrogen- und Progesteronwirkungen. Die Verabreichung dieser Substanzen hemmt die Produktion von regulatorischen Hormonen des Hypothalamus und der Hypophyse, die die Fortpflanzungsfunktion beeinflussen, wodurch die Eireifung und somit die Empfängnis vermieden wird. Die Hormonzusammensetzung in modernen Medikamenten variiert je nach Menstruationszyklus, und daher wird der nahezu normale zyklische Wechsel der Gebärmutterschleimhaut und der Menstruationsblutung sichergestellt. Hormonelle Verhütungspillen sind die wirksamsten Methoden der Verhütung. Sie werden auch zur Behandlung mehrerer Krankheiten eingesetzt.

Es gibt jedoch Bedingungen, unter denen die Anwendung von Verhütungspillen nicht empfohlen wird (kontraindiziert): bei Frauen über 35 Jahren, die mehr als 15 Zigaretten pro Tag rauchen; wenn Risikofaktoren für Herz-Kreislauf-Erkrankungen vorliegen (wie Rauchen, Diabetes, hoher Blutdruck); frühere venöse Thrombose; Schlaganfall; bekanntes Problem mit der Blutgerinnung; koronare Herz- oder Klappenerkrankung; Brustkrebs; einige Lebererkrankungen; Migräne.

In jüngster Zeit wird die Verwendung von Metformin, das auf die Reduzierung der Insulinresistenz wirkt (nächstes Kap. 7), immer häufiger in der Behandlung von PCOS eingesetzt. Metformin ist ein Basismedikament in der Behandlung von Typ-2-Diabetes mellitus, wo es seine günstigen Wirkungen teilweise durch Verbesserung der Gewebeinsulinsensitivität ausübt. Durch Reduzierung des Appetits ist es besonders nützlich bei PCOS-Fällen mit Fettleibigkeit. Es ist wichtig zu beachten, dass die Indikation für die Verwendung von Metformin Diabetes und mehr kürzlich auch Prädiabetes (die Störung des Glukosestoffwechsels, die dem Diabetes vorausgeht) ist. Sein Einsatz bei PCOS ohne Diabetes mellitus wird als Off-Label bezeichnet (Box 6.10). Der Einsatz von Metformin bei PCOS in Verbindung mit Übergewicht und Zuckerkrankheit ist klar, aber viele verwenden es auch bei PCOS ohne damit verbundene Störung der Glukosehomöostase.

> **Box 6.10: On-Label-Behandlung**
> bedeutet, dass das Medikament gemäß den Anweisungen verwendet wird, die von den zuständigen offiziellen Behörden des Landes festgelegt wurden. Das Medikament wird mit einer definierten Indikation zur Behandlung bestimmter Krankheiten und Zustände verwendet. Die meisten Medikamente werden On-Label verwendet.
> Es ist jedoch nicht selten, dass Forschungsdaten zeigen könnten, dass das Medikament für andere Zwecke als zuvor definiert verwendet werden kann. Dies wird als Off-Label bezeichnet und erfordert in der Regel die Genehmigung der zuständigen Behörden. Off-Label-Anwendung ist besonders häufig in der Onkologie, wo zahlreiche neue Medikamente und Forschungsdaten auftauchen.

Metformin verbessert bei etwa der Hälfte der Frauen, die an PCOS leiden, die Menstruationszyklen, ist aber nicht besonders wirksam bei der Reduzierung des Haarwuchses oder bei der Linderung der Auswirkungen einer übermäßigen Androgenproduktion. Die tägliche Dosis von Metformin bei PCOS liegt zwischen 500 mg und 2000 mg pro Tag. (Die maximale Tagesdosis von Metformin beträgt 3000 mg). Metformin kann mit Verhütungspillen kombiniert werden, aber es gibt noch keine Daten zur Wirksamkeit dieser Kombination.

Weitere ergänzende Behandlungen, wie Myoinositol, sind ebenfalls bekannt, aber weitere Studien sind erforderlich, um ihre Wirksamkeit zu bestimmen.

Was sollte bei der Planung einer Schwangerschaft bei PCOS-Patientinnen getan werden?

Gewichtsreduktion ist das Wichtigste. Dies verbessert sowohl die Chance auf eine Empfängnis als auch eine erfolgreiche Schwangerschaft. Zur Induktion des Eisprungs kann eine medizinische Behandlung eingesetzt werden, am häufigsten der Einsatz von **Clomifencitrat**. Dies ist ein Molekül ähnlich dem Östrogen, das die Freisetzung von LH und FSH aus der Hypophyse induziert. Es gibt auch Daten zur Anwendung von Letrozol bei der Ovulationsinduktion als Off-Label-Behandlung (Box 6.10). Letrozol wurde ursprünglich zur Behandlung von Brustkrebs eingesetzt, um die Östrogenbildung zu reduzieren, kann aber auch zur Induktion des Eisprungs eingesetzt werden, da es die FSH-Freisetzung aus der Hypophyse erhöht. Es gibt auch Daten zur Anwendung von Metformin zur Förderung der Schwangerschaft, aber es wird nicht allgemein akzeptiert.

Welche Behandlungsmöglichkeiten gibt es bei hohen Androgenspiegeln?
Hohe Androgenspiegel finden sich bei PCOS, aber auch bei anderen Krankheiten (wie Androgen produzierenden Eierstock- oder Nebennierentumoren und Störungen der Steroidenzyme in der Nebennierenrinde (Abschn. 5.2.6)), aber es ist nicht ungewöhnlich, daß der Hintergrund nicht identifiziert werden kann. Wenn die Ursache gefunden wird, ist ihre Behandlung angezeigt, um die Androgenüberproduktion zu lösen. Zum Beispiel kann die Androgenüberproduktion durch die Entfernung des androgenproduzierenden Tumors geheilt werden. Störungen der Steroidhormonbiosynthese können durch die Verabreichung von Glukokortikoidhormonen behandelt werden (Abschn. 5.2.6).

Wenn die Überproduktion von Androgenen nicht durch die Behandlung der zugrunde liegenden Krankheit gelöst werden kann, können mehrere Medikamente angewendet werden. Verhütungspillen können wirksam sein, darunter gibt es Moleküle mit **antiandrogenen** Effekten, die die Androgenwirkung hemmen. Viele dieser Moleküle gehören zur Gruppe der Progesteronhormone oder sind ähnliche Moleküle (wie Cyproteronacetat). In einigen Fällen werden die Nebenwirkungen von Medikamenten, die hauptsächlich zur Behandlung anderer Krankheiten eingesetzt werden, ausgenutzt. Ein Beispiel dafür ist **Spironolacton**, dessen Hauptwirkung die Hemmung von Aldosteron ist und daher bei der Behandlung von Aldosteronüberproduktion (wie bei primärem Aldosteronismus, Abschn. 5.2.4) eingesetzt wird. Andererseits bindet Spironolacton auch den Androgenrezeptor und hemmt seine Aktivität. Dies erklärt seine unangenehme Nebenwirkung bei Männern, da die Hemmung der Androgenwirkungen zu Impotenz und Vergrößerung der männlichen Brüste (Gynäkomastie) führt. Bei Frauen ist Spironolacton jedoch nützlich zur Behandlung von Zuständen mit hohen Androgenspiegeln. Darüber hinaus gibt es Daten zur Anwendung von Antiandrogen-Medikamenten, die zur Behandlung von Prostatavergrößerung und -krebs bei Männern bestimmt sind (Flutamid, Finasterid). Die Anwendung der letzteren ist sicherlich Off-Label, da diese Medikamente zur Behandlung von Männern entwickelt wurden. Alle diese Medikamente mit antiandrogenen Wirkungen sollten nur zusammen mit Verhütungspillen eingesetzt werden, da sie schädlich für den Fötus bei einer eventuellen Schwangerschaft sein könnten.

Was sind die Gefahren der Anwendung von Verhütungspillen?
Moderne Verhütungspillen (Antibabypillen), die Östrogene und Progesteron enthalten, sind im Allgemeinen gut verträglich und sicher. Sie beeinflussen nicht das Körpergewicht, die Stimmung, die sexuelle Aktivität oder eine spätere Schwangerschaft. Aktuellste Forschungsdaten zeigen, dass Verhütungspillen das Tumorrisiko langfristig nicht erhöhen und sogar das Risiko für Eierstock- und Gebärmutterkrebs senken können.

Verhütungspillen erhöhen das Risiko für Blutgerinnsel (Thrombosen), aber dieses Risiko ist bei gesunden Nichtraucherinnen immer noch sehr gering. Bei jemandem mit einer Vorgeschichte von tiefer Venenthrombose (meist in den Venen der unteren Extremitäten) oder einer anderen Krankheit mit Thrombose sind Verhütungspillen kontraindiziert. Das Risiko für Thrombosen ist erhöht, wenn man deutlich übergewichtig ist, und es gibt auch einige genetische Faktoren, die mit einem erhöhten Risiko für Thrombosen in Verbindung gebracht werden. Der wichtigste davon ist die **Leiden-Mutation** des Gens, das für den Faktor V der Blutgerinnungskaskade kodiert. Die routinemäßige Analyse potenzieller genetischer Varianten, die zu einer erhöhten Blutgerinnung prädisponieren, wird für diejenigen Personen vorgeschlagen, die Geschwister haben, bei denen eine erhöhte Blutgerinnung diagnostiziert wurde.

Neben der venösen Thrombose ist auch das Risiko für arterielle Thrombosen etwas erhöht, aber dies ist nur gering bei neueren Verhütungspillen, die einen verringerten Östrogengehalt haben. Arterielle Thrombosen können sich als Herzinfarkt oder Schlaganfall manifestieren, wenn die Koronar- oder Hirnarterien betroffen sind. Einige Studien behaupten, dass das Risiko dafür etwa 60 % höher ist im Vergleich zu Personen, die keine Kontrazeptiva einnehmen.

Die Risiken mit Verhütungspillen sind bei Frauen über 35 Jahren und bei Raucherinnen erhöht.

6.4 Störungen der Geschlechtsdifferenzierung

Die sexuelle Entwicklung ist ein sehr komplexer Prozess, der sowohl genetische als auch hormonelle Faktoren beinhaltet. Es gibt mehrere, meist seltene Krankheiten (Box 6.11), bei denen die Geschlechtsmerkmale von denen, die für den genetischen Hintergrund typisch sind, abweichen. Es ist möglich, dass das chromosomale (genetische) Geschlecht, das gonadale Geschlecht und die Merkmale der äußeren Genitalien und sekundären Geschlechtsmerkmale nicht übereinstimmen. Die bei Nebennierenerkrankungen diskutierten Enzymstörungen (Abschn. 5.2.6) sind auch mit Störungen der sexuellen Entwicklung verbunden. Hier wird eine sehr interessante Krankheitsgruppe diskutiert, die mit der Fehlfunktion des Androgenrezeptors verbunden ist.

> **Box 6.11: Was ist eine seltene Krankheit?**
>
> Nach der aktuellen Definition wird eine seltene Krankheit als eine Krankheit definiert, die weniger als eine Person von 2000 Menschen betrifft.

Komplette Androgenresistenz
Die komplette Androgenresistenz ist eine seltene Krankheit aufgrund des genetischen Defekts des Androgenrezeptors, der die Wirkungen von Testosteron vermittelt. Betroffene Personen haben ein männliches chromosomales Geschlecht (46,XY) und ihre Fortpflanzungsdrüse (Gonade) ist der Hoden. Hoden produzieren Testosteron, aber dieses kann aufgrund des Rezeptordefekts keine Androgenwirkungen haben.

Allerdings wird aus Testosteron im aktiven Fettgewebe Östrogen produziert, das zur Entwicklung der sekundären weiblichen Geschlechtsmerkmale führt. Betroffene Patienten haben ein völlig normales weibliches Erscheinungsbild mit normaler Brustentwicklung, aber die primären Keimdrüsen (Gonaden) sind die Hoden. Die Hoden befinden sich nicht im Hodensack, sondern an anderer Stelle, zum Beispiel im kleinen Becken oder im Leistenkanal. Die äußeren Genitalien entsprechen denen von Frauen, aber die Vagina ist kürzer als der Durchschnitt und endet in einer Sackgasse, da die Gebärmutter fehlt. Körperbehaarung ist normalerweise nicht vorhanden, sowohl Scham- als auch Achselhaare. Die Krankheit wird normalerweise während der Pubertät erkannt, da keine Menstruationszyklen auftreten, und die hormonellen Ergebnisse zeigen Testosteronspiegel, die Männern entsprechen. Betroffene Frauen sind aufgrund der männlichen Chromosomenzusammensetzung normalerweise größer. Diese Krankheit kann bei Models beobachtet werden.

Was kann die langfristige Gefahr einer Androgenresistenz sein?
Das Hauptproblem ist mit dem Hoden verbunden, der sich an einer ungeeigneten Position befindet, das heißt außerhalb des Hodensacks. Bösartige Tumoren können sich im Hoden bilden, der im kleinen Becken oder im Leistenkanal gefunden wird. Es wird daher empfohlen, die Hoden als vorbeugende Maßnahme chirurgisch zu entfernen. Nach der Operation ist jedoch eine Hormonersatztherapie erforderlich, da das aus Testosteron abgeleitete Östrogen die sekundären Geschlechtsmerkmale aufrechterhalten hatte.

Was wird zur Hormonersatztherapie nach der prophylaktischen Entfernung der Hoden verwendet?
Es sollte Östrogen verabreicht werden. Es besteht keine Notwendigkeit für Progesteron, da dies zur Aufrechterhaltung des Menstruationszyklus benötigt würde, aber hier haben betroffene Patienten keine Gebärmutter. Östrogen ist auch wichtig für die Aufrechterhaltung der Knochenmasse und die Vorbeugung von Osteoporose.

Ist eine partielle Androgenunempfindlichkeit auch bekannt?
Ja, in diesen Fällen hat Testosteron einige Auswirkungen und daher können sich Zwischenformen von Genitalien und Aussehen entwickeln.

7

Über Insulinresistenz

Es wird heutzutage immer häufiger, dass ansonsten gesunde Menschen bei der Diagnose einer Insulinresistenz verschiedene Medikamente einnehmen. Aufgrund dieses weit verbreiteten Phänomens halte ich die Darstellung dieses Themas für wichtig. Die Platzierung der Insulinresistenz nach den Erkrankungen der Gonaden ist kein Zufall, da dies tatsächlich ein wichtiges Phänomen beim polyzystischen Ovarialsyndrom (PCOS) ist (Abschn. 6.3). Leider wird die Behandlung der Insulinresistenz auch als „Krankheit" betrachtet. Obwohl Diabetes mellitus in diesem Buch nicht im Detail behandelt wird, ist es notwendig, ihn hier kurz zusammen mit einem der Hauptregulatoren des Kohlenhydratstoffwechsels, Insulin, zu besprechen.

Die Regulation der Kohlenhydrathomöostase ist ein wichtiges Gebiet des Stoffwechsels. Es gibt nur ein einziges Hormon, das in der Lage ist, den Blutzuckerspiegel zu senken, und das ist das von der Bauchspeicheldrüse produzierte Insulin. Insulin wird von den Beta-Zellen der sogenannten Pankreasinseln (oder Langerhans-Inseln) in der Bauchspeicheldrüse produziert (Kap. 1, Abb. 1.1). Insulin stimuliert den Abbau von Glukose (Zucker) hauptsächlich in der Leber und im Muskelgewebe, es hemmt sowohl die Glukosebildung durch die Leber als auch den Abbau von Leberglykogen, das als Zuckerlager dient, und es stimuliert die Glykogenbildung. Insulin stimuliert auch die Synthese von Fetten und hemmt deren Abbau, neben der Stimulation des Proteinaufbaus.

Im Allgemeinen wirkt Insulin so, dass es die Bildung von großen Molekülen fördert (wie Proteine und Fettmoleküle), weshalb seine Effekte als **anabol** bezeichnet werden.

Während Insulin das einzige Hormon ist, das den Blutzuckerspiegel senken kann, gibt es mehrere, die ihn erhöhen können. Zu den den Blutzucker erhöhenden Hormonen gehören Nebennierenrinden-Glukokortikoide (das Haupt-Hormon ist Kortisol, Abschn. 5.2.1), Nebennierenmark-Katecholamin-Hormone (Adrenalin, Noradrenalin) (Abschn. 5.3), und das Wachstumshormon aus der Hypophyse (Abschn. 2.1). Die Pankreasinseln produzieren nicht nur Insulin, sondern auch Glukagon, das den Blutzuckerspiegel stark erhöht. Im Gegensatz zu Insulin sind die Effekte von Glukokortikoiden **katabol**, da diese den Abbau von großen Molekülen induzieren. Während der Verlust eines den Blutzucker erhöhenden Hormons nicht zu schweren Problemen führt, ist der Mangel oder die gestörte Wirkung von Insulin, das das einzige Hormon ist, das den Blutzucker senken kann, mit ernsthaften Problemen verbunden. Wie andere Hormone wirkt auch Insulin über einen spezifischen Rezeptor, der zur Gruppe der Zellmembranrezeptoren gehört. Ein Mangel an Insulin oder seine gestörte Wirkung führt zu Diabetes mellitus (Box 7.1 und Box 7.2).

> **Box 7.1: Was ist Diabetes mellitus?**
>
> Diabetes mellitus (Zuckerkrankheit) ist eine Störung der Glukose (Zucker) Gleichgewichts, die zu erhöhten Blutzuckerspiegeln führt. Erhöhter Blutzucker ist schädlich und schädigt langfristig sowohl große als auch kleine Gefäße. Unter den Arten von Schäden an großen Gefäßen können koronare Herzkrankheit und Stenose großer Arterien auftreten, während kleine Gefäßschäden zu Netzhaut-, Nieren- und Nervenkomplikationen führen können. Zu den akuten Komplikationen von Diabetes mellitus gehören sehr hohe Blutzuckerspiegel, die zu schweren Stoffwechselstörungen führen können, die im schlimmsten Fall zu Koma oder sogar zum Tod führen können. Die Diagnose von Diabetes mellitus wird durch Messung des Blutzuckerspiegels (sowohl nüchtern als auch sogenannter zufälliger Blutzucker zu jeder Zeit, oder auch Blutzuckerspiegel während eines oralen Glukosetoleranztests können verwendet werden) Auch die Messung des HbA1c-Spiegels ist hilfreich. HbA1c ist die mit Glukose assoziierte Form des Sauerstoff transportierenden Hämoglobinmoleküls der roten Blutkörperchen. Sein Spiegel gibt den Glukosestoffwechsel des 3 Monate vor der Blutentnahme liegenden Zeitraums an.

> **Box 7.2: Typ-1-Diabetes mellitus**
>
> entwickelt sich aufgrund eines Insulinmangels und ist charakteristisch für Kinder und junge Erwachsene. Insulinmangel ist meist die Folge einer Autoimmunreaktion gegen die Pankreasinseln. Betroffene Patienten sind in der Regel schlank. **Typ-2-Diabetes mellitus** ist charakteristisch für Erwachsene und ältere

Menschen und ist in der Regel mit Fettleibigkeit verbunden. Während Typ-1-Diabetes mellitus in der Regel durch typische Symptome wie das Trinken großer Mengen Flüssigkeit, Gewichtsverlust, verschlechterte Schulleistung oder sogar Verwirrung erkannt wird, ist die Entwicklung von Typ-2-Diabetes langsam, und es wird oft zufällig durch eine Routineblutanalyse erkannt. Bei Typ-2-Diabetes sind die Insulinspiegel höher als normal aufgrund der Insulinresistenz.

Ist Insulinresistenz eine Krankheit?
Es ist wichtig zu betonen, daß **Insulinresistenz keine Krankheit ist, sie existiert nicht als eigenständige Krankheit**. Allerdings stellt die Insulinresistenz einen wichtigen Mechanismus, einen pathologischen Krankheitsprozess in der Entwicklung mehrerer Krankheiten dar. Der Begriff Insulinresistenz bedeutet, dass der Körper weniger empfindlich auf Insulin reagiert als normal, sodass es für Insulin schwieriger ist, seine Wirkung auszuüben. Mit anderen Worten, die Veränderung des Zuckerspiegels aufgrund der Insulinwirkung weicht von der Norm ab, sie ist geringer. Insulinresistenz kann auch als beeinträchtigte Insulinsensitivität bezeichnet werden.

Welche Krankheiten werden von der Insulinresistenz beeinflusst?
Insulinresistenz tritt am häufigsten bei Fettleibigkeit auf (Kap. 8). Typ-2-Diabetes mellitus (Boxen 7.1 und 7.2) ist eine weitere wichtige Krankheit, die mit Insulinresistenz in Verbindung gebracht wird und die hauptsächlich bei Erwachsenen, typischerweise bei übergewichtigen Menschen, auftritt. Insulinresistenz wird als wichtig für die Entwicklung des polyzystischen Ovarialsyndroms (PCOS) angesehen (Abschn. 6.3) und PCOS ist auch ein Risikofaktor für Typ-2-Diabetes mellitus. Insulinresistenz kann mit weiblicher sexueller Dysfunktion in Verbindung gebracht werden, interessanterweise wird dies jedoch nicht bei Männern beobachtet. Zu den weiteren Ursachen der Insulinresistenz gehört auch die Überproduktion von Hormonen, die den Blutzuckerspiegel erhöhen. Obwohl es keine Krankheit ist, ist auch die Schwangerschaft mit Insulinresistenz verbunden. Selten werden Antikörper gegen Insulin produziert und sehr selten werden genetische Störungen im Hintergrund der Fehlfunktion des Insulinrezeptors oder der Signalübertragung gefunden.

Wie weisen wir Insulinresistenz nach?
Es ist nicht einfach, Insulinresistenz zu diagnostizieren, und dieses Gebiet ist Gegenstand intensiver Forschung. Es kann behauptet werden, dass in der klinischen Praxis die **Diagnose der Insulinresistenz hauptsächlich klinisch** ist, das heißt, sie basiert eher auf klinischer Untersuchung als auf Laboruntersuchungen.

Der Verdacht auf Insulinresistenz kann aufkommen, wenn bei einem Patienten alle folgenden Faktoren vorliegen: erhöhte Blutzucker- und Fettwerte (Cholesterin und Triglyceride), abdominale Fettleibigkeit und Bluthochdruck.

Es ist wichtig zu betonen, dass es keinen allgemein akzeptierten und klinisch zuverlässigen Parameter zur Messung der Insulinresistenz gibt. In diesem Bereich wird intensiv geforscht, aber ein idealer, ausreichend empfindlicher Marker, der eine zuverlässige Diagnose liefert, wurde bisher noch nicht gefunden.

Dennoch ist der sogenannte HOMA-Index (Homeostasis Model Assessment – Insulinresistenz) verfügbar und seine Verwendung ist weit verbreitet. Der HOMA-Index wird aus dem Nüchternblutzucker und den Insulinspiegeln durch eine einfache mathematische Formel berechnet. Er wurde hauptsächlich für Forschungszwecke entwickelt und kann nicht als absolut zuverlässiger Marker für Insulinresistenz angesehen werden, da er von mehreren verschiedenen Umständen beeinflusst wird.

Seine normalen Werte sind auch in verschiedenen Studien recht variabel. Es gibt einen Ansatz, der behauptet, dass ein HOMA-Index von weniger als 1 eine optimale Insulinsensitivität widerspiegelt und sein Wert wird als normal bis zu 1,9 betrachtet. Nach anderen wird der HOMA-Index als normal unter 2,5 betrachtet und weist auf Insulin Resistenz über 4,5 hin. Die normalen Werte des HOMA-Index können auch in Verbindung mit dem Body-Mass-Index (BMI, Körpermasseindex Kap. 7, Box 8.1) gebracht werden. Wie aus dem Vorstehenden ersichtlich ist, ist es schwierig, allgemein anerkannte Normalbereiche (Grenzwerte) für selbst so einfache Parameter wie den HOMA-Index festzulegen. Es gibt mehrere andere Forschungsparameter neben dem HOMA-Index, die aus Werten berechnet werden, die nach der venösen Verabreichung oder dem Trinken von Glukoselösungen bestimmt werden. Diese Parameter sind jedoch schwierig festzulegen und erfordern zeitaufwändige Methoden, die nicht routinemäßig in der klinischen Praxis eingesetzt werden können.

Ist ein oraler Glukosetoleranztest zur Diagnose von Insulinresistenz erforderlich?

Ein oraler Glukosetoleranztest, der durch den Verzehr einer Zuckerlösung mit 75 g Glukose durchgeführt wird, wird hauptsächlich zur Diagnose von Diabetes mellitus und seiner Vorstufe, der gestörten Glukosetoleranz (IGT: impaired glucose tolerance), verwendet. Für die Diagnose dieser Erkrankungen sind Messungen des Blutzuckerspiegels auf nüchternen Magen und dann 120 min nach dem Trinken der Zuckerlösung erforderlich. Der Insulinspiegel steigt normalerweise nach dem Zuckerkonsum an. Es gibt jedoch keinen allgemein anerkannten Normalbereich für die Insulinerhöhung, was bedeutet, dass wir nicht wissen, welche Insulinspiegel nach dem Glukosekonsum normal oder nicht normal sind, da es erhebliche interindividuelle Unterschiede gibt. In Forschungsstudien werden mehrere Parameter untersucht, die nach dem Glukosetoleranztest bestimmt werden können, diese werden jedoch noch erforscht und werden nicht in der klinischen Praxis verwendet.

Die Messung des Insulinspiegels während des Glukosetoleranztests nach dem Glukosekonsum hilft nicht bei der Diagnose von Insulinresistenz und ist daher in der Routine-Diagnostik überflüssig. Die Diagnose der Insulinresistenz kann nicht zuverlässig auf der Erhöhung des Insulins basieren. Selbst wenn der Insulinspiegel mehrere Male ansteigt, 60 oder 120 min nach dem Glukosekonsum, kann dies nicht die Grundlage für die Diagnose von Insulinresistenz bilden.

Was ist das metabolische Syndrom?
Fettleibigkeit, insbesondere ihre bauchbetonte Form (Box 7.3), und die damit verbundene Insulinresistenz zusammen mit den Veränderungen des Fettgewebes beeinträchtigen auch die Gefäßgesundheit. Erhöhte Blutzucker- und Fettwerte, Bluthochdruck und die Entzündung der Gefäßwand begünstigen alle die Arteriosklerose. Dies spielt eine große Rolle bei der Entwicklung mehrerer häufiger und wichtiger Krankheiten wie der koronaren Herzkrankheit und zerebrovaskulären Erkrankungen (Schlaganfall). Die Risikofaktoren für Typ-2-Diabetes mellitus und Herz-Kreislauf-Erkrankungen überschneiden sich. Auf dieser Grundlage können wir das metabolische Syndrom als das definieren, was hauptsächlich durch abdominale Fettsucht, erhöhte Blutfett- und Glukosespiegel und Bluthochdruck gekennzeichnet ist. Ein weiteres wichtiges Merkmal ist die Reduzierung des als „gutes" Cholesterin angesehenen High-Density-Lipoprotein (HDL)-Spiegels. (Im Gegensatz dazu ist die Erhöhung des LDL (Low Density Lipoprotein)-Cholesterins ein wichtiger Risikofaktor für Herz-Kreislauf-Erkrankungen).

> **Box 7.3: Bauchbetonte Fettleibigkeit**
> wird definiert durch einen Bauchumfang über 102 cm bei Männern und über 88 cm bei nicht schwangeren Frauen.

Wie kann Insulinresistenz behandelt werden?
Die primäre Behandlung für Insulinresistenz ist die Änderung des Lebensstils, aber es sind auch einige Medikamente verfügbar. Gewichtsreduktion, Ein-

schränkung der Kohlenhydrat- und Kalorienzufuhr und körperliche Aktivität beeinflussen alle günstig die Insulinresistenz bei Typ-2-Diabetes mellitus, PCOS und Fettleibigkeit. Zur Reduzierung der Insulinresistenz sind Medikamente, die zur Behandlung von Typ-2-Diabetes eingesetzt werden (meist Metformin), geeignet (Box 7.4).

> **Box 7.4: Behandlung von Diabetes mellitus**
>
> Die Hauptstütze der Behandlung bei Typ-1-Diabetes mellitus ist die Insulingabe, da die Krankheit aufgrund eines Insulinmangels entsteht. Auch die Ernährung ist entscheidend.
>
> Der erste Schritt in der Behandlung von Typ-2-Diabetes ist die Änderung des Lebensstils, einschließlich körperlicher Aktivität und Ernährungseinschränkung (Reduzierung der Kohlenhydrat- und Kalorienaufnahme), und damit Gewichtsreduktion. Nach aktuellen Richtlinien kann Metformin, das Medikament, das hauptsächlich auf die Reduzierung der Insulinresistenz abzielt, bereits bei der Diagnose der Krankheit eingeführt werden. Darüber hinaus stehen mehrere andere Arzneimittelgruppen zur Behandlung von Typ-2-Diabetes zur Verfügung, wie Substanzen, die die Insulinproduktion in der Bauchspeicheldrüse erhöhen, Medikamente, die den Abbau von komplexen Kohlenhydraten (wie Stärke) im Darm hemmen, und Substanzen, die die Glukosereabsorption aus dem Urin hemmen und so die Zuckerfreisetzung im Urin fördern. Eine der neuesten Arzneimittelgruppen leitet sich von einer Gruppe von Hormonen ab, die hauptsächlich vom Dünndarm produziert werden (sogenannte Incretine), die die Insulinproduktion steigern, die Magenentleerung verlangsamen, den Appetit und die Glukagonproduktion reduzieren. Dies sind die GLP-1 (Glucagon-like Peptide 1) Agonisten (wie Liraglutid und Semaglutid). Diese Substanzen reduzieren effektiv das Körpergewicht und stellen daher eine der potentesten Methoden zur Gewichtsreduktion dar. Eine weitere Gruppe von Medikamenten wirkt durch Hemmung des Abbaus von GLP-1, wodurch dessen zirkulierende Spiegel erhöht werden.

Sollten wir dann Insulinresistenz mit Medikamenten behandeln?
Insulinresistenz ist meist mit Fettleibigkeit verbunden. Lebensstiländerungen, Ernährungseinschränkungen, körperliche Aktivität und damit Gewichtsreduktion stellen in diesem Fall die Hauptstützen der Behandlung dar. Die Anwendung von Metformin, als das Medikament, das die Insulinresistenz reduziert, ist bei Patienten mit Typ-2-Diabetes mellitus angezeigt. (Heutzutage kann Metformin auch bei der Vorstufe von Diabetes, der sogenannten Prädiabetes, eingesetzt werden).

Metformin wird auch bei der Behandlung von PCOS eingesetzt (Abschn. 6.3).

Im Gegensatz dazu, **erfordert Insulinresistenz, die bei Fettleibigkeit auftritt, die nicht mit Diabetes in Verbindung steht, keine medikamentöse Therapie, sondern hauptsächlich Lebensstiländerungen, wie Gewichtsreduktion, körperliche Aktivität und Ernährung.** Bei Fettleibigkeitbedingter Insulinresistenz sollte die Fettleibigkeit behandelt und nicht die Insulinresistenz. **Die Anwendung von Metformin wird in diesem Fall nicht empfohlen.**

Wie wirkt Metformin und welche Nebenwirkungen sind damit verbunden?
Metformin reduziert die Glukoseproduktion in der Leber und erhöht die Insulinempfindlichkeit in den Geweben durch Erhöhung des Glukoseverbrauchs. Es reduziert insgesamt die Insulinresistenz. Metformin reduziert den Appetit und fördert die Gewichtsreduktion. Im Gegensatz zu anderen bei Typ-2-Diabetes eingesetzten Mitteln, insbesondere Substanzen, die die Insulinproduktion in der Bauchspeicheldrüse erhöhen, ist Metformin allein nicht mit einem Risiko für niedrige Blutzuckerspiegel verbunden. Bei älteren Menschen sollte jedoch Vorsicht geboten sein, und es wird nicht bei Patienten mit schlechter Nieren- und Leberfunktion empfohlen. Seine wichtigsten Nebenwirkungen betreffen das Magen-Darm-System, einschließlich Durchfall, erhöhte Blähungen, Flatulenz und einige Menschen vertragen es aus diesen Gründen nicht.

Gibt es andere Mittel zur Reduzierung der Insulinresistenz?
Mehrere andere Medikamente werden untersucht, aber diese können nicht als akzeptierte Behandlungen auf dem Gebiet angesehen werden. (Es gibt eine andere Medikamentengruppe, die darauf abzielt, die Insulinresistenz zu reduzieren, aber die Verwendung von Molekülen aus diesen ist aufgrund einer schweren Nebenwirkung, die mit einem Mitglied (Rosiglitazon) verbunden ist und dessen Entfernung vom Markt eingeschränkt).

Ist es möglich, Insulinresistenz bei normalem Körper Gewicht zu haben?
Insulinresistenz ist am häufigsten mit erhöhtem Körper Gewicht und Fettleibigkeit verbunden. Es gibt seltene Fälle, in denen Insulinresistenz bei Personen mit normaler oder sogar schlanker Körperzusammensetzung beobachtet wird. Diese sind in der Regel mit einer besonderen Ursache verbunden, wie Antikörper gegen Insulin oder seinen Rezeptor oder genetische Veränderungen.

8

Fettleibigkeit

8.1 Regulation des Appetits. Das Fettgewebe als hormonproduzierendes Organ

Nach den neuesten Forschungsergebnissen ist das Fettgewebe nicht nur wichtig für die Speicherung von Nährstoffen und Energie, sondern spielt auch eine aktive Rolle bei der Regulation des Stoffwechsels. Das Fettgewebe produziert mehrere verschiedene Hormone und andere regulatorische Substanzen, die zahlreiche Körperfunktionen beeinflussen. Dazu gehören sowohl Substanzen, die Entzündungsprozesse hemmen und stimulieren.

Mehrere Organe sind an der Regulation des Körpergewichts beteiligt, wie das zentrale Nervensystem, das Fettgewebe, das Magen-Darm-System und die Leber. Zahlreiche Hormone sind an diesen regulatorischen Prozessen beteiligt. Unter normalen Bedingungen sind Energiezufuhr und -verbrauch im Gleichgewicht, aber dieser Zustand kann leicht gestört werden.

Immer mehr Daten unterstützen die Bedeutung von Bakterien, die normalerweise im Darm vorhanden sind, das sogenannte Darmmikrobiom, bei der Regulation des Körpergewichts. Die Gesamtmasse der Darmbakterien ist erstaunlich, sie kann sogar 1,5 kg erreichen und stellt damit eines unserer größten „Organe" dar.

Unter den Hormonen des Fettgewebes ist Leptin eines der wichtigsten, das dem Gehirn die Menge an Fett und Nährstoffen signalisiert. Leptin reduziert den Appetit und hemmt die Nahrungsaufnahme. Es gibt sehr seltene erbliche Krankheiten, bei denen Leptin fehlt und die mit extremer Fettleibigkeit einhergehen, da einer der Hauptappetithemmer fehlt. Neben Leptin sind auch andere Darmhormone wichtig bei der Regulation der Nahrungsaufnahme, und dazu gehören sowohl Verstärker als auch Hemmer des Appetits. Das von Magen und Zwölffingerdarm produzierte Hormon Ghrelin steigert den Appetit, während **Glukagon-ähnliches Peptid 1 (GLP-1: glucagon like peptide 1)** und Cholezystokinin ihn hemmen. Cholezystokinin bewirkt auch Gallenblasenkontraktion. GLP-1 erzeugt im Magen ein Sättigungsgefühl und hemmt seine Entleerung, wodurch die Nahrungsaufnahme reduziert wird. Substanzen, die GLP-1 ähnlich sind (seine Analoga), werden als Hauptmedikamentengruppe zur Behandlung von Fettleibigkeit eingesetzt.

8.2 Fettleibigkeit

Wie wird eine Diagnose von Fettleibigkeit gestellt?
Für die objektive Definition von Fettleibigkeit wird hauptsächlich der Body-Mass-Index (BMI, Körpermasseindex) verwendet. (Box 8.1). Zur Berechnung des BMI sollte das Körpergewicht in Kilogramm durch das Quadrat der Körpergröße in Metern geteilt werden (Körpergewicht in kg)/(Körpergröße in m)^2.

> **Box 8.1: Der Body-Mass-Index (BMI)**
> liegt normalerweise unter 25. Wir sprechen von Übergewicht im Falle eines BMI zwischen 25–29,9, während Fettleibigkeit als ein BMI über 30 definiert wird. Fettleibigkeit ist mild, wenn der BMI zwischen 30–35 liegt, moderat zwischen 35–40 und extrem über 40.

Was steckt hinter Fettleibigkeit?
Fettleibigkeit ist eine Stoffwechselstörung, die durch die langfristige Störung von Energiezufuhr und -verbrauch verursacht wird. Sie betrifft mehrere Bereiche der Medizin, einschließlich der Endokrinologie. Zahlreiche Faktoren sind bekannt, die zur Fettleibigkeit im Erwachsenenalter beitragen, wie genetische Veranlagung, das Körpergewicht der Mutter des Subjekts während der Schwangerschaft, Fettleibigkeit im Kindesalter usw. Lebensumstände sind von entscheidender Bedeutung, zum Beispiel eine erhebliche Nahrungsaufnahme, die den täglichen Energiebedarf übersteigt, mangelnde körperliche Aktivität und unangemessener Schlaf. Es ist bekannt, dass die Menge an Fettgewebe mit dem Alter langsam zunimmt. Schwangerschaft und Menopause fördern beide Fettleibigkeit, ebenso wie das Aufhören mit dem Rauchen. Einige hormonelle Erkrankungen, einschließlich Schilddrüsenunterfunktion (Abschn. 3.3), polyzystisches Ovarialsyndrom (PCOS) (Abschn. 6.3), Cus-

hing-Syndrom (Abschn. 5.2.2), Insulinom (Kap. 9), Sexualhormonmangel (Abschn. 2.5 und 6.2) und Wachstumshormonmangel (Abschn. 2.4.2) fördern ebenfalls Gewichtszunahme und Fettleibigkeit.

Was sind die Risiken von Fettleibigkeit?
Fettleibigkeit ist nicht einfach ein ästhetisches Problem, sondern eine Krankheit, die die Gefahr einer Gesundheitsverschlechterung beinhaltet. Zu den mit Fettleibigkeit verbundenen Stoffwechselstörungen gehören Typ-2-Diabetes mellitus und Veränderungen der Blutfettparameter wie hoher Cholesterin- und Triglyceridspiegel. Diese sind mit weiteren Risiken der Fettleibigkeit verbunden, wie Herz-Kreislauf-Erkrankungen, bei denen auch von Fettgewebe produzierte entzündungsfördernde Substanzen wichtig sind.

Bluthochdruck, Herzkrankheiten (Koronare Herzkrankheit, Herzinsuffizienz), zerebrale Ereignisse (Schlaganfall) und venöse Blutgerinnung (Thrombose) sind alle häufiger als bei nicht fettleibigen Personen. Auch verschiedene Tumoren sind häufiger, wie Tumoren des Magen-Darm-Trakts (Speiseröhre, Magen, Dickdarm, Rektum, Gallenblase, Leber und Pankreas), Niere, hämatologische Tumoren (Leukämie, Lymphom). Prostatakrebs bei Männern, während Krebs des Gebärmutterhalses, der Gebärmutter und Eierstockkrebs bei Frauen häufiger bei Fettleibigkeit auftreten. Nach der Menopause steigt auch das Risiko für Brustkrebs. Das Übergewicht belastet das Muskel-Skelett-System, und es kann eine Gelenkentzündung (Arthritis) entstehen. Gicht ist auch häufiger bei Fettleibigkeit. Neben diesen sind auch Gallensteinbildung, Nierenschäden und Nierensteine weit verbreitet. Fetteinlagerungen in der Leber, die sogar zu dauerhaften Leberschäden führen können, sind auch wichtige Folgen.

Schwere Fettleibigkeit beeinträchtigt die Atmung und erschwert die Funktion der Atemmuskulatur. Eines der Hauptatemprobleme ist die Schlafapnoe (Box 8.2).

Box 8.2: Was ist Schlafapnoe?

Schlafapnoe, auch bekannt unter dem genauen medizinischen Begriff „obstruktive Schlafapnoe", ist eine häufige medizinische Erkrankung verursacht durch die Verengung der oberen Atemwege (Rachen) während des Schlafes, die mit Atembeschwerden verbunden ist. Dies ist ein ernstes Problem, da der betroffene Patient nachts keine gute Ruhe haben kann und daher tagsüber leicht einschläft, was das Unfallrisiko erhöht. Perioden ohne Atmung (apnoische Perioden) und lautes Schnarchen sind typisch in der Nacht. Die langfristigen Folgen der Schlafapnoe sind ebenfalls ernst, da das Risiko für Bluthochdruck und Herz-Kreislauf-Erkrankungen erhöht ist. Fettleibigkeit ist eine der wichtigsten Ursachen für Schlafapnoe.

Neben der Schlafapnoe können andere Atemstörungen auftreten, von denen das durch Fettleibigkeit bedingte verminderte Ventilationssyndrom (genau genommen das alveoläre Hypoventilationssyndrom) eines der schwersten ist. Im Gegensatz zur Schlafapnoe kann dies auch bei wachen Patienten beobachtet werden. Verminderte Ventilation bedeutet, dass der Luftaustausch in der Lunge (in den sogenannten Alveolen, die kleine Bläschen in einem Großteil der Lunge sind) nicht angemessen ist und daher die Menge an Sauerstoffzufuhr und Kohlendioxidausstoß unzureichend ist. Der Hauptmarker für verminderte Ventilation ist die erhöhte Kohlendioxidkonzentration im Blut.

Bei 90 % der Patienten mit Fettleibigkeit-bedingtem Hypoventilationssyndrom kann auch eine Schlafapnoe diagnostiziert werden. Dieses Syndrom ist auch unter dem Namen **Pickwick-Syndrom** bekannt, das interessanterweise nicht nach einem Arzt benannt ist, sondern ein Name aus dem ersten Roman des berühmten englischen Schriftstellers Charles Dickens kommt. In diesem Roman, „The Pickwick Papers", ist die Hauptfigur Samuel Pickwick stark übergewichtig, schläft leicht während des Tages ein, wobei das klinische Bild der obigen Beschreibung entspricht.

Fettleibigkeit verursacht auch sexuelle Dysfunktion, teilweise aufgrund von Reduktionen der Hypophysenhormone LH und FSH (Abschn. 6.1). Übergewichtige Menschen haben ein erhöhtes Risiko für Infektionen und der Ausgang von Infektionen ist schlechter als bei nicht übergewichtigen Personen. Dies konnte auch während der Coronavirus (COVID) Epidemie beobachtet werden, da das Risiko einer Coronavirus-Infektion mit schwerem Verlauf bei übergewichtigen Patienten erhöht war.

Abb. 8.1 zeigt die Folgen von Fettleibigkeit.

Was kann gegen Fettleibigkeit getan werden?
Die wichtigste Maßnahme, die die Grundlage aller Behandlungen darstellt, ist die **Lebensstiländerung**. Es gibt mehrere Vorschläge zur Reduzierung der Kalorienzufuhr. **Körperliches Training** ist ein zentraler Bestandteil der Behandlung. Auch die psychologische Unterstützung der Patienten ist wichtig. Die meisten fettsuchtbedingten Krankheiten können durch erfolgreiche Gewichtsreduktion rückgängig gemacht werden, zum Beispiel kann der Blutdruck normalisieren und Typ-2-Diabetes mellitus kann verschwinden. Gewichtsreduktion kann bei den meisten Patienten durch Lebensstiländerung erreicht werden, aber die Hauptproblematik ist meistens das Halten des reduzierten Gewichts, da in den meisten Fällen später eine erneute Gewichtszunahme auftritt.

Kalorienrestriktion ist hinsichtlich der Ernährung am wichtigsten. Es ist ratsam, eine tägliche Kalorienzufuhr von weniger als 1500 kcal bei Männern

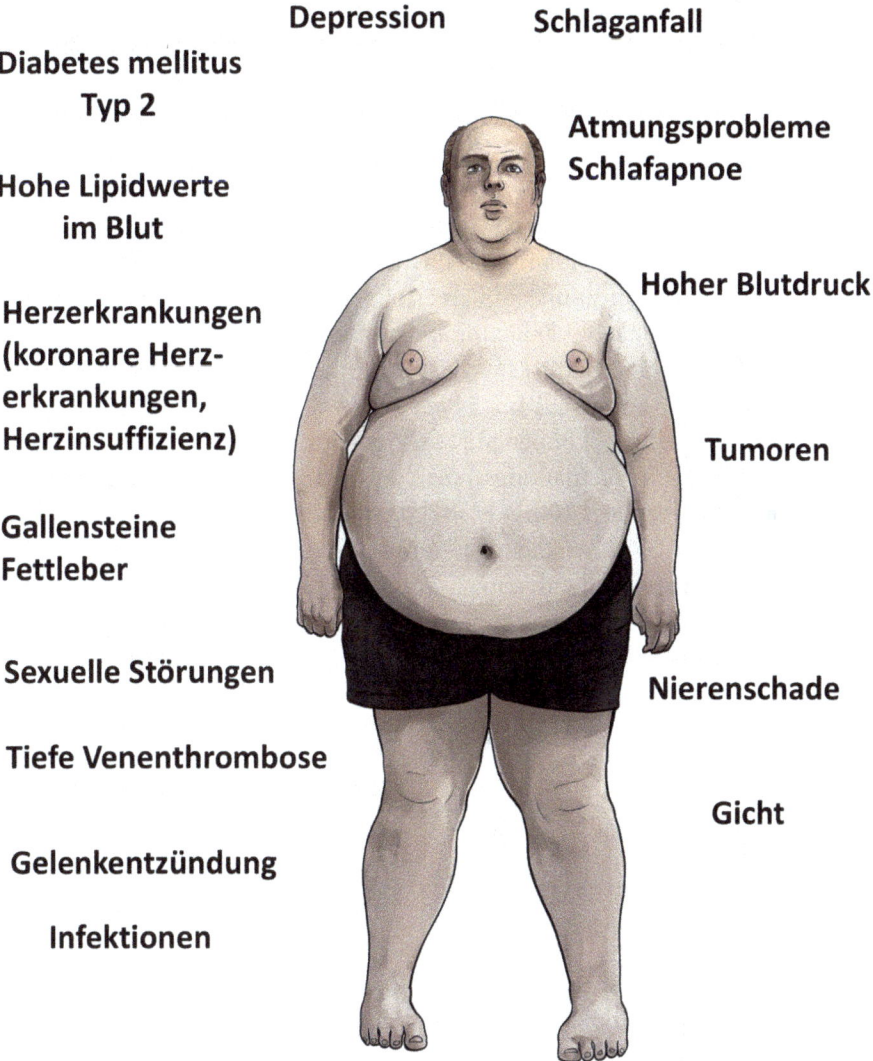

Abb. 8.1 Folgen von Fettleibigkeit

und 1200 kcal bei Frauen anzustreben, aber dies hängt von mehreren verschiedenen Faktoren ab, wie zum Beispiel der körperlichen Aktivität des Patienten. (Patienten, die körperlich hart arbeiten, benötigen sicherlich eine höhere Energiezufuhr). Die Reduzierung des Kohlenhydratkonsums ist sehr wichtig. Es kann vorgeschlagen werden, dass 45 % der täglichen Kalorienzufuhr aus langsam freisetzenden (langsam verdauten) Kohlenhydraten, 25 % aus Proteinen, 30 % aus Fett und mindestens 30 g aus Ballaststoffen bestehen sollten.

Welche Behandlungsmöglichkeiten gibt es?

Eine medikamentöse Behandlung ist meistens angezeigt, wenn der BMI über 30 liegt und eine Gewichtsreduktion mit Lebensstiländerung nicht erreicht werden konnte. Eine medikamentöse Behandlung kann bei Patienten mit einem BMI zwischen 27 und 30 angezeigt sein, wenn mindestens eine fettsuchtbedingte Krankheit wie Typ-2-Diabetes mellitus (oder Prädiabetes), Bluthochdruck, Veränderungen der Blutfette oder Schlafapnoe vorliegt. Heutzutage werden vier Hauptklassen von Medikamenten verwendet. Eine medikamentöse Behandlung kann als erfolgreich angesehen und daher fortgesetzt werden, wenn nach 3 Monaten Behandlung mindestens eine Reduktion von 5 % des Körpergewichts erreicht werden kann (bei Patienten mit Diabetes mellitus liegt die Schwelle bei 3 %).

Die besten Ergebnisse können mit Analoga (Box 8.3) der **Incretin-Hormone** erzielt werden, die im Verdauungssystem produziert werden. Analoga des Glukagon-ähnlichen Peptid 1 (GLP-1) sind die wichtigsten. GLP-1-Analoga (oder GLP-1-Agonisten) erhöhen die Insulinproduktion, reduzieren den Appetit und verlangsamen die Magenentleerung, wodurch das Sättigungsgefühl induziert wird. Diese Substanzen wurden zunächst für die Behandlung von Typ-2-Diabetes mellitus eingeführt (Kap. 7, Box 7.4), sind aber heutzutage eine wirksame Behandlungsoption für weniger spezifische Fälle von Fettleibigkeit geworden.

> **Box 8.3**
> Ein Analogon ähnelt dem ursprünglichen Molekül und bindet den gleichen Rezeptor. Analoga sind oft stabiler als die ursprünglichen Moleküle und daher leichter zu verwenden als die ursprünglichen Moleküle.

Die beiden wichtigsten GLP-1-Analoga sind **Liraglutid** und **Semaglutid**. Eine neue ähnlich wirkende Substanz, Tirzepatid wurde neulich auch in die Therapie der Fettleibigkeit eingeführt. Beide werden als subkutane Injektionen verabreicht: Semaglutid einmal pro Woche, Liraglutid einmal täglich. Diese werden in der Regel gut vertragen, können aber zu Bauchbeschwerden wie Übelkeit und Durchfall führen. Eine seltene schwere Nebenwirkung ist eine akute Pankreatitis. (Akute Pankreatitis ist die akute Entzündung der Bauchspeicheldrüse, die eine ernsthafte Krankheit ist, und mit intensiven, meist linksseitigen oder gürtelförmigen Bauchschmerzen einhergeht. Sie erfordert eine stationäre Krankenhausaufnahme).

Andere Medikamente werden seltener verwendet. Nach neueren Studien sind ihre Wirksamkeit und Nebenwirkungsprofile weniger günstig als die von GLP-1-Analoga.

Orlistat hemmt das für den Fettabbau verantwortliche Enzym (Lipase) und hemmt dadurch die Fettaufnahme aus dem Darm. Diese Wirkungsweise ist mit unangenehmen Nebenwirkungen verbunden, einschließlich fettigem Stuhl, Blähungen und anderen Bauchbeschwerden. Die dritte Gruppe von Medikamenten hemmt den Appetit, indem sie hauptsächlich im zentralen Nervensystem wirken, einschließlich des Kombinationsmedikaments **Bupropion-Naltrexon**. Bupropion hemmt die Dopamin-Wiederaufnahme in Neuronen und wird daher zur Behandlung von Depressionen und zur Raucherentwöhnung eingesetzt. Naltrexon blockiert Opioidrezeptoren und wird in einigen Ländern zur Behandlung von Alkoholismus und zur Beendigung des Gebrauchs von Opiat-Typ-Drogen eingesetzt. (Morphin und Heroin sind typische Beispiele). Die Kombination dieser beiden Wirkstoffe reduziert effektiv den Appetit und kann für Patienten vorteilhaft sein, die neben der Gewichtsreduktion auch das Rauchen aufhören wollen. (Das Aufhören mit dem Rauchen ist oft mit Fettleibigkeit verbunden). Die häufigsten Nebenwirkungen von Bupropion-Naltrexon sind Kopfschmerzen, Übelkeit und Verstopfung sowie verschiedene andere Nebenwirkungen. Sein kardiovaskuläres Nebenwirkungsprofil ist noch nicht klar, da es den Blutdruck und die Herzfrequenz erhöhen könnte.

Die **Phentermin-Topiramat** Kombination kann besonders nützlich sein bei Patienten, die GLP-1-Agonisten nicht vertragen. Da seine Topiramat-Komponente während der Schwangerschaft mit Fehlbildungen des Fötus in Verbindung gebracht werden könnte, wird sie hauptsächlich bei Frauen nach der Menopause verwendet. Phentermin ist ein Medikament, das den Stoffwechsel durch die Aktivierung des autonomen Nervensystems stimuliert (ähnlich wie die Betäubungsmittel Amphetamin), während Topiramat den Appetit reduziert und das Sättigungsgefühl erhöht. Bluthochdruck und koronare Herzkrankheit stellen auch Kontraindikationen für diese Therapie dar. Häufige Nebenwirkungen sind erhöhte Herzfrequenz und psychiatrische Probleme (z. B. Angstzustände). Phentermin-Topiramat ist nicht in allen Ländern erhältlich.

Ist es möglich, Fettleibigkeit chirurgisch zu behandeln?
Die schwersten Fälle von Fettleibigkeit, die nicht auf Lebensstiländerungen oder medikamentöse Therapie ansprechen, können für einen chirurgischen Eingriff in Betracht gezogen werden. Die chirurgischen Techniken zur Behandlung von Fettleibigkeit sind unter dem Begriff **bariatrische Chirurgie** bekannt. Sie wird in der Regel bei einem BMI über 40 und in Fällen mit einem BMI zwischen 35 und 40 in Verbindung mit begleitenden Krankheiten in Betracht gezogen.

Die bariatrische Chirurgie ist die schnellste und wirksamste Methode zur Reduzierung des Körpergewichts, stellt aber auch den ernsthaftesten Eingriff dar. Wie bei anderen chirurgischen Techniken können Komplikationen auftreten. Die bariatrische Chirurgie wirkt auf zwei Hauptwege: durch Reduzierung der Nahrungsaufnahmekapazität des Magens oder durch Verringerung der Nahrungsaufnahme. Vor der Durchführung des chirurgischen Eingriffs sollten die Patienten gründlich untersucht werden, um spezifische Ursachen auszuschließen, die direkt behandelt werden können (wie Cushing-Syndrom oder Unterfunktion der Schilddrüse).

9

Neuroendokrine Tumoren und assoziierte Syndrome

Das neuroendokrine System besteht aus neuroendokrinen Organen und verstreuten neuroendokrinen Zellen im Körper. Der Begriff „neuroendokrin" bezieht sich auf das gemeinsame Merkmal, das neuroendokrine Zellen, Gewebe und die aus diesen gebauten Organe haben – nämlich sowohl neuronale als auch hormonproduzierende Eigenschaften. Die Gruppe der neuroendokrinen Organe umfasst die Hirnanhangdrüse (Hypophyse) (Kap. 2), die Nebenschilddrüsen (Kap. 4), das Nebennierenmark (Abschn. 5.3) und die endokrinen hormonproduzierenden Inseln der Bauchspeicheldrüse. Verstreute neuroendokrine Zellen finden sich überall in verschiedenen Organen des Körpers. Neuroendokrine Zellen sind besonders reichlich in den Schleimhäuten des Verdauungs- und Atmungssystems vorhanden. Diese Zellen sind an wichtigen regulatorischen Prozessen beteiligt und produzieren mehrere verschiedene Hormone. Kalzitonin-produzierende C-Zellen der Schilddrüse gehören ebenfalls zum neuroendokrinen System. Krankheiten der Hypophyse, Nebenschilddrüse und Nebennierenmark werden diskutiert in den entsprechenden Kapiteln des Buches. Dieses Kapitel befasst sich mit Tumoren, die von den verstreuten neuroendokrinen Zellen ausgehen, hauptsächlich aus dem Verdauungssystem. Diese Tumoren sind selten, da 3–4 neue Fälle erwartet werden in einer Bevölkerung von 100.000 Menschen in einem Jahr. Allerdings nimmt ihre Häufigkeit allmählich zu, hauptsächlich aufgrund besserer diagnostischer Möglichkeiten, die heutzutage zur Verfügung stehen.

Warum sind neuroendokrine Tumoren eigenartig?
Die neuroendokrinen Tumoren wurden Ende des 19. Jahrhunderts als eine Gruppe von Tumoren erkannt, deren histologisches Aussehen das von bösartigen Tumoren (Karzinomen) ähnelte, aber ihr klinisches Verhalten war

nicht so schlecht, da sie langsam wuchsen und das Überleben der betroffenen Patienten war viel länger als bei Patienten, die an Karzinomen leiden. Diese Tumoren wurden zunächst als **Karzinoid** Tumoren bezeichnet, was auf karzinomähnlich, aber nicht ein tatsächliches Karzinom hinweist. Heutzutage wird der Begriff neuroendokriner Tumor bevorzugt anstelle von Karzinoid. Die erste Beschreibung von neuroendokrinen Tumoren einschließlich langsamen Wachstums und guter Prognose gilt nur für ihre gut differenzierten Formen. Leider sind auch schlecht differenzierte Formen von neuroendokrinen Tumoren (neuroendokriner Krebs) bekannt, die schnell wachsen und das Überleben der betroffenen Patienten kann kurz sein. Mehrere Formen von neuroendokrinen Tumoren sind bekannt. Obwohl das neuroendokrine System zur Hormonproduktion fähig ist, produzieren die meisten neuroendokrinen Tumoren (mehr als 2/3) keine.

Wie werden neuroendokrine Tumoren klassifiziert?

Es existieren mehrere verschiedene Klassifikationen. Eine der wichtigsten Klassifikationen aus praktischer Sicht basiert auf den histologischen Merkmalen von neuroendokrinen Tumoren. Die Rate der Zellteilung ist ein wichtiger Faktor dabei. Wenn die Zellteilungsrate unter 2 % bei histologischer Analyse liegt, wird der Begriff G1 (Grad 1) verwendet. G2 Tumoren zeichnen sich durch Zellteilungsraten zwischen 3 und 20 % aus, während G3 über 20 % liegen. Die meisten gut differenzierten Tumoren gehören zu den G1 und G2 Kategorien. Schlecht differenzierte Tumoren sind G3. Im Allgemeinen, je niedriger die Zellteilungsrate, desto besser die Prognose. Es sollte betont werden, dass selbst wenn die Zellteilungsrate unter 1 % liegt, können wir diese Tumoren nicht als gutartig betrachten, da selbst ein Tumor mit der niedrigsten Zellteilungsrate Metastasen produzieren kann.

Wie können wir neuroendokrine Tumoren erkennen, die keine Hormone produzieren?

Hormonell inaktive Tumoren werden meist zufällig erkannt, z. B. während der Bildgebung (CT oder MRT) durchgeführt aufgrund des Verdachts auf andere Krankheiten, auch durch Endoskopie oder sogar während der Operation. Tumoren von großer Größe oder die Metastasen produzieren, können allgemeine Tumorsymptome verursachen wie Gewichtsverlust, Appetitlosigkeit, nächtliches Schwitzen.

Welche Art von Symptomen könnten mit hormonproduzierenden neuroendokrinen Tumoren in Verbindung gebracht werden?

Hormone, die von neuroendokrinen Tumoren produziert werden, können zu variablen klinischen Symptomen führen. Einige Tumoren sind assoziiert mit **paraneoplastischen Syndromen** (Kap. 7, Box 1.7). Wie zuvor dargestellt, paraneoplastische Syndrome umfassen tumorbedingte Symptome, die nicht durch das Wachstum oder metastatisches Potenzial eines Tumors hervorgerufen werden, sondern durch tumorproduzierte Substanzen oder tumorinduzierte Immunreaktionen entstehen. Paraneoplastische endokrine Syndrome werden durch Hormone verursacht und führen zu verschiedenen Symptomen. Das typischste paraneoplastische endokrine Syndrom im Zusammenhang mit neuroendokrinen Tumoren ist das Karzinoidsyndrom, aber insgesamt ist es selten. Neuroendokrine Tumoren, die von den Pankreasinseln ausgehen, können auch mit charakteristischen Syndromen assoziiert sein (Gastrinom, Insulinom, Glukagonom und VIPom).

Was ist das Karzinoidsyndrom?
Das Karzinoidsyndrom tritt hauptsächlich bei neuroendokrinen Tumoren des Dünndarms auf, die multiple Lebermetastasen geben, die **Serotonin** produzieren. Serotonin ist hauptsächlich ein wichtiger Signalüberträger zwischen Neuronen (Neurotransmitter). Es hat wichtige Rollen sowohl in der Funktion des Gehirns als auch des Darms. Medikamente, die das Gehirnserotonin beeinflussen, sind zentral in der Behandlung verschiedener psychiatrischer Erkrankungen wie Depression. Im allgemeinen Sprachgebrauch wird Serotonin als eines der „Glückshormone" betrachtet. Wenn ein neuroendokriner Tumor und seine Lebermetastasen große Mengen an Serotonin in den Kreislauf freisetzen, verhält es sich wie ein Hormon und führt zu mehreren Symptomen. Dazu gehören schwerer Durchfall und plötzliches Erröten, das typischerweise im Gesicht und im Oberkörper zu sehen ist, meist ohne Schwitzen (Abb. 9.1A).

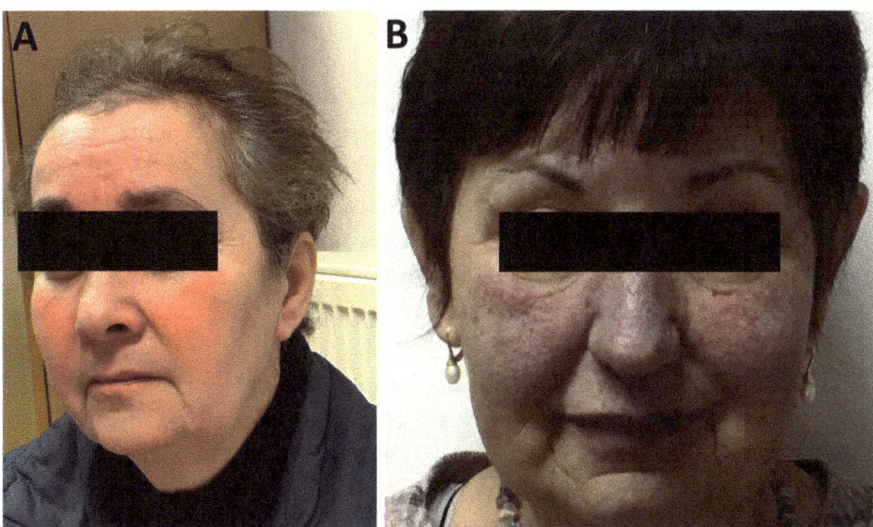

Abb. 9.1 Ein akuter (**A**) und ein chronischer (**B**) Flush im Karzinoidsyndrom. (Die Abbildung wurde ursprünglich in „Practical Clinical Endocrinology", Hrsg: Peter Igaz, Springer, 2021 – mit Genehmigung reproduziert)

Über viele Jahre hinweg kann das Erröten chronisch werden und zu einer dauerhaften Gesichtsverfärbung führen (Abb. 9.1B). Atembeschwerden können ebenfalls auftreten. Trotz der übermäßigen Serotoninproduktion haben Patienten, die an Karzinoidsyndrom leiden, nicht das überwältigende Gefühl von „Glück" (eher im Gegenteil). Dies ist nicht überraschend, da der Serotoninspiegel im Gehirn nicht betroffen ist.

Was ist eine Karzinoid-Herzerkrankung?
Karzinoid-Herzerkrankungen treten meist bei Patienten mit mehreren Lebermetastasen auf. Serotonin führt zur Verdickung der inneren Schicht des Herzens, die als Endokard bezeichnet wird. Dies betrifft meist die Klappen der rechten Seite des Herzens. Blut, das reich an Serotonin ist, kommt aus der metastasierenden Leber und gelangt in die rechte Seite des Herzens. Dann setzt das Blut seine Reise über den Kreislauf durch die Lungen fort, die Serotonin abbauen, wodurch der linke Teil des Herzens verschont bleibt. Dies ist ein eher ungewöhnliches Phänomen, da die meisten Herzklappenerkrankungen die linke Seite des Herzens betreffen. Klappenprobleme können zu Herzversagen führen.

Welche Art von Laboranalysen kann zur Diagnose des Karzinoidsyndroms verwendet werden?
Das Serotonin-Abbauprodukt, 5-HIAA, wird aus gesammeltem Urin bestimmt. Der Urin sollte 24 h lang in einer dunklen Flasche (oder in Silberfolie verpackt) gesammelt werden, die eine saure Umgebung enthält (Kap. 1, Box 1.11). Ein leichter Anstieg von 5-HIAA ist nicht verdächtig für das Karzinoidsyndrom, nur wenn sein Wert mindestens doppelt so hoch ist wie der obere Normalbereich. Leider werden die 5-HIAA- Werte durch mehrere Lebensmittel erhöht, die 2 Tage vor und auch am Tag der Urinsammlung vermieden werden sollten. Dazu gehören Mittelmeer- und tropische Früchte, Tomaten, Avocados, Nüsse, Kaffee und Tee. Zusätzlich zu 5-HIAA ist der allgemeine Tumormarker für neuroendokrine Tumoren, Chromogranin A, normalerweise auch erhöht. (Andere Marker werden ebenfalls untersucht, wie Serotonin selbst im Blut oder im Urin, aber diese sind noch nicht so zuverlässig und weit verbreitet).

Wie kann das Karzinoidsyndrom behandelt werden?
Die effektivste und am weitesten verbreitete Behandlungsoption ist die Verwendung von Somatostatin-Analoga (Octreotid und Lanreotid), die die Hormonproduktion durch neuroendokrine Tumoren effektiv hemmen. Die

Häufigkeit von Flush und Durchfall kann durch Somatostatin-Analoga reduziert werden. Darüber hinaus zeigen neue Daten, dass diese Substanzen auch das Tumorwachstum hemmen können und somit nun die Grundlage der Behandlung von differenzierten neuroendokrinen Tumoren darstellen. Neue Somatostatin-Analoga werden einmal im Monat in einer Injektion verabreicht, was eine komfortable Verabreichung gewährleistet.

Was sind die möglichen Nebenwirkungen von Somatostatin- Analoga?
Somatostatin-Analoga werden normalerweise gut vertragen. Ihre wichtigste Langzeitnebenwirkung ist mit der Bildung von Gallensteinen verbunden, da Somatostatin- Analoga die Produktion mehrerer Hormone hemmen, einschließlich Cholezystokinin, das für die Gallenblasenkontraktion verantwortlich ist. Verminderte Kontraktion führt dazu, dass mehr Galle in der Gallenblase verbleibt die anfällig für die Bildung von Gallensteinen ist. Wenn die Verabreichung von Somatostatin-Analoga erwartet werden kann, kann die Gallenblase prophylaktisch entfernt werden während der Operation für neuroendokrine Tumoren. Abgesehen von der Bildung von Gallensteinen, können Somatostatin-Analoga auch andere Nebenwirkungen haben, einschließlich Durchfall oder Verschlechterung der Blutzuckerspiegel. Letzteres kann sogar zur Entwicklung von Diabetes mellitus oder zur Verschlechterung eines bestehenden Diabetes führen. Diese können jedoch effektiv behandelt werden und die Vorteile von Somatostatin-Analoga überwiegen bei weitem ihre Nachteile.

Gibt es andere Optionen zur Behandlung des Karzinoidsyndroms?
Interferon ist ähnlich wirksam wie Somatostatin-Analoga, hat aber viel mehr Nebenwirkungen. Es wird daher selten verwendet. Ein neues Medikament, **Telotristat Ethyl** hemmt die Hauptenzymreaktion in der Serotoninsynthese und ist daher ein vielversprechendes Medikament in der symptomatischen Behandlung des Karzinoidsyndroms, indem es die Häufigkeit der Stuhlgänge reduziert und somit Durchfall.

Was ist mit neuroendokrinen Tumoren der Bauchspeicheldrüse?
Die Überproduktion von Gastrin (Gastrinom), Insulin (Insulinom), Glukagon (Glukagonom) und VIP (vasoaktives intestinales Peptid – VIPom) sind mit charakteristischen klinischen Bildern verbunden. Sehr selten (bei einer Person pro 40 Mio. Menschen pro Jahr) kann auch eine Überproduktion von Somatostatin auftreten, die sich durch Gallensteinbildung, Verschlechterung der Blutzuckerspiegel und fettigen Stuhl auszeichnet.

Was sind die klinischen Merkmale eines Gastrinoms?

Gastrin ist ein Hormon, das die Produktion von Magensäure anregt und zu den ersten entdeckten Hormonen gehört. Es wird normalerweise in größten Mengen vom Magen selbst produziert. Gastrin-überproduzierende Tumoren werden jedoch meist in der Bauchspeicheldrüse oder im Zwölffingerdarm (dem ersten Abschnitt des Dünndarms) gefunden. Gastrin-Überproduktion führt zur Bildung von Geschwüren im Magen und im Zwölffingerdarm, und der Verdacht wird geweckt, wenn wiederkehrende Magen- oder Zwölffingerdarmgeschwüre bei einer Person diagnostiziert werden. Symptome einer Gastrin-Überproduktion sind Bauchschmerzen, Sodbrennen, Durchfall und blutiger Stuhl. Etwa ein Viertel der Gastrinom-Fälle sind mit einem erblichen Tumorsyndrom, **Multiple endokrine Neoplasie Typ 1** (Kap. 10) verbunden. Eine Untersuchung auf dieses seltene Syndrom ist bei Patienten mit Gastrinom, insbesondere bei jungen Menschen, angebracht. Die Symptome eines Gastrinoms werden effizient durch Protonenpumpenhemmer blockiert, die heutzutage weit verbreitet in der -Behandlung von überschüssiger Magensäure eingesetzt werden (wie Pantoprazol, Esomeprazol). Das Vorhandensein eines Gastrinoms sollte vermutet werden, wenn das Geschwür immer wieder auftritt, nachdem die Protonenpumpenhemmer-Therapie abgesetzt wurde. Gastrinome sind oft bösartig und metastasieren in die Leber.

Was führt die Überproduktion von Insulin zu?

Eine Überproduktion von Insulin führt zu reduzierten Blutzuckerwerten- wund daher zu Unwohlsein. Dies wird als spontan niedriger Glukosespiegel (**Hypoglykämie**) bezeichnet, im Gegensatz zu solchen Fällen, in denen Medikamente zur Behandlung von Diabetes mellitus zu niedrigem Blutzucker als Nebenwirkung führen.

Was ist niedriger Blutzucker und welche Symptome sind damit verbunden?

Heutzutage werden Blutzuckerwerte unter 3 mmol/L (54 mg/dL) bei nichtdiabetischen Personen als niedrig bezeichnet. Dieser Wert gilt für venöse Blutproben, die in einem Labor analysiert werden (Box 9.1).

> **Box 9.1: Es ist wichtig zu**
>
> beachten, daß die Blutzuckerkontrolle durch Fingerstich zur Kontrolle von Diabetes zu Hause hilfreich ist, aber allein nicht ausreicht, um niedrige Blutzuckerspiegel, die durch eine Überproduktion von Insulin verursacht werden, zu verifizieren. Dafür sind Blutproben aus venösem Blut erforderlich, die unter Laborbedingungen analysiert werden.

Niedrige Blutzuckerspiegel stehen in Zusammenhang mit zwei Gruppen von Symptomen: 1. sogenannte vegetative Symptome und 2. Funktionsstörungen des zentralen Nervensystems. Vegetative Symptome umfassen Schwitzen, Herzklopfen, Zittern, Angst und Hunger. Katecholamine (Adrenalin und Noradrenalin, Abschn. 5.3) die aus dem Nebennierenmark und dem autonomen Nervensystem freigesetzt werden, sind bei diesen Symptomen wichtig. Da Glukose der Hauptnährstoff des Gehirns ist, stört ein niedriger Blutzucker die Funktion des zentralen Nervensystems, die sich in milden Fällen als Schwindel, Schwäche und Schläfrigkeit äußert, aber wenn sie länger anhält und unbehandelt bleibt, können sogar Koma und Tod eintreten.

Wann sollten wir ein Insulinom in Betracht ziehen?
Der Verdacht auf ein Insulinom wird geweckt, wenn der Patient mit wiederholten hypoglykämischen Ereignissen in Verbindung mit laborbestätigten niedrigen Blutzuckerspiegeln auftritt, darüber hinaus werden diese zusammen mit typischen Symptomen beobachtet, die sich schnell durch Glukosegabe auflösen.

Symptome, die schnell durch die Verabreichung von Glukose gelöst werden. (Die drei Hauptbeschwerden werden als **Whipple-Triade** bezeichnet, als Tribut an den ersten Arzt, der sie beschrieben hat). Patienten, die an einem Insulinom leiden, klagen oft über wiederholte Verwirrung, die durch den Verzehr von Zucker behoben werden kann. Da Insulin ein anaboles Hormon ist, das zum Aufbau von großen Molekülen (Kohlenhydrate, Lipide und Proteine) beiträgt, und betroffene Patienten müssen häufig essen, um den niedrigen Blutzuckerspiegel auszugleichen, das Körpergewicht von Patienten, die an einem Insulinom leiden, steigt meistens an. Im Gegensatz zum Gastrinom, produziert das Insulinom selten Metastasen.

Was ist notwendig, um eine Diagnose von Insulinom zu stellen?
Wie bei anderen hormonellen Erkrankungen sollten zuerst Hormonmessungen durchgeführt werden. Im Falle von durch Insulin verursachten niedrigen Blutzuckerspiegeln, ist der Insulinspiegel erhöht, während bei durch andere Ursachen induzierter Hypoglykämie der Insulinspiegel niedrig ist. Für die Diagnose eines Insulinoms, ist der Nachweis von niedrigem Blutzucker zusammen mit einem erhöhten Insulinspiegel notwendig. Da wir nicht vorhersagen können, wann spontane Hypoglykämie auftreten wird, wird die Provokation von niedrigem Blutzucker bevorzugt, was durch einen 72-Stunden-Fastentest im Krankenhaus erreicht werden kann. Der Patient kann während des Fastentests Wasser trinken, darf aber nicht essen. Wenn niedrige Blutzuckerspiegel werden durch eine Überproduktion von Insulin

verursacht, dann wird ein spontaner niedriger Blutzuckerspiegel bei 90 % der Patienten innerhalb von zwei Tagen nach dem Beginn des Tests beobachtet. Zusammen mit Insulin, **C-Peptid** das während der Reifung von Insulin produziert wird, wird ebenfalls gemessen, und die erhöhte Werte von C-Peptid bestätigen, dass das im Körper produzierte Insulin für die Symptome verantwortlich ist. Andererseits, wenn niedrige Blutzuckerspiegel durch die Injektion von synthetischen Insulinpräparaten, die kein C-Peptid enthalten, provoziert werden, wird keine C-Peptid-Erhöhung festgestellt. Dieser letztere Fall tritt hauptsächlich bei Patienten mit psychischen Erkrankungen auf.

Welche anderen Arten von pankreatischen Hormon produzierenden Tumoren sind bekannt?

Obwohl Gastrinom und Insulinom recht selten sind, ist die Überproduktion von Glukagon und VIP noch seltener. Glukagon ist ein Hormon, das den Blutzucker erhöht, und daher ist es nicht überraschend, dass seine Überproduktion zu einer Verschlechterung der Blutzucker-Homöostase oder sogar zu Diabetes mellitus führt. Abgesehen davon kann ein Glukagonom mit anderen paraneoplastischen Symptomen (Kap. 1, Box 1.7: Symptome, die nicht mit der Tumorgröße oder metastatischem Verhalten zusammenhängen, sondern aufgrund von produzierten Substanzen oder Immunreaktionen induziert durch den Tumor) wie einer schweren Hautkrankheit und wandernder venöser Thrombose verbunden sein. Der Verdacht auf ein Glukagonom wird oft von Dermatologen geäußert. VIP-Überproduktion führt zu schwerem Durchfall, niedrigem Kaliumspiegel und reduzierter Magensäureproduktion, ist aber sehr selten (etwa 1 neuer Fall in 10 Mio. Menschen wird pro Jahr erwartet).

Was ist Chromogranin A?

Der Blutspiegel des Proteins **Chromogranin A** ist bei den meisten neuroendokrinen Tumoren erhöht, aber auch bei anderen Tumoren und Krankheiten. Es ist am nützlichsten für die Nachsorge von Tumoren und nicht für ihre Diagnose, da seine Blutspiegel mit der Tumormasse korrelieren. (Box 9.2). Chromogranin A-Spiegel können aufgrund von Tumorwachstum oder Metastasen erhöht sein und durch erfolgreiche Behandlung reduziert werden. Dies wird daher als Tumormarker für neuroendokrine Tumoren bezeichnet.

Box 9.2: Wichtig!

Chromogranin A-Spiegel werden durch Behandlungen erhöht, die darauf abzielen, die Magensäureproduktion zu reduzieren, insbesondere durch die wirksamsten Protonenpumpenhemmer (wie Pantoprazol, Esomeprazol, Omeprazol). Diese Medikamente sollten 10–14 Tage vor der Messung von Chromogranin A abgesetzt werden.

Welche Bildgebungstechniken stehen zur Verfügung, um neuroendokrine Tumoren zu finden?

Die traditionellen Bildgebungstechniken wie abdominale Ultraschall, CT und MRT sind sicherlich nützlich, aber bei der Erkennung kleinerer Tumoren haben sie unterschiedliche Empfindlichkeit. Der sogenannte endoskopischer Ultraschall ist sehr effektiv zur Findung kleiner Pankreastumoren, da der Ultraschalldetektor in der Nähe der Bauchspeicheldrüse durch ein Instrument eingeführt wird, das einem herkömmlichen Endoskop ähnelt. Das Instrument wird über den Mund, die Speiseröhre und den Magen bis zum Zwölffingerdarm eingeführt. Die Detektion von Somatostatinrezeptoren ist eine der Hauptmethoden heutzutage für die Bildgebung von neuroendokrinen Tumoren (sogenannte biologische oder funktionelle Bildgebung) (Abb. 9.2). Wir sollten nicht vergessen, daß routinemäßige endoskopische Untersuchungen des Magens und des Dickdarms (Gastroskopie und Koloskopie) ebenfalls recht wichtig sind bei der Suche nach neuroendokrinen Tumoren.

Welche Behandlungsmöglichkeiten stehen zur Verfügung?

Leider werden neuroendokrine Tumoren meist erst nach der Entwicklung von multiplen Metastasen erkannt. Dies gilt sowohl für Tumoren, die keine Hormone produzieren, als auch für Tumoren, die mit dem Karzinoidsyndrom assoziiert sind, da das Karzinoidsyndrom meist bei Patienten mit multiplen Lebermetastasen auftritt. Wenn multiple Metastasen vorhanden sind, kann die Tumorerkrankung in der Regel nicht vollständig geheilt werden. Im Falle von hormonproduzierenden Tumoren der Bauchspeicheldrüse wie dem Insulinom, wo typische Symptome zur Diagnose führen, kann diese früher in Sta-

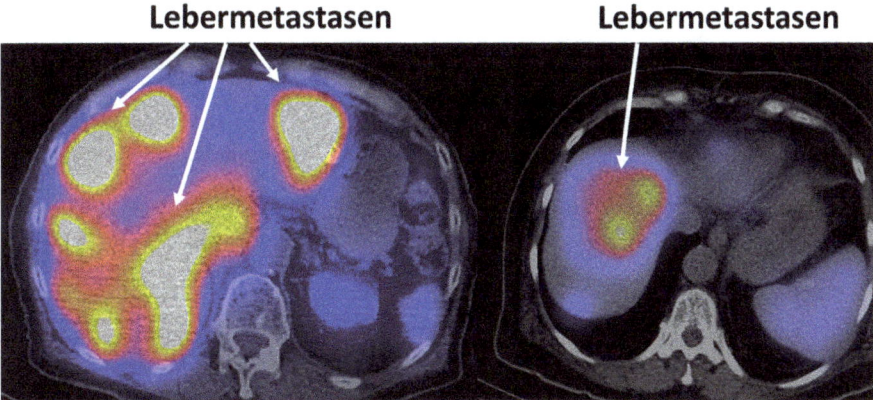

Abb. 9.2 Lebermetastasen, dargestellt durch biologische/funktionelle Bildgebung mit Isotop-gebundenen Somatostatin- Analogon. Metastasen sind durch Pfeile markiert

dien ohne Metastasen gestellt werden. Diese Fälle können vollständig durch die chirurgische Entfernung des Tumors geheilt werden.

Das Fortschreiten von gut differenzierten neuroendokrinen Tumoren ist langsam, und eine lange Überlebenszeit des Patienten kann erwartet werden, was die Anwendung von mehreren verschiedenen Behandlungsprotokollen ermöglicht. Im Gegensatz dazu ist die Prognose von schlecht differenzierten neuroendokrinen Krebserkrankungen schlecht.

Die Behandlung von neuroendokrinen Tumoren erfordert die Zusammenarbeit von mehreren verschiedenen medizinischen Fachrichtungen, wo Spezialisten in einem sogenannten multidisziplinären Team den Behandlungsplan oder jede Änderung.

Die Behandlung von neuroendokrinen Tumoren erfordert die Zusammenarbeit von mehreren verschiedenen medizinischen Fachrichtungen, in denen sich Spezialisten in einem sogenannten multidisziplinären Team zusammenfinden, um den Behandlungsplan oder jede Änderung festzulegen. Die Behandlung von metastasierenden Krankheiten wird von der Onkologie, Endokrinologie und Gastroenterologie Spezialisten, die sich mit Magen-Darm-Erkrankungen befassen, geleitet. Die Behandlung basiert auf der histologischen Analyse des Tumors, und daher ist die Pathologie von entscheidender Bedeutung (Box 9.3).

> **Box 9.3: Was ist Pathologie?**
> Pathologie ist einer der ältesten und wichtigsten Zweige der Medizin, der von primärer Bedeutung für die Diagnose von Krankheiten und die Aufdeckung ihrer Ursprünge ist. Lange Zeit war die Hauptaufgabe der Pathologie auf die Sektion von Toten beschränkt, aber mit dem Auftreten der Histologie und der Analyse von Proben, die von lebenden Patienten stammen, stellte sie sich als eine der wichtigsten Methoden der Krankheitsdiagnostik heraus. **Histologie** untersucht die Struktur und zelluläre Zusammensetzung von Geweben durch mikroskopische Analyse. Heutzutage wird die Histologie immer präziser und auch computergestützte Analysen werden verfügbar. Auch die Wissenschaft der molekularen Pathologie ist entstanden, bei der die molekulargenetische Analyse von Patientenproben einschließlich DNA-Mutationen (Abschn. 1.2), und von DNA- und RNA-Expressionsmustern eine individuell angepasste Behandlung von Patienten als Teil der **Präzisions-/personalisierten Medizin** ermöglicht.

Radiologen führen nicht nur die notwendigen bildgebenden Untersuchungen durch, sondern sind auch an der Behandlung beteiligt. Radiologische Interventionen können durchgeführt werden, wie die Zerstörung von Lebermetastasen durch die Injektion von Substanzen, die die den Tumor versorgenden Arterien verschließen (Chemoembolisation) oder durch Hitze.

Das Gebiet der Nuklearmedizin, das sich mit radioaktiven Isotopen befasst, führt biologische (funktionelle) Bildgebung und Isotopenbehandlungen in Verbindung mit Somatostatin-Analoga durch. Auf diese Weise werden Radioisotope an Somatostatin-Analoga gebunden, diese bringen die tumorzerstörenden Isotope direkt zu den Tumorzellen und ermöglichen so eine hochwirksame und gezielte Therapie.

Da es sich um Tumore handelt, ist auch die Chirurgie von entscheidender Bedeutung. Chirurgische Tumorentfernung kann sogar in metastatischen Stadien von differenzierten neuroendokrinen Tumoren durchgeführt werden, da die Verminderung der Tumormasse (Debulking) weitere Behandlungsmöglichkeiten erweitert. Darüber hinaus wird eine erhebliche Anzahl von neuroendokrinen Tumoren zufällig erkannt, während Operationen aus anderen Gründen durchgeführt werden. Zum Beispiel werden neuroendokrine Tumoren in jedem 150–200 während Appendektomien entfernten Blinddarm gefunden.

Für gut differenzierte neuroendokrine Tumoren stehen mehrere Behandlungsmöglichkeiten zur Verfügung, einschließlich Somatostatin-Analoga, Medikamente, die auf spezifische molekulare Wege abzielen (**zielgerichtete Behandlungen**) in der Tumorentwicklung, interventionelle radiologische Methoden, Debulking-Chirurgie, usw. Die Hauptbehandlung für schlecht differenzierte neuroendokrine Tumoren (neuroendokriner Krebs) basiert auf systemischer Chemotherapie mit Wirkstoffen, die die Zellteilung hemmen. Leider hemmen diese Wirkstoffe die Zellteilung auf eine nicht-selektive Weise, so daß alle schnell teilenden Zellen betroffen sind, nicht nur Tumorzellen.

10

Multiple endokrine Neoplasie-Syndrome

Der biblische Goliath und die multiple endokrine Neoplasie (Box 10.1)
Goliath war ein Philisterkrieger, der durch seine enorme Statur und Stärke Angst bei seinen Feinden auslöste. In der bekannten Bibelgeschichte gelang es David, dem jungen Hirtenjungen, ihn zu besiegen, indem er seinen Kopf mit einem Stein aus einer Schleuder traf. Es gibt keine archäologischen Beweise dafür, dass diese Geschichte wirklich stattgefunden hat, aber das Aussehen von Goliath inspirierte die Fantasie einiger Endokrinologen. Riesen standen immer im Fokus des medizinischen Interesses, da die Überproduktion von Wachstumshormon für einen erheblichen Anteil des Gigantismus verantwortlich ist (Abschn. 2.4.1). In der Bibel steht geschrieben, dass auch die Brüder von Goliath riesig waren, was auf einen genetischen Hintergrund hindeutet. Darüber hinaus hatte Goliath häufig Wutanfälle, die ebenfalls zu seinem furchterregenden Ruf beitrugen.

> **Box 10.1**
>
> Die Gruppe der **multiplen endokrinen Neoplasien** umfaßt erbliche Krankheiten, bei denen Tumoren (Neoplasien) mehrerer endokriner Organe bei derselben Person auftreten. Dies sind keine Metastasen, sondern primäre Tumoren verschiedener Organe. Der Begriff multiple endokrine Neoplasie (abgekürzt MEN) umfasst verschiedene Syndrome. Die typischsten sind MEN1 und MEN2, aber es gibt auch mehrere andere Krankheiten mit genetischem Hintergrund. Diese Krankheiten folgen meist einem autosomal dominanten Erbgang (Abschn. 1.2), d. h. wenn ein Elternteil die Krankheit hat, haben die Nachkommen 50 % Chance, die Krankheit zu erben. Mit anderen Worten, die Krankheit tritt bei etwa der Hälfte der Kinder auf.

Diese Geschichte wirft aus medizinischer Sicht mehrere Fragen auf:

- Wie konnte David einen so riesigen Krieger mit einer einzigen Schleuder töten?
- Ist es möglich, dass Goliath den auf ihn abgefeuerten Stein nicht gesehen hat?
- Wie konnte ein möglicherweise kleiner Stein Goliaths starken Schädel brechen?

Aufgrund dieser Fragen wurde die Hypothese aufgestellt, dass Goliath möglicherweise an einer seltenen genetischen Krankheit litt, die als **multiple endokrine Neoplasie Typ 1** bezeichnet wird.

Die multiple endokrine Neoplasie Typ 1 (MEN1) umfasst drei Haupttumoren: 1. einen Nebenschilddrüsentumor oder Hyperplasie, der zu primärem Hyperparathyroidismus (Überfunktion der Nebenschilddrüsen) führt (Abschn. 4.2.1), 2. neuroendokrine Tumoren der Bauchspeicheldrüse und des Dünndarms (Kap. 9), und 3. Hypophysenadenome (Abschn. 2.2). Zwei dieser drei Manifestationen, der Hypophysentumor und der primäre Hyperparathyroidismus, könnten sowohl für das Aussehen als auch für den Tod von Goliath eine große Rolle gespielt haben.

Goliaths Gigantismus könnte durch einen Hypophysentumor verursacht worden sein, der zu viel Wachstumshormon produziert. Der Großteil solcher Tumoren sind von großer Größe, sogenannte Makroadenome, von denen bekannt ist, dass sie aufgrund der Kompression des Sehnervs (Chiasma opticum) Gesichtsfelddefekte verursachen können (Abschn. 2.2). Der Gesichtsfelddefekt könnte erklären (Abb. 2.5), warum Goliath den auf ihn geworfenen Stein nicht erkannte und daher nicht ausweichen konnte. Die häufigste Folge des MEN1-Syndroms ist der primäre Hyperparathyroidismus, der zu Osteoporose führt. Primärer Hyperparathyroidismus kann zu schwerer Osteoporose führen, bei der die Knochen brüchig werden und selbst bei leichten Verletzungen brechen. Diese Krankheitsmanifestationen könnten mit der tödlichen Wirkung des Schleudersteins auf Goliaths Schädel in Verbindung gebracht werden. Schließlich wurde auch eine gewisse Verbindung mit bei MEN1 auftretenden pankreatischen neuroendokrinen Tumoren vermutet, da einige Autoren behaupteten, dass Goliaths Wutanfälle mit dem Vorhandensein eines potenziellen Insulinoms in Verbindung gebracht werden könnten (Kap. 9), das aufgrund von niedrigen Blutzuckerspiegeln neurologische Symptome wie Verwirrtheit und sogar aggressives Verhalten verursachen könnte. Abb. 10.1 zeigt die möglichen Tumoren von Goliath und ihre Folgen.

Es ist wichtig zu beachten, dass die vorherige Beschreibung nur eine Hypothese ohne jeglichen wissenschaftlichen Beweis ist. Als Hypothese ist sie jedoch recht interessant und hilft, die wichtigsten Anhaltspunkte dieser Krankheit zu

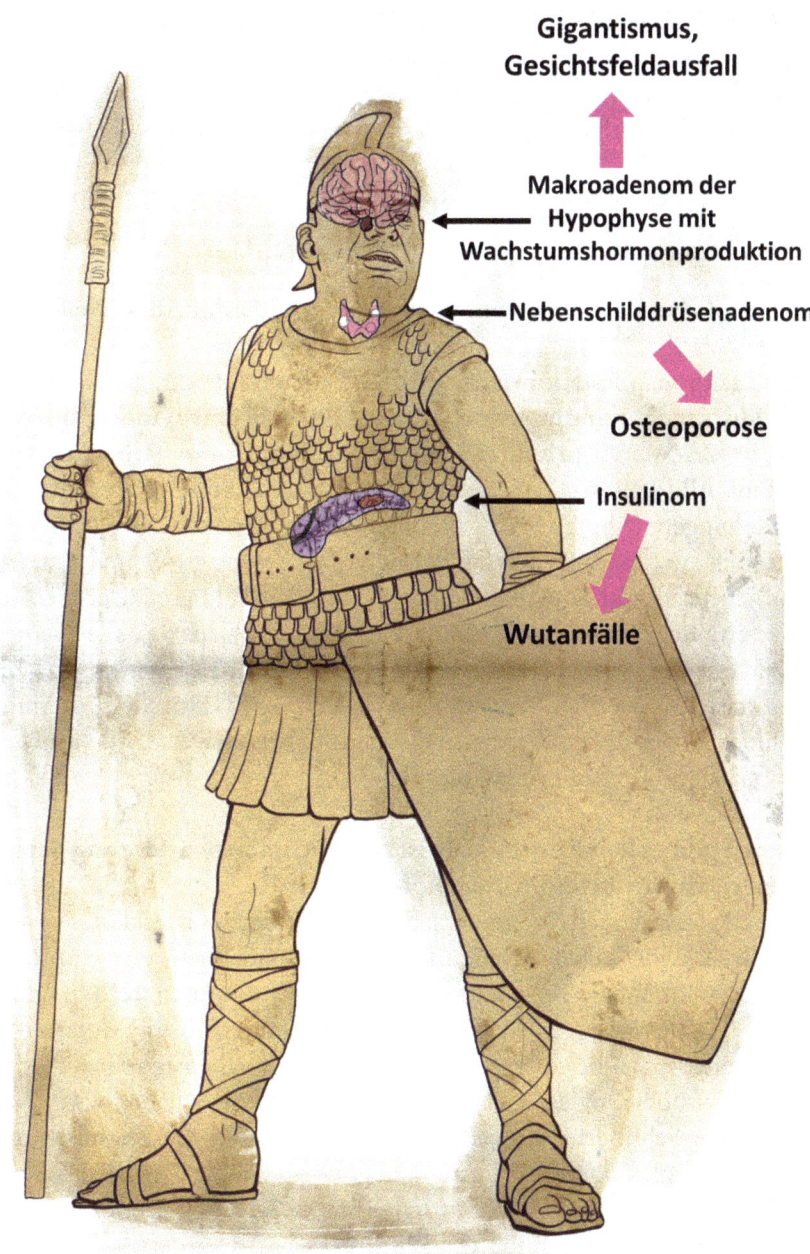

Abb. 10.1 Goliath mit Tumoren entsprechend MEN1 und mit ihren potenziellen Folgen. Das Wachstumshormon produzierende Makroadenom der Hypophyse könnte zu Gigantismus und Gesichtsfelddefekt geführt haben; die Überfunktion der Nebenschilddrüsen hätte zu Osteoporose führen können, während ein potenzielles Insulinom bei Wutanfällen auftreten könnte

verstehen und zu merken. Es gibt auch keine archäologischen Beweise für die Existenz von Goliath. Im Gegensatz dazu ist bekannt, dass Schleuderkrieger in der Antike wichtig und gefürchtet waren, zum Beispiel in der römischen Armee. Daher kann nicht ausgeschlossen werden, dass ein gut gezielter Schleuderstein auch ohne das Vorhandensein des MEN1-Syndroms tödlich sein könnte.

Wie häufig ist das MEN1-Syndrom?
Das MEN1-Syndrom ist eher selten und betrifft 1 von 30.000 Menschen.

Was sind die Hauptmerkmale der multiplen endokrinen Neoplasie Typ 2 (MEN2)?
Die Hauptmanifestationen des MEN2-Syndroms umfassen **medulläres Schilddrüsenkarzinom** (Abschn. 3.5), **Phäochromozytom** (Abschn. 5.3) und im 2A Subtyp **primärer Hyperparathyroidismus (Überfunktion der Nebenschilddrüsen)** (Abschn. 4.2.1). Wie im Kapitel über Schilddrüsenerkrankungen (Abschn. 3.5) besprochen, ist das medulläre Schilddrüsenkarzinom ein bösartiger Tumor, der zu Metastasen neigt. Wenn bei jemandem eine genetische Variante festgestellt wird, die zu MEN2 prädisponiert (krankheitsverursachende Variante (Mutation) des RET-Gens), ist die Wahrscheinlichkeit, früher oder später ein medulläres Schilddrüsenkarzinom zu bekommen, fast 100 %. Dies kann nur durch die prophylaktische Entfernung der Schilddrüse verhindert werden. Betroffene haben eine etwa 50 %ige Chance, ein Phäochromozytom zu bekommen.

Warum gibt es keine prophylaktische Nebennierenentfernung bei MEN2, wenn sie für die Schilddrüse empfohlen wird?
Es gibt große Unterschiede zwischen den beiden, was erklärt, warum eine prophylaktische Nebennierenentfernung nicht möglich oder empfohlen ist. Erstens, während das Risiko, an medullärem Schilddrüsenkrebs zu erkranken, fast 100 % beträgt, was bedeutet, dass alle Patienten, die die Mutation tragen, früher oder später betroffen sein werden, beträgt das Risiko für Phäochromozytom nur 50 %, sodass nur jeder zweite Betroffene es haben wird. Während medullärer Schilddrüsenkrebs sicher bösartig ist und zu Metastasen neigt, ist Phäochromozytom meist gutartig und gibt in MEN2 keine Metastasen. Dennoch, Phäochromozytom ist mit schweren klinischen Folgen verbunden, wie einer erheblichen Erhöhung des Blutdrucks und Herzgefäßkomplikationen, aber es kann durch regelmäßige Untersuchungen erkannt werden.

Ein weiterer Unterschied bezieht sich auf die Ersatztherapien: der Mangel an Schilddrüsenhormonen kann hervorragend mit Hormonersatz behandelt werden, während der Ersatz von Nebennierenhormonen komplizierter ist (Kap. 5, Box 5.10).

Ist eine prophylaktische Operation bei MEN1 möglich?

Wie bei MEN2 beinhaltet auch MEN1 eine Krankheitsmanifestation, die sich bei fast 100 % aller betroffenen Personen bis zum Alter von 50 Jahren entwickelt. Dies ist primärer Hyperparathyreoidismus (Überfunktion der Nebenschilddrüsen), der meist aufgrund der Hyperplasie aller vier Nebenschilddrüsen auftritt. Angesichts des durchweg gutartigen Verhaltens der Krankheit wird keine prophylaktische Nebenschilddrüsenentfernung durchgeführt. Darüber hinaus ist der resultierende Hypoparathyreoidismus (Unterfunktion der Nebenschilddrüsen) keine Krankheit, die leicht zu handhaben ist (Abschn. 4.2.2).

Die einzige prophylaktische Operation, die bei MEN1 möglich ist, wird durchgeführt wenn der Thymus (Box 10.2) prophylaktisch entfernt wird während einer nicht-prophylaktischen Operation wegen primärem Hyperparathyreoidismus. Neuroendokrine Tumoren des Thymus können bei MEN1 auftreten, und diese haben schlechte Prognose. Die Entfernung des Thymus bei Erwachsenen verursacht keine Probleme.

> **Box 10.2**
>
> Die Thymusdrüse (Bries) ist ein wichtiges Organ des Immunsystems, in dem die Reifung der Hauptzellen, die an der zellulären Immunität beteiligt sind, den T-Zellen, stattfindet. Der Thymus befindet sich im oberen Teil der Brust unter dem Hals. Im Erwachsenenalter sammelt sich Fett in der Drüse an und sie verliert ihre Bedeutung.

Das häufigste erbliche Tumorsyndrom ist die Neurofibromatose Typ 1

Neurofibromatose Typ 1 betrifft eine von 4000 Personen. Sie ist hauptsächlich verantwortlich für nicht-endokrine Tumoren. Trotz typischer Haut Veränderungen bei betroffenen Personen wird die Krankheit leider oft nicht erkannt. Sogenannte Café-au-lait (Milchkaffee auf Französisch) Flecken und weiche Schwellungen sind auf der Haut zu finden: Letztere sind die Neurofibrome, die meist gutartig sind, aber in seltenen Fällen bösartig werden können (Abb. 10.2). Die Krankheit macht betroffene Individuen anfällig für verschiedene Arten von Tumoren: insbesondere den Tumor des Sehnervs (Gliom), Gehirntumoren und Leukämie in jungen Jahren. Selten werden auch hormonproduzierende Tumoren gefunden, wie Phäochromozytom (Abschn. 5.3) und sehr selten Somatostatinom (Somatostatin-produzierender neuroendokriner Tumor (Kap. 9)) kann sich im Zwölffingerdarm entwickeln.

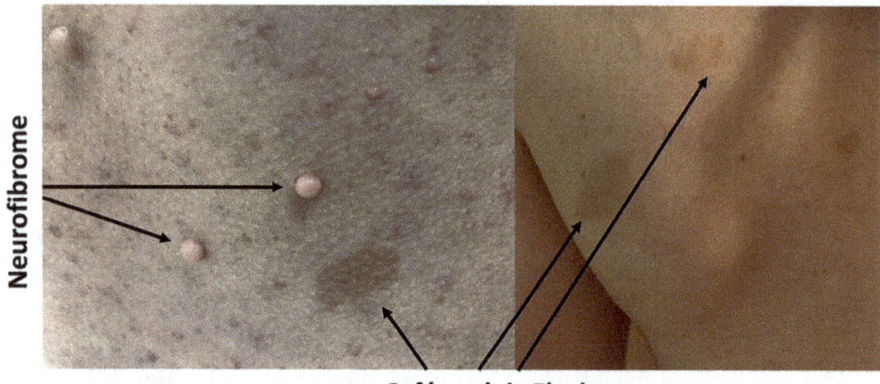

Abb. 10.2 Typische Hautveränderungen bei Neurofibromatose Typ 1. Neurofibrome und Café-au-lait-Flecken

11

Hormone in Lebensmitteln; Hormone und Ernährung

Wir nehmen Hormone mit der Nahrung auf, aber ihre Menge ist normalerweise so gering, dass sie keine relevanten Auswirkungen haben. In einigen besonderen Situationen kann jedoch der Verzehr von hormonproduzierenden Organen Probleme verursachen. Proteinhormone (wie Insulin und Hypophysenhormone) sind sehr empfindlich gegenüber äußeren Bedingungen (wie Hitze) und werden schnell durch proteinabbauende Enzyme (Proteasen) abgebaut, die in den Geweben vorhanden sind. Hormone mit einer einfacheren Struktur, wie Aminosäurederivate und Steroidhormone, sind jedoch stabiler.

Überaktive Schilddrüse durch Hamburgerverzehr
In den 1980er-Jahren kam es in einigen Teilen der Vereinigten Staaten zu einem ungewöhnlichen Ausbruch von Fällen von überaktiver Schilddrüse. Die Patienten waren meist jung und es gab keine Anzeichen für eine autoimmune Basedow-Krankheit (Abschn. 3.2), oder überaktive Schilddrüsenknoten. Isotopen-Scanning (Szintigrafie) zeigte keine Isotopenaufnahme in der Schilddrüse, was darauf hindeutete, dass die Überaktivität der Schilddrüse durch eine Entzündung der Schilddrüse oder eine externe Ursache verursacht wurde.

Diese epidemieartige Überaktivität der Schilddrüse konnte mit einer ernährungsbedingten Ursache in Verbindung gebracht werden. Es stellte sich heraus, dass die betroffenen Patienten Hamburger aßen, die Fleischprodukte enthielten, die aus einem einzigen Schlachthof stammten. Die Untersuchung ergab, dass das Fleischprodukt aus Rindernacken bestand, aber der Fleischzubereitungsprozess (Nackenschneiden) wurde nicht professionell durchge-

Abb. 11.1 Erklärung für durch Hamburger verursachte Überfunktion der Schilddrüse. Die Schilddrüse wurde in das Hamburger-Patty gehackt. Die Schilddrüsenhormone wurden vom Verbraucher aufgenommen, was zu erhöhten freien Schilddrüsenhormonspiegeln (fT4) im Blut führte (Abschn. 3.1). Hoher fT4 unterdrückte die TSH-Produktion der Hypophyse, was einer Überfunktion der Schilddrüse entspricht, aber in diesem Fall wurde dies durch eine externe Quelle verursacht

führt und so wurden unbeabsichtigt Schilddrüsengewebe eingeschlossen. Da das Rinder-Schilddrüsenhormon das gleiche ist wie das menschliche, sind seine Auswirkungen auch die gleichen. Darüber hinaus sind Schilddrüsenhormone recht hitzeresistent und überlebten daher die Hamburger-Zubereitung, was zu Symptomen einer überaktiven Schilddrüse bei den Konsumenten führte. Die Krankheit war sicherlich reversibel, nachdem der Hormonüberschuss behoben war (Abb. 11.1).

Es ist also nicht überraschend, dass die Schilddrüse nicht Teil unserer Ernährung ist.

Hormonproduzierende Organe in der Ernährung
Obwohl die Schilddrüse nicht Teil der westlichen Ernährung ist, werden manchmal andere hormonproduzierende Organe verzehrt. Hoden, insbesondere von Geflügel, sind in mehreren Kulturen ein bekanntes Gericht. Trotz des enthaltenen Testosterons wurde nach unserem besten Wissen noch keine mit dem Verzehr von Hoden verbundene Krankheit beschrieben. Theoretisch

könnte der Verzehr großer Mengen von Hoden-basierten Lebensmitteln durch die Aufnahme von Testosteron die hormonelle Funktion beeinflussen, wie zum Beispiel androgene Effekte bei Frauen hervorrufen oder die Testosteronproduktion bei Männern unterdrücken. Dies ist jedoch nur Theorie, es gibt keine Daten, die dies unterstützen.

Die Erklärung für die überaktive Schilddrüse im vorherigen Abschnitt könnte mit der Tatsache zusammenhängen, dass die Schilddrüse aufgrund ihres Kolloidgehalts ihre Hormone in großen Mengen speichert (Abschn. 3.1). Die anderen hormonproduzierenden Organe, wie die Keimdrüsen (Gonaden), speichern jedoch keine Hormone in nennenswerten Mengen und daher verursacht ihr Verzehr keine Probleme. Es ist daher unwahrscheinlich, dass durch den Verzehr von Geschlechtshormon produzierenden Gonaden menschliche Sexualhormonmängel verbessert werden könnten.

Ist es möglich, die Funktion von hormonproduzierenden Organen wie Nebennieren oder Keimdrüsen durch Mahlzeiten oder Getränke zu stimulieren?
Die Regulation der Nebennierenrinde und der Keimdrüsen ist eher komplex und beinhaltet hauptsächlich die Hypophyse (Abschn. 2.1). Es gibt mehrere Rezepte im Internet, die die Zubereitung von Nebennieren- oder Gonadenstimulierenden Mahlzeiten beschreiben, aber es gibt keinerlei Beweise dafür, dass diese irgendeinen Nutzen hätten. Eine Nebenniereninsuffizienz kann ohne Behandlung zu schweren, sogar lebensbedrohlichen Komplikationen führen, und es ist daher besonders wichtig zu betonen, dass sie nur effizient mit den in den Abschn. 2.5 und 5.2.5 vorgestellten Medikamenten behandelt werden kann.

Welche Art von hormonproduzierenden Organen kann durch die Ernährung beeinflusst werden?
Diese Fragen wurden bereits in den jeweiligen Kapiteln vorgestellt, und daher wird hier nur eine sehr kurze Zusammenfassung beschrieben.

Die Schilddrüsenfunktion wird durch Nahrung beeinflusst, die Jod enthält (Kap. 3). Eine Jodaufnahme verschlimmert die überaktive Schilddrüse und sollte daher vermieden werden. Bei einem Jodmangel ist die Verabreichung von Jod sicherlich vorteilhaft, wie bei einem durch Jodmangel verursachten Kropf. Bei der Hashimoto-Thyreoiditis, die zu einer Unterfunktion der Schilddrüse führen kann (Abschn. 3.3), hilft jedoch die Verabreichung von Jod nicht und kann sogar den Verlauf der Krankheit verschlimmern, daher wird sie nicht empfohlen.

Die Nebenschilddrüsen werden durch die Aufnahme von Vitamin D und Kalzium in der Ernährung beeinflusst. Bei einem Vitamin-D-Mangel wird die Produktion von Nebenschilddrüsenhormon erhöht (sekundärer Hyperparathyreoidismus), der durch die Verabreichung von Vitamin D umgekehrt werden kann.

Krankheiten anderer hormonproduzierender Drüsen werden nicht durch die Ernährung beeinflusst und es gibt keine Belege für die Wirksamkeit von Rezepten und Naturprodukten, die darauf abzielen. Die Verwendung solcher Produkte wird daher nicht empfohlen.

Macht es Sinn, eine glutenfreie Diät in der Behandlung von Hormonerkrankungen zu verfolgen?
Gluten ist ein Protein, das in den Samen verschiedener Getreidearten (wie Weizen, Gerste, Hafer) vorkommt. Eine Empfindlichkeit gegenüber Gluten führt zu einer schweren Krankheit genannt Glutenempfindlichkeit, (Zöliakie ist der medizinische Begriff). Eine glutenfreie Diät ist notwendig zur Behandlung der Glutenempfindlichkeit (Kap. 3, Box 3.2). Bei Hormonerkrankungen spielt eine glutenfreie Diät keine Rolle in der Behandlung. Dennoch verfolgen viele Patienten mit endokrinen Erkrankungen wie Hashimoto-Thyreoiditis (Abschn. 3.3) diese, aber es gibt keinerlei Beweise dafür, dass sie nützlich wäre. Es ist sicherlich nicht schädlich, eine glutenfreie Diät zu verfolgen, aber sie beschränkt die Ernährungsvariabilität, und die finanziellen Ausgaben sind auch nicht zu vernachlässigen. (Einige Patienten folgen auch einer laktosefreien Diät bei Hashimoto-Thyreoiditis, aber es gibt keine Beweise für eine Wirksamkeit hier entweder.)

Wie beeinflusst Hunger die Hormonfunktion?
Eine starke Reduzierung der Kalorienzufuhr beeinflusst die Hormonfunktion erheblich. Es ist bekannt, dass während des Zweiten Weltkriegs die Menstruationszyklen von Frauen, die in Konzentrationslager gezwungen wurden, aufgrund von durch Hunger verursachten hormonellen Veränderungen, einschließlich der Wechselwirkung von Hormonen, die den Appetit und die Fortpflanzungsfunktion regulieren, aufhörten. Der Hypothalamus spielt eine Hauptrolle in diesen regulatorischen Prozessen. Fast alle Hormone werden durch Hunger beeinflusst. Diese Veränderungen sind durch die Rückkehr zu einer normalen Nahrungsaufnahme umkehrbar.

Können Nahrungsergänzungsmittel die Ergebnisse von Hormonmessungen beeinflussen?
Leider treten solche Phänomene auch auf. Biotin, auch bekannt als Vitamin B7, ein bekanntes Nahrungsergänzungsmittel, wird auch in Laboruntersuchungen verwendet. Wenn Biotin in großen Mengen, wie in einigen Multivitaminprodukten, verzehrt wird, kann es die Ergebnisse von Hormonmessungen erheblich verändern. Unter anderem können die Ergebnisse von Schilddrüsenhormon (T4, L-Thyroxin) Tests durch eingenommenes Biotin beeinflusst werden. Der Arzt sollte daher darüber informiert werden, dass der Patient Biotin-haltige Ergänzungsmittel einnimmt, da der gemessene fT4-Wert unter solchen Bedingungen sonst unzuverlässig sein kann.

Stichwortverzeichnis

A

Achondroplasie 42
ACTH-Syndrom, ektopisches 107, 108
Addison-Krankheit 11, 104, 118–124, 126
Adrenalin 127, 158, 179
Adrenocorticotropes Hormon (ACTH) 10, 18, 24, 47, 48, 102, 107, 108, 110, 119
Akne 148
Akromegalie 36, 38–41
Aldosteron 102, 103, 114, 116, 117, 119, 121, 124, 126, 154
Allel 13
Alphacalcidol 93
Amenorrhoe 144
Amiodaron 74
anabol 157
Androgene 102, 126, 146–148
Andropause 139
Androstendion 126, 127, 149
Angiotensin II 103
Antidiuretisches Hormon (ADH) 9, 25, 52–55
Antigen 11
Antikörper 11, 62
Anti-Müller-Hormon (AMH) 138
Antithyreotika 65
Anti-TPO 70, 71, 74
Augensymptome bei Schilddrüsenüberfunktion 67
Autoantikörper 11
Autoimmun 11
Autoimmunität 11, 90

B

bariatrische Chirurgie 171
Basedow-Krankheit 60–62, 68, 72
Behandlung, symptomatische 20, 64, 177
Bildgebung 16, 27, 111, 130, 174, 181
Biotin 195
Bisphosphonat 96
Blutplasma 16
Blutserum 17
Body-Mass-Index (BMI) 160, 166, 170, 171
Bromocriptin 34
Bupropion-Naltrexon 171

C

Cabergolin 34
Calcitriol 83, 89, 93
Chirurgie, bariatrische 171
Chromogranin A 128, 180
Chromosom 10, 13, 14, 141, 142
Clomifencitrat 153
Computertomografie (CT) 16, 17, 26, 36, 41, 110, 117, 128–130, 181
Corticotropin Releasing Hormone (CRH) 24, 102, 103
Cortisol 47, 48, 50, 102–104, 107, 109–112, 134, 149
Cortisolproduktion, autonome 108, 111
C-Peptid 180
Cushing-Krankheit 107
Cushing-Syndrom 10, 21, 105–113, 130, 149, 172

D

Dehydroepiandrosteronsulfat (DHEAS) 102, 124, 149
Denosumab 96
Desmopressin 54
Dexamethason-Test 108
Diabetes insipidus 52–54
Diabetes mellitus 21, 41, 108, 111, 113, 114, 151, 152, 158–160, 163, 170, 177, 178, 180
  Typ 1 74, 121, 158
  Typ 2 72, 150–152, 158, 161–163, 167, 168, 170
Disruptor, endokriner 22
DNA 12, 182
Doping 22, 138, 146
Durstversuch 53

E

Endoskop 29
Enzym 2, 7, 48
Epigenetik 14

Epinephrin 104, 127
Eplerenon 117
Erythropoietin 22
Estradiol 131, 135, 137

F

Feinnadelbiopsie (FNAB) 76
Fettleibigkeit 21, 105, 111, 149, 151, 152, 159–163, 165–168, 171
Follikel-stimulierendes Hormon (FSH) 24, 105, 134–136, 153, 168
FRAX 97

G

Gastrinom 175, 177–180
Gen 12, 129, 142, 144
Genetik 12
Geschlecht
  chromosomales 133, 156
  gonadales 133, 155
  psychosexuelles/soziales 133
Gigantismus 36, 37, 41, 185–187
GLP-1-Agonist 162, 170, 171
Glukagon 158, 162, 170, 177, 180
Glukagon-ähnliches Peptid (GLP-1) 166
Glukagonom 175, 177, 180
Glukosetoleranztest, oraler 41, 160
Gluten 72, 194
Goliath 38, 186
Gonadotropin-Releasing-Hormon (GnRH) 24, 134–136, 140, 146
Gynäkomastie 117, 142, 143, 154

H

Hashimoto-Thyreoiditis 11, 70–72, 74, 121, 144, 193, 194
hCG 51

5-HIAA 176
Hirnanhangdrüse (Hypophyse) 4, 23, 102, 107, 125, 130, 173
Hirsutismus 125, 126, 146, 148
Histologie 182
HOMA-Index 160
Hormon 7, 24
  aktives 83
  freisetzendes 4, 6
Hormonbehandlung 21
Hormonersatz 21, 49, 112, 139, 156, 188
Hormonmangel 12, 45, 75, 114, 141
Hormonüberproduktion 9, 10
Hydrocortison 48, 122, 124, 126
21-Hydroxylasemangel 125, 126, 147
17-Hydroxyprogesteron 126, 149
25-Hydroxyvitamin D 83, 93
Hypoparathyreoidismus 90
Hyperaldosteronismus
  primärer 116
  sekundärer 117
Hyperparathyreoidismus 85, 97
  primärer 86, 188
  sekundärer 86, 194
Hyperplasie 86, 115
Hyperthyreose 60, 63
  subklinische 67
Hypoparathyreoidismus 90
Hypophysenadenom 26
Hypophyseninsuffizienz 46
Hypothalamus 4–6, 23–25, 34, 47, 52, 53, 59, 102, 103, 111, 134, 140, 152, 194
Hypothyreose 68
  subklinische 73
Hypoventilationssyndrom, fettleibigkeitsbedingtes 168

I

IGF-1 24
Incretin-Hormone 162, 170

Insulin 19, 36, 40, 45, 74, 149, 150, 177–180
Insulinom 177–179
Insulinresistenz 150, 157, 159–163
Insulin-ähnlicher Wachstumsfaktor 1 (IGF-1) 40
Interferon 177
Inzidentalom 130
Iod 58, 64, 72, 74, 193
Iodmangel 70, 193

K

Kalium 9, 103, 180
Kallmann-Syndrom 140
Kalzitonin 19, 60, 78, 84, 85, 173
Karyotyp 13, 133, 142
Karzinoid-Herzkrankheit 176
Karzinoidsyndrom 17, 175, 176, 181
katabol 158
Katecholamine 127
Klinefelter-Syndrom 141–144
Kongenitale
  Nebennierenhyperplasie 125
Kretinismus 72
Kropf (Struma) 61, 77
  multinodulärer 66

L

Langerhans-Insel 2, 157
Levothyroxin 18, 48, 72, 73, 75
Leydig-Zelle 138
Liraglutid 162, 170
L-Thyroxin 7, 47, 58, 72
Luteinisierendes Hormon (LH) 24, 25, 32, 45, 134, 138, 149, 153, 168

M

Magnetresonanztomografie (MRT) 16, 26, 27, 31, 36, 53, 88, 110, 111, 117, 128, 130, 174, 181

Makroadenom 26–28, 31–33, 35, 107, 186, 187
Makroprolaktin 34
Menopause 95, 128, 134, 136, 138, 139, 166, 167, 171
Menstruationszyklus 136–138
Metastase 30, 90
Metformin 152, 153, 162, 163
Mikroadenom 26, 27, 107
Mosaik 144
Multiple endokrine Neoplasie Typ 1 (MEN1) 186
Multiple endokrine Neoplasie Typ 2 (MEN2) 188
Mutation 13

N

Natrium 8, 54, 55, 119
Nebenniere 6, 10, 18, 21, 50, 101, 110, 113, 116, 120, 128–130, 188
Nebenniereninsuffizienz 11, 50, 113, 118–120, 122, 124, 125
Nebennierenkrise 120
Nebennierenmark 2–4, 101, 104, 127, 158, 173, 179
Nebennierenrinde 2–4, 18, 24, 49, 101–104, 120, 124, 125, 127, 131, 134, 154, 158, 193
Nebenschilddrüse 3, 5, 81
Nelson-Syndrom 113
Neurofibromatose Typ 1 189
Noradrenalin 127, 158, 179
Norepinephrin 127

O

Ödem 45, 55, 69
Off-Label 152
Orbitopathie, endokrine 61
Orlistat 171
Osteodensitometrie 95

Osteomalazie 98
Osteoporose 21, 33, 68, 105, 111, 113, 114, 136, 139, 141, 156, 186, 187
Östrogen 18, 22, 32, 47, 48, 96, 110, 131, 132, 134, 136–140, 145, 150, 152, 153, 156
Ovulation 132, 137
Oxytocin 25

P

Pankreas 167, 181
Pankreasinsel 2, 175
Parathormon 82, 86, 88, 97
Pathologie 182
Peptid 3, 8, 18
Phäochromozytom 17, 115, 127–130, 188
Phytoöstrogen 22
Pickwick-Syndrom 168
Polymorphismus, genetischer 13
Polyzystisches Ovarsyndrom (PCOS) 147–149, 151–153, 157, 159, 162, 166
Progesteron 48, 131, 132, 136, 137, 139, 145, 154
Prolaktin 24, 28, 32, 33, 52, 149
Prolaktinom 28, 32, 134
Protein 3, 8, 11, 14, 15

Q

Quinagolid 34

R

Rachitis 98
Radioiodtherapie 19, 79
Radiojod 64, 65
Renin 103
Rezeptor 7, 9, 34, 52

S

Schlafapnoe 37, 167, 168, 170
Schilddrüse 5, 7, 17, 18, 20, 121, 134, 140, 144, 150, 191–193
Schilddrüsenentzündung 74
Schilddrüsenkarzinom
  anaplastisches 78
  follikuläres 78
  medulläres 78, 188
  papilläres 78
Schilddrüsenknoten 60, 75
  toxischer 60, 63
Schilddrüsenkrebs 77
Schilddrüsenszintigrafie 63
Schilddrüsenüberfunktion 60, 61, 64, 65, 68, 85
Schilddrüsenunterfunktion 68, 70, 72
Schlafapnoe 37
Selen 67, 72
Sella turcica 23, 24, 26
Semaglutid 162, 170
Serotonin 175
Sexualzyklus, weiblicher 134
SIADH-Syndrom 55
Signaltransduktion 8, 9
Somatostatin-Analoga 21, 41, 112, 183
Speichel 16, 17, 109
Spironolacton 117, 154
Stoffwechsel 3, 12, 59, 157, 165, 171
Stoffwechselknochenerkrankung 93
Stress 3, 34, 41, 64
Stresshormon 50, 104
Syndrom 10
  metabolisches 161
  paraneoplastisches 10
System, endokrines 1

T

T3 7, 58, 59, 73, 150
T4 7, 58, 73, 150, 195
Teriparatid 97

Testosteron 18, 32, 47, 49, 102, 104, 117, 124, 132, 134, 135, 138, 139, 141, 152, 156, 192, 193
Tetanie 90
Thyreoglobulin 58, 79
Thyreoidea-stimulierendes Hormon (TSH) 3, 4, 12, 24, 47, 58, 59, 62, 63, 70, 150, 192
Thyreoiditis, subakute 75
thyreotoxische Krise 67
Tirzepatid 170
TRAK 62
T-Score 95
TSH Releasing Hormone (TRH) 3, 24, 59
Tumor 9, 26, 30, 55
  neuroendokriner 174–177, 180, 181, 186, 189
Turner-Syndrom 142, 144, 145
T-Wert 95, 97

U

Überfunktion der Nebenschilddrüse 85
Unterfunktion der Nebenschilddrüse 66, 90, 91
Urincortisol 108
Urinsammlung 17, 128, 176

V

Vasopressin 25
Vasopressinmangel 53
Vasopressinresistenz 53
Vererbung
  dominante 13
  rezessive 13
Verhütungspille 154
VIPom 175, 177
Virilisierung 125, 126

Vitamin
  B7 195
  D 3, 66, 82, 83, 114, 194
Vitamin D2 82
Vitiligo 121

W

Wachstumshormon 24, 36, 42, 134, 144, 158, 185–187

Wachstumshormonmangel 19, 42, 167
Wasservergiftung 54
Whipple-Triade 179

Z

Zöliakie 72, 194
Z-Score 95
Zytologie 76

GPSR Compliance

The European Union's (EU) General Product Safety Regulation (GPSR) is a set of rules that requires consumer products to be safe and our obligations to ensure this.

If you have any concerns about our products, you can contact us on

ProductSafety@springernature.com

In case Publisher is established outside the EU, the EU authorized representative is:

Springer Nature Customer Service Center GmbH
Europaplatz 3
69115 Heidelberg, Germany

www.ingramcontent.com/pod-product-compliance
Lightning Source LLC
LaVergne TN
LVHW022039260326
834688LV00061B/944